지은이 **이자벨 르쥬롱**Isabelle Legeron **MW(마스터 오브 와인)**

내추럴 와인 운동가이다. 내추럴, 유기농, 바이오다이내믹 와인들의 축제인 '로 와인RAW WINE'을 창설하여 큰 성공을 거두었고, 오늘날 로 와인은 런던, 베를린, 뉴욕, 로스앤젤레스 등지에서 연례 행사들을 개최하고 있다. 세계 주요 레스토랑들에 와인 목록에 관한 조언을 해주며, 〈트래블 채널Travel Channel〉에서 자신의 이름을 건 TV쇼도 진행한다. 프랑스 여성으로는 최초로 마스터 오브 와인MW 타이틀을 획득했다. 이자벨과 그녀가 하는 일에 관한 더 자세한 내용은 그녀의 웹사이트, www.isabellelegeron.com에서 볼 수 있다. 현재 영국 런던에 살고 있다.

옮긴이 **서지희**

한국외국어대학교를 졸업했으며, 다양한 분야의 책들을 번역해왔다. 현재 번역에이전시 엔터스코리아에서 출판기획자 및 전문번역가로 활동하고 있다. 라퀴진 푸드코디네이터 아카데미를 수료하고 한식과 양식 조리사자격증을 취득했으며, 잡지사 음식문화팀 객원기자로 일했다. 옮긴 책으로는 『180일의 엘불리: 전 세계 셰프들의 꿈의 레스토랑 엘불리의 주방에서 펼쳐지는 생생한 드라마』, 『부엌 도구 도감: 일러스트로 보는 모든 부엌 도구에 관한 설명서』, 『내 아이의 IQ를 높여주는 브레인 푸드』, 『알면 무릎을 탁 치게 만드는 똑똑한 심리학』, 『우리는 어떤 나라를 꿈꾼다』 등 다수가 있다.

감수 **최영선**(Vinofeel 대표)

서울대학교 불어불문학과 졸업 후 10여 년간 금융계에 종사하다가 2004년에 프랑스로 건너가 프랑스 및 스페인에서 와인 공부를 했다. 이후 부르고뉴의 에콜 쉬페리에르 드 코메르스 드 디종Ecole Superieure de Commerce de Dijon에서 와인 비즈니스 석사 학위를 취득했다. 2008년부터 유럽의 와인을 아시아에 소개하는 파리 소재 와인에이전시 비노필Vinofeel을 운영하고 있으며 현재 프랑스, 이탈리아, 스페인, 오스트리아 등 유럽과 아시아를 오가며 활동 중이다. 특히 내추럴 와인을 소개하는 행사 '살롱오Salon O'를 2017년부터 매해 개최하여 한국의 내추럴 와인 시장의 저변 확대에 힘쓰고 있다.

NATURAL WINE

내추럴 와인

AN INTRODUCTION TO ORGANIC AND BIODYNAMIC WINES
MADE NATURALLY

이자벨 르쥬롱(MW) 지음

서지희 옮김 | 최영선 감수

한스미디어

2010 VINE STAR
SONOMA COUNTY RED WINE

감수의 글

대학 시절, 프랑스에서 교환교수를 마치고 막 귀국하신 교수님께서 들고 오신 샤블리를 마시고 그 와인이 어떤 향을 가지고 있으며 어떤 맛인지도 정확히 알지도 못한 채, 처음으로 경험한 와인이라는 대상과 사랑에 빠진 것이 1991년이었다. 그로부터 16년이 지나 2007년에 처음 접한 내추럴 와인은 솔직히 나에게는 조금 희한한, 완성이 덜 된 와인처럼 느껴졌다.

내추럴 와인은 내가 그동안 마셔온, 잘 정돈된 느낌의 와인들과는 판이하게 달랐다. 침전물이 둥둥 떠다니거나 와인 병입시 이산화탄소를 묶어두는 과정으로 인해 탄산이 느껴지는 와인이라니. 수년간 읽어온 와인 서적들이 알려주는 지식과 프랑스의 와인 학교에서 배웠던 테이스팅 기술 및 양조 기술에 비추어보았을 때, 나에게 내추럴 와인은 사실 감각적으로 느껴지는 맛보다는 오랫동안 배워온 와인 지식에 위배되는 대상이었기에 받아들이기가 어려웠다. 그렇게 내추럴 와인은 한 번의 경험인 줄 알았다. 자신의 와인을 소개하기 위해 먼 걸음으로 찾아온 생산자에 대한 예의로 구입해놓고 내내 잊고 있던 어느 내추럴 와인을 그로부터 5년쯤 지나 내가 우연히 찾아내 마실 때까지는….

아황산염과 같은 안정제를 전혀 사용하지 않은 와인은 장기 숙성이 불가능하다는 가설은, 5년 정도 숙성된 내추럴 와인을 마신 나에겐 더 이상 사실이 아니었다. 이미 숙성이 시작되긴 했으나 아직도 숙성 잠재력이 넘치는 바디감, 잘 익은 과일 향과 오픈 후 계속해서 변해가던 와인의 맛과 향이 아주 매력적이었다. 당시는 이미 와인 관련 석사를 마치고 파리에 정착해 있던 터라. 내추럴 와인을 전문으로 판매하는 숍이나 레스토랑을 어렵지 않게 찾을 수 있었다. 그렇게 나의 두 번째 와인 사랑이 시작되었다.

본격적으로 내추럴 와인에 깊이 빠져든 지 이제 6~7년차. 나는 이 책의 저자인 이자벨과 마찬가지로 점점 아황산염을 쓴 와인에 점수를 덜 주게 되었다. 음식점을 선택하는 기준도 내추럴 와인이 리스트에 있느냐가 가장 중요해졌고, 현대식 슈퍼마켓보다는 농부들이 직접 생산품을 가져와 판매하는 장터를 이용하려고 노력하게 되었다. 내추럴 와인으로 인해 식생활까지 완전히 바뀐 것이다. 환경 문제에는 전혀 관심이 없던 내가 내추럴 와인 생산자들과 수많은 대화를 하면서 환경 문제에도 큰 관심을 갖게 되었다.

슬로베니아의 한 내추럴 와인 생산자가 나에게 물었다. 내추럴 와인이 무엇이냐고. 나는 자신 있게 '우리의 미래다.'라고 답했고, 그 대답은 한국에 줄 와인은 없다고 단호하게 거절하던 그를 돌려세웠다. 우리의 식단은 건강을 생각하는 쪽으로 현저하게 바뀌고 있는데, 와인도 당연히 바뀌어야 하지 않을까. 나의 삶을 바꾸어놓은 내추럴 와인은 적어도 나의 미래임은 확실하다.

이 책은 내추럴 와인을 처음 접하는 분들이나 혹은 아직 접하지 못한 분들에게 훌륭한 지침서가 될 것이며, 내추럴 와인에 대해 부정적 시각을 갖고 계신 분들께는 그 선입관을 어느 정도 해소할 수 있는 기회가 될 것이다. 또한 이 책은 훌륭한 여행 가이드이기도 하다. 와인을 좋아하는 분들이라면 당연히 맛있는 음식도 좋아할 터, 이 책에 소개된 내추럴 와인 리스트를 갖추고 있는 전 세계 주요 도시의 레스토랑이나 와인 바를 방문해보면 어떨까. 여행의 또 다른 즐거움이 되지 않을까 싶다.

최영선(Vinofeel 대표)

내추럴 와인

1판 1쇄 발행 | 2018년 11월 22일
1판 2쇄 발행 | 2022년 1월 20일

지은이 이자벨 르쥬롱
옮긴이 서지희
감　수 최영선
펴낸이 김기옥

실용본부장 박재성
편집 실용2팀 이나리, 장윤선
영업 김선주
커뮤니케이션 플래너 서지운
지원 고광현, 김형식, 임민진

디자인 제이알컴
인쇄 민언프린텍
제본 우성제본

펴낸곳 한스미디어(한즈미디어(주))
주소 121-839 서울시 마포구 양화로 11길 13(서교동, 강원빌딩 5층)
전화 02-707-0337 | 팩스 02-707-0198 | 홈페이지 www.hansmedia.com
출판신고번호 제 313-2003-227호 | 신고일자 2003년 6월 25일

ISBN 979-11-6007-325-6 13590

책값은 뒤표지에 있습니다.
잘못 만들어진 책은 구입하신 서점에서 교환해드립니다.

CONTENTS

*본문의 각주는 모두 역자 주입니다.

우리는 농부처럼 장화를 신는 게 패셔너블한 걸로 여겨지고, 동네 정육점에 걸린 고기들의 진열 기간을 두고 열띤 대화가 오가는 사회에 살고 있다. 소규모 맥주 양조장과 커피 전문점이 즐비한 도시에 살면서도 농업에 다시금 주목하는 시대적 배경과 어울리지 않게, 우리는 자연 방목 돼지고기에다 '공장형 양계장 닭고기' 수준의 와인을 곁들인다. 식품 같은 경우 뒷면에 붙은 성분 표시 라벨을 읽는 게 일반적인 반면, 라벨링 관련 법이 없는 와인은 그럴 수가 없기 때문이리라.

이 책은 와인 업계의 속사정을 폭로하려는 것이 아니다. 오히려 현대의 와인 양조 관행에 정면으로 맞서 온갖 역경 속에서도 자연적인 방식을 포기하지 않고 잘 만든 와인들에 대한 헌사다. 동시에 그런 와인들을 만들어낸 대단한 사람들에게 보내는 축전이기도 하다. 바다에 나가 바람과 파도를 타는 선원들처럼, 와인 생산자들은 자연이 자신보다 훨씬 더 위대하다는 것을 잘 안다. 또 자연을 멋대로 통제하거나 길들이려 하는 행동은 헛수고일 뿐 아니라 역효과를 불러온다는 사실을 인정한다. 자연을 믿고 따라야 자연이 선사하는 마법 같은 순간을 맞이하게 되는 것이므로.

나는 와인 양조자도 아니고, 와인 양조라는 과학을 전부 다 알고 있는 척할 생각도 없다. 그렇지만 나에게는 수천 가지 와인을 맛보고 마셔본 경험과, 와인 생산자들과의 토론으로 형성된 전반적인 비전이 있다. 나는 전부터 이 책이 사람들이 탐구하고 질문할 수 있도록 초청하는 하나의 시작점이 되었으면 좋겠다고 생각해왔다. 나는 애매하지 않고 분명한 관점을 가진 사람이다. 나는 본래 모든 와인은 최소 유기농법으로 재배해야 한다고 믿으며, 이 책에서 그 사실 외에 다른 정치적 혹은 경제적 의제는 찾아볼 수 없다. 그러나 이러한 내 의견들은 내가 즐겨 마시는 것에서 온 것들이다. 나는 아황산염이 전혀 첨가되지 않은,(혹은 아주 소량만 첨가된) 자연적으로 만들어진 와인들이 가장 맛이 좋다고 생각하며, 다른 와인은 마시지 않는다. 바로 이러한 생각을 염두에 두고 나는 이 책을 썼다.

『내추럴 와인』은 좋은 와인에 대해 다소 주관적인 관점을 취하는데, 이는 내가 보기에 내추럴 와인만이 정말 좋은 와인이기 때문이다. 나는 이 책을 통해 다른 사람들의 목소리와 이야기를 최대한 많이 전하려고 노력했다. 내추럴 와인의 세계는 내가 만들어낸 것이 아니므로, 그것은 실제로 존재하며, 내가 공유하는 생각과 경험은 대부분 더 큰 공동체로부터 나온 것이다. 조사를 하면서 나는 이 주제에 대해 기록된 정보가 거의 없다는 사실을 알게 되었는데, 가장 큰 이유는 일반 와인 업계에서는 내추럴 와인을 상업성이 없다고 보기 때문이다. 그 결과 내가 알아낸 내용들은 대부분 1차 연구(대화, 인터뷰, 수많은 와인 시음)에 기인한다. 와인은 우리가 섭취하는 것이다. 다른 음식들처럼 와인도 건강에 좋은 정도, 가공된 정도, 맛있는 정도가 천차만별이다. 여러 면에서 이 책은 지나친 상업화에 시달리다 다시 자연의 방식으로 돌아오고 있는 빵, 맥주, 우유 등 다른 식품에도 적용해볼 수 있다. 와인은 그 시기가 조금 늦게 찾아온 것뿐이다. 그러므로 단순히 허기를 채우는 것이 아니라 영양까지 공급하는 좋은 음식, 또 내추럴 와인 생산자들의 에너지, 수고, 의도가 얼마나 중요한지를 이해한다면 질 좋은 내추럴 와인이 얼마나 특별한지 알게 될 것이다. 그 이후에는 다시는 뒤돌아보지 말길 바란다.

이자벨 르쥬롱, 마스터 오브 와인(MW)

INTRODUCTION
들어가는 말

오늘날의 재배 방식

최근에 나는 친구들과 콘월에 있는 어느 아름다운 전원주택에서 주말을 보냈다. 바닷바람에 물결처럼 요동치는 들판을 보고 있노라니, 문득 그 목가적인 풍경이 실은 결코 목가적이지 않다는 생각이 들었다. 수 킬로미터 밖까지 눈에 보이는 거라고는 딱딱하고 척박한 땅 위에 펼쳐진 옥수수밭뿐, 초록색 줄기들 사이에 다른 식물은 단 한 가지도 보이지 않았다. 똑같은 풍경이 그렇거나 순식간에 전혀 다르게, 삭막하고 생기 없게 보일 수 있는지 놀랍고도 충격적이었다.

요즘에는 농작물의 단일 재배가 우리가 의식하지 못할 정도로 흔한 일이 되었다. 말끔하게 깎인, 민들레 한 송이 찾아볼 수 없을 정도로 완벽한 초록색 잔디밭에서부터 시골의 드넓은 곡물 및 사탕무 재배지, 심지어는 포도밭까지 우리는 자연을 통제하기를 좋아한다. 과거에는 작은 목초지, 삼림지, 논밭들이 산울타리로 나누어져 있고 야생동물이 산울타리를 통행로 삼아 다니던 풍경들이 이제는 천편일률적이 되어버렸다. 일례로 미국에서 1950년 이후 농장의 수는 절반으로 줄어든 반면 남은 농장들의 평균 규모는 배가 되어, 오늘날 그 농장들 가운데 상위 2퍼센트가 전체 채소 생산량의 70퍼센트를 담당할 정도다.

캘리포니아의 흔한 단일 재배 풍경:
끝도 없이 펼쳐진 포도밭.

20세기에 접어들어 농업은 전과 다른 양상이 되었다. 수확량 증대와 단기 이익 최대화를 위해 능률화, 기계화, 그리고 '간소화'된 것이다. 이러한 산업화의 바람은 '녹색혁명Green Revolution'이라 불리게 되었다. 농학자 클로드Claude, 리디아 부르기뇽Lydia Bourguignon 부부는 "우리는 이것을 '강화intensification'라 부르지만 사실 농부에 대한 강화이지, 토지 면적에 대한 강화가 아닙니다"라고 설명한다. "북아메리카에서는 농부 한 사람이 혼자 500헥타르의 땅을 담당할 수 있지만, 전통적인 산지축산 농업 시스템이 토지 면적 대비 생산성은 훨씬 더 높았어요."

포도 재배도 예외는 아니다. 이탈리아 피에몬테의 내추럴 와인 생산자, 스테파노 벨로티Stefano Belloti는 "이탈리아에서는 전통적으로 포도밭에 다양한 생물이 공존했습니다"라고 말한다. "포도는 다른 나무나 채소들과 나란히 자랐고, 생산자들은 각 줄 사이사이에 밀, 콩류, 심지어는 과일나무들까지 심기도 했지요. 생물 다양성은 아주 중요한 요소였습니다."

현대의 농업은 어느 지역에나 똑같이 적용할 수 있는 복제 가능한 방법을 발전시켜왔다. 캘리포니아의 내추럴 와인 생산자인 메리 모우드 하트Mary Morwood Hart는 이를 '교과서 농사textbook farming'라 일컫는다. 그녀는 "컨설턴트라는 사람들이 와서는 해당 지역의 특수성은 전혀 고려하지 않고 포도 한 송이당 잎이 몇 개가 달려야 하는지 설명합니다"라고 말한다. 사실, 소노마의 내추럴 와인 생산자인 토니 코투리Tony Coturri의 말처럼 이제는 와인 산업이 거의 기계화되고 초창기와는 많이 달라져서 '오늘날 대부분의 와인이 만들어지기까지 사람 손이 전혀 닿지 않으며,' '생산자들 스스로가 자신을 '농부'라 부르지 않고, 포도 재배를 농사일로 여기지 않는다.' 이러한 접근법과는 정반대로, 프랑스 상세르의 생산자 세바스티앙 히포Sébastien Riffault는 모든 포도나무를 다 다르게 대한다. 그는 "포도나무는 사람과 같습니다. 각각의 나무가 서로 다른 시기에 서로 다른 것들을 필요로 하지요"라고 말한다.

전통적으로 포도는 사람 손으로 수확한다. 오늘날에도 많은 포도밭에서 이렇게 비기계적인 방식을 이용해 포도의 질을 높이고 있다.

합성 화학물질(살균제, 살충제, 제초제, 비료 등)의 사용이 점차 늘어난 것이 이러한 단절의 가장 큰 원인으로 보인다. 농부의 일을 덜어주고자 개발한 이 물질들이 정작 농부를 그의 보호 아래 있는 '살아 있는' 세계의 요구로부터 멀어지게 만들었다. 예를 들어 제초제나 질소 비료 살포의 문제점은 포도밭에서만 시작되고 끝나는 게 아니다. 그 성분이 지하수로 흘러들어 생태계의 근본적인 불균형을 야기하기 때문이다. 프랑스 동부의 쥐라에서 자연적으로 포도를 재배하는 에마뉘엘 우이용Emmanuel Houillon은 말한다. "이게 연쇄반응의 첫 시작점입니다. 심지어 어떤 합성물질들은 물이 증발할 때까지도 물 분자에 붙어 남아 있다가 비가 되어 내리기도 하지요."

세계야생동물기금World Wildlife Fund에 따르면 살충제 사용량이 지난 50년간 26배 증가했다고 한다. 포도밭은 특히 더한데, 국제농약행동망Pesticide Action Network, PAN에 따르면 유럽의 포도밭들에서 합성 살충제 사용량이 1994년 이후 27퍼센트 증가했다. 국제농약행동망은 "시트러스류를 제외하면, 포도는 이제 그 어떤 주요 농작물보다 더 많은 합성 살충제를 받는 작물이다"라고 말했다.

클로드와 리디아 부르기뇽 부부에 따르면 이는 토양의 수명에 해로운 영향을 끼친다. "전 세계 생물의 80퍼센트가 흙을 보금자리 삼아 살아갑니다. 흙 속에 사는 지렁이만 해도 다른 동물들을 다 합친 무게에 맞먹지요. 그러나 1950년 이래로 유럽에서는 1만 제곱미터당 2톤이던 수치가 100킬로그램 미만으로 줄었습니다."

이러한 생물적 악화는 토양에 엄청난 영향을 주며, 결국에는 화학적 악화와 대규모의 토양 침식으로까지 이어진다. "6천여 년 전 농사가 시작되던 당시에는 지구의 12퍼센트가 사막이었어요. 그런데 지금은 32퍼센트나 됩니다." 클로드와 리디아는 말한다. "우리가 만들어놓은 이 2천만 제곱킬로미터 규모의 사막 중 절반이 20세기에 들어와 형성된 것이지요." 우리의 자연자본이 매년 대폭 감소되고 있다는 것이다. 생태학자이자 작가인 토니 주니퍼Tony Juniper는 "최근의 추정에 따르면 매년 10만 제곱킬로미터 이상의 농경지가 비바람에 표토topsoil가 침식되어 훼손되거나 사라질 것"이라고 설명한다.

우리는 자연과 떼려야 뗄 수 없는 관계이며, 우리가 먹고 마시는 것들과는 더욱 그렇다. 국제농약행동망과 프랑스의 소비자단체 '위에프쎄-끄 슈아지르UFC-Que Choisir'가 2008년과 2013년에 각기 내놓은 연구 결과를 보면, 그들이 실험한 와인들에서 잔류 살충제가 검출되었다. 총량은 얼마 안 될지언정(1리터당 몇 마이크로그램), 영국의 식수 허용 기준보다는 훨씬 많은 양(어떤 경우 200배 이상)이었다. 일부 잔류물은 암을 유발할 가능성이 있거나 발달성, 번식성 독소 또는 내분비계 교란 물질(환경호르몬)을 포함하기도 한다. 와인의 85퍼센트가 물이라는 점을 고려할 때 이는 매우 놀랄 일이다.

위: **내추럴 와인을 만드는 데에는 엄청난 정성과 주의는 물론 세심함도 필요하다.**

옆 페이지: **포도나무들이 사과나무, 덤불, 들풀 등과 함께 자라는 캘리포니아의 어느 야생 포도밭.**

전 세계 생물의 80퍼센트가
흙을 보금자리 삼아 살아갑니다.
흙 속에 사는 지렁이만 해도 다른 동물들을 다 합친 무게에 맞먹지요.

오늘날의 와인

"와인은 단순하다. 인생도 단순하다.
　　　복잡하게 만드는 건 바로 인간인데, 정말 수치스러운 일이 아닐 수 없다."
– 베르나르 노블레Bernard Noblet, 도멘 드 라 로마네 콩티(프랑스)의 전 양조 책임자

수확량이 적다거나 보기 흉하다는 이유로 이렇게 늙고 뒤틀린 자생 포도나무들을 파내곤 한다. 그러나 이런 나무들은 뿌리를 깊이 내리고 있어서 땅과 가장 밀접하게 연결되어 있는 경우가 많다.

2008년, 코카서스에 있는 조지아로 처음 여행을 갔던 나는 거의 모든 가정에서 와인을 만들고, 남는 양은 내다 파는 것을 보고 놀란 적이 있다. 물론 어떤 것들은 맛이 좋았던 반면 도저히 마시기 힘든 것들도 있었지만, 여기서 주목할 점은 조지아의 시골 사람들에게 와인은 그야말로 일상적인 음식에 속한다는 것이다. 그들은 돼지고기를 먹기 위해 돼지를 기르고, 빵을 만들기 위해 밀을 재배하고, 우유를 얻기 위해 소 한두 마리를 키우는 것과 마찬가지로, 와인을 마시기 위해 포도를 재배한다.

조지아의 영세농민이라면 오늘날의 관행을 따르지 않을 수도 있으나, 그들이라고 다 그런 건 아니었다. 처음에는 단순한 음료로 세상에 나왔던 와인은 시간이 지나면서 브랜드화, 획일화, 표준화된 상품으로 변모했다. 이제 와인 생산은 주로 수익의 영향을 받으며, 유행 및 소비자 중심주의에 따라 쉽게 변할 수 있는 일이 되어버렸다. 이 얼마나 수치스러운 일인가.

이는 곧 농사와 관련된 결정을 할 때 식물의 수명이나 자라는 환경을 염두에 두는 게 아니라, 생산자가 자기가 투자한 것을 얼마나 빨리 회수할 수 있느냐에 중점을 둔다는 걸 의미한다. 그 결과 포도나무를 아무 곳에나 심어 대중 재배하며, 포도가 저장고에 들어간 후에는 다수의 첨가물, 가공제를 더하고 여러 가지 처리를 거쳐 표준화된 상품을 '제조'한다. 다른 수많은 산업과 마찬가지로, 와인 생산 역시 장인들이 직접 손으로 만들던 방식에서 대규모 공업화 방식으로 바뀌었다.

이러한 사실에 유독 주목하는 이유는, 사람들이 다른 산업과는 다르게 와인 생산 방식만은 옛날 그대로 유지되고 있다는 막연한 생각을 하기 때문이다. 사람들은 아직도 와인이 영세농민을 통해 최소한의 가공만을 거쳐 생산된다고 믿으며, 그런 환상에 호응하듯 수많은 브랜드들이 존재한다. 그러나 2012년 미국에서 판매된 와인의 거의 절반이 단 세 개의 와인 업체 제품들이고, 호주에서 가장 사랑받는 와인들 중 절반 이상이 상위 다섯 개 업체의 제품들임을 알고 나면 와인에 대해 일반적으로 상상했던 것과 그 실체 사이에 괴리가 있다는 것이 분명해진다.

오늘날의 대다수 포도밭들과는 다르게, 슬로베니아의 클리네츠Klinec 농장처럼 다종 재배polyculture가 내추럴 와인 생산에 여전히 중요한 역할을 하는 곳들이 있다.

그럴 수 있지, 생각할 수도 있다. 어쨌든 인수와 합병은 오늘날 흔한 일이니까. 게다가 와인이 첨단 기술 설비, 비싼 건물들, 숙련된 인력이 필요한, 꽤 만들기 어려운 것으로 보이기도 하니까. 하지만 사실은 그렇지 않다. 당분이 함유된 유기화합물은 그냥 내버려두면 자연적으로 발효되며 포도도 예외가 아니다. 포도 주변에는 포도를 분해할 수 있는 유기체들이 있는데, 자연적인 과정을 거쳐 만들어지는 결과들 중 하나가 바로 와인이다. 간단히 말해 포도를 따서 통에 넣고 으깨기만 해도 운이 좋으면 와인이 되는 것이다.

사람들은 통에 으깨는 기술을 점차 완벽에 가깝게 발전시켰다. 좋은 포도를 기를 수 있는 장소를 끊임없이 찾고, 포도를 와인으로 만드는 마법을 이해하는 방법을 알아냈다. 와인 생산 기술과 과학의 진보가 전체적으로 와인 업계에 굉장히 긍정적인 영향을 끼친 건 맞지만, 오늘날 우리는 균형감을 상실한 듯 보인다.

우리는 과학을 이용해 최소한의 개입만으로 와인을 생산하려고 하기보다는, 포도 재배에서부터 와인을 만드는 모든 과정을 완벽히 통제하려 든다. 그 결과 자연적인 요소는 거의 남지 않는다. 값 비싼 '익스클루시브' 와인을 포함한 요즘 와인들 대부분은 농약이 투입된 식품공업의 산물이다. 그리고 놀라운 점은 이러한 변화가 대부분 최근 50여 년에 걸쳐 일어났다는 것이다.

상업용 효모 균주를 쓰기 시작한 것도 20세기 후반에 이르러서였다. 세계적으로 손꼽히는 효모와
박테리아 공급(겸 생산) 업체인 랄망Lallemand은 북아메리카에서는 1974년, 유럽에서는 1977년이
되어서야 와인용 균주 판매를 시작했다.

악명 높은 황 성분 같은 다른 첨가물들의 경우도 이와 비슷한데, 내추럴 샴페인 생산자인 앙셀므
셀로스Anselme Selosse는 아황산염을 와인에 넣는 것은 곧 〈뻐꾸기 둥지 위로 날아간 새〉에 나오는
잭 니콜슨(맥머피 역)처럼 전두엽을 제거해 식물인간으로 만들어버리는 것과 같아요"라고 말했다.
일반적인 생각과는 반대로 와인 양조 시 통의 위생을 위해 아황산염을 사용하기 시작한 것은 비교
적 최근이며, 아황산염을 와인에 첨가하기 시작한 것은 그보다 더 최근이다(68~69쪽 '아황산염의
간추린 역사' 참조).

오늘날 와인 양조에 널리 적용되는 개입주의적 기술들이 처음 시작된 건 실제로는 놀라울 정도로
최근부터다. 프랑스 부르고뉴의 내추럴 와인 생산자인 질 베르제Gilles Vergé는 말한다. "무균여과
sterile filtration는 굉장히 현대적인 방식입니다. 이 방식은 우리 지역에서는 1950년대에나 시작됐고,
역삼투reverse osmosis 방식은(이 필터 막은 무균 필터에 비해 구멍이 1만 배가량 더 작다) 1990년대 말
에 도입되었지요." 역삼투 방식의 유행에 일조한 것으로 보이는 와인 컨설턴트 클라크 스미스Clark

Smith에 따르면, 와인 생산자들이 역삼투 방식의 사용에 관해서는 여전히 쉬쉬하지만 기계들은 생산자들이 인정하는 것보다 훨씬 더 많이 팔린다고 한다.

이런 획기적인 변화들이 정말 얼마 안 되었다는 사실은 몬테브루노의 조셉 페디치니Joseph Pedicini(오리건의 전 맥주 양조자이자 내추럴 와인 생산자) 가문을 보아도 잘 알 수 있다. "아직 맥주 양조 일을 하고 있었던 1995년 당시, 나는 우리 가문을 위해(우린 본래 이탈리아 출신이라 조부모님께서는 자신들의 와인 양조 노하우를 미국에 도입하셨죠) 와인 양조 가업을 물려받으려던 참이었습니다. 나의 맥주 양조 관련 지식을 적용해 실험실에서 배양된 효모 균주 같은 것들을 소개하자, 친척들은 머리를 긁적이며 날 쳐다보더군요. '왜 우리 와인에 저런 것들을 넣는 거지?!' '내가 학교에서 배운 거야. 효과가 좋을 거라고!' 하지만 그렇게 만든 와인들은 영혼이 없었습니다. 맛은 있었을지 몰라도 마력이 없었어요."

뉴저지에 사는 조셉의 가족이나 조지아의 시골 농부들이나 다를 바가 없었다. 결국, '와인은 저절로 만들어진다.'

오늘날 많은 와이너리의 생산 방식이 기계화되어 사람이 할 일이 점차 사라지고 있다.

"내추럴 와인은 새로운 것이 아니다. 이것이 본래의 와인인데, 오늘날 드문 것이 되어버렸다. 이제는 드넓은 바다의 작은 한 방울과 같으나, 오, 이 얼마나 값진 한 방울인가."
— 이자벨 르주롱, MW

PART 1

내추럴
와인이란?

"내추럴 와인이라는 게 있긴 있을까?"

2012년 여름, 이탈리아 농업부 조사관들이 1929년 문을 연 이래 성업 중이던 로마 파리올리가街의 와인숍, 에노테카 불조니Enoteca Bulzoni로 몰려들었다. 그곳의 주인인 알레산드로Alessandro와 리카르도Ricardo 불조니(창립자들의 손자들)는 인증받지 않은 '비노 나투랄레vino naturale(내추럴 와인)'를 판매했다는 이유로 사기죄로 기소되었으며 벌금을 물어야 한다는 사실을 알게 되었다.

왜 그러한 조치를 취했는가라는 질문에 이탈리아 농업부 관리는 '내추럴 와인'이라는 말은 법적으로 존재하지 않는다고 설명했다. 다른 명칭이나 용어들은 관련 규칙과 규정에 따라 제한을 둘 수 있는 반면, 내추럴 와인 같은 경우 현재로서는 아무런 인증 제도가 없기 때문에 그럴 수가 없다. 즉 농업부의 주장은, 증명할 수가 없기 때문에 대중의 오해를 사기 쉬우며 그와 같은 표시를 하지 않는 다른 생산자들에게 해를 입힐 수 있다는 것이었다. 불조니 형제는 벌금을 내고 계속해서 그와인을 팔았다.

이탈리아 일간지 《일 파토 쿠오티디아노II Fatto Quotidiano》는 당시 그 난제를 간추려 기사로 썼다. 우선은 불조니 형제의 입장. 3대째 와인을 팔고 있으며 항상 고객의 이익을 최우선으로 생각하는 그들은 내추럴 와인이 더 좋거나 나쁨을 주장하려는 것이 아니라 단지 첨가물을 넣지 않고 생산한 와인을 다른 와인들과 구별하기 위해 그러한 용어를 사용했던 것이다. 두 번째로 농업부의 입장. 원칙적으로는 '내추럴 와인'이 첨가물 없이 생산된 와인을 일컫는 건 맞지만, 법을 존중해야 한다는 것이다. 그런데 아직은 내추럴 와인에 관한 정의가 명시되어 있는 법이 없다.

이는 현재 내추럴 와인 생산자들이 직면한 큰 문제들 가운데 하나다. 아직까지도 그들의 와인이 공식적인 인증을 받지 못했기 때문에 내추럴 와인이라는 용어가 남용되고 비난의 대상마저 되고 있다. 영국 리즈에 있는 유기농 와인 전문점 빈세레모스Vinceremos의 젬 가드너Jem Gardner는 "저희는 그들이 자연적인 방식과 재료를 사용한다고 믿고 있습니다. 그걸로 충분하다면 좋겠는데, 요즘 세상은 그렇지 않은 것 같아 걱정입니다"라고 말한다. 현 상황에서는 어느 생산자나 자기가 내추럴 와인을 만든다고 말할 수 있다. 정말 그런지 아닌지는 그의 진실성에 달린 것이다.

위: 통에서 발효 중인 내추럴 와인의 샘플.

옆 페이지: 2013년 보졸레Beaujolais에서 수확한 포도로 양조 중인 내추럴 와인.

앞 페이지: 다량의 내추럴 와인을 생산하는 스위스의 실험적인 포도밭, 미토피아Mythopia에서 자라고 있는 건강한 포도들.

"현대의 와인 양조는 이산화황의 사용, 발효 조절, 온도 제어 등이 많은 부분을 차지한다. 그러나 여기에는 다른 대안이 있는데, 그 대안이 더 나은 방법이다."
– 데이비드 버드David Bird MW, 화학자이자 『와인 기술의 이해Understanding Wine Technology』의 저자

왼쪽 위: 껍질째 알코올 발효 중인 포도들. 깨끗하게 재배된 건강한 포도라면 자연스럽게 일어나는 과정이다.

오른쪽 위: 압착 후 남은 적포도 찌꺼기. 유기농 포도밭에서는 보통 이것을 멀칭(덮기)mulching[1] 재료나 퇴비로 이용한다.

개입 – 어느 정도면 지나친 것인가?

설상가상으로 와인 양조 자체가 어려운 일인 데다 어느 정도의 처리 방식까지 받아들일 수 있는지 결정하는 것도 전혀 쉽지 않다. 예를 들어 EU에서는 유기농 와인 양조 시에도 50여 가지 첨가물과 가공 보조제를 사용할 수 있다. 향미 증진 효모를 첨가하는 것에 대해서는 내추럴 와인 생산자들 모두가 한목소리로 반대하지만, 병입 과정에서 아황산염을 소량 첨가하는 것이라면 허용할 수 있다는 입장인 생산자들도 있다. 이와 비슷하게 청징fining이나 여과filtering 과정이 와인의 구조 자체를 바꾸는 처리 방식들이므로 허용해서는 안 된다는 사람들이 있는 반면, 어떤 사람들은 청징 과정에 유기농 달걀흰자를 사용하는 것 같은 전통적 방식들은 내추럴 와인의 정신에 전혀 위배되지 않는다고 한다.

이렇듯 혼란스러운 상황을 고려할 때 공식적인 정의가 반드시 필요해 보인다. 내추럴 와인의 수가 점차 늘어나면서 내추럴 와인에 대한 대중의 수용도 및 다른 와인들의 양조 과정에 대한 의구심도 함께 커지다 보니, '내추럴'의 인기를 이용하려는 동기도 커질 수밖에 없다. 일부 대형 생산업체들은 소위 '내추럴' 퀴베cuvée들을 출시하기 시작했으며, 분명 일반 와인인데도 '내추럴'이란 단어만 붙여서 마케팅을 펼치기도 한다. 정말 헷갈려서 그러는 것이든, 현재의 유행과 '내추럴'이란 단어의 긍정적인 이미지를 이용하려는 이기적인 시도든 간에, 결국 소비자만 혼란스럽게 만든다는 점에서는 마찬가지다.

내추럴 와인의 정의와 규제

이에 당국들이 나서기 시작했다. 일례로 2012년 가을, 프랑스의 내추럴 와인 생산자들이 결성한 내추럴 와인 협회Association des Vins Naturels, AVN(120〜121쪽 '어디서 그리고 언제: 생산자 협회' 참조)는

---

[1] 농작물이 자라는 토양의 표면을 덮어주는 일.

파리에서 사기 전담반을 비롯한 공무원들과 만나 자신들의 생산 방식을 공식 등록해 시판 와인들 중 진짜 '내추럴' 와인의 선별 기준을 마련할 수 있을지 논의했다. 도멘 퐁테딕토의 주인이자 협회 창립자들 중 하나인 베르나르 벨라센Bernard Bellahsen은 이렇게 설명한다. "마침내 유기농과 내추럴의 차이를 이해한 그들은 우리에게 내추럴 와인의 정의를 세부적으로 정한 '조건명세서' 곧 규정집을 공식 제출하도록 했습니다. 별로 어려울 것도 없었죠. 그들은 단지 법을 적용하기만 하면 되니까요. 협회에서 평가의 기준들을 제시해주면 그들은 해당 상품들이 거기에 해당되는지 아닌지만 가려내는 겁니다. 단지 공식적인 등록 및 신고 절차가 필요했던 거예요." 하지만 여전히 모호한 부분이 남아 있어서 제대로 규제를 할 수 없기에, 당국들은 그 용어의 사용을 달가워하지 않는다. 실제로 이탈리아에서는 2013년 가을, 이 책의 초판이 인쇄되기 직전에 '내추럴 와인'의 정의를 더욱 명확히 하고자 국회 청문회를 개시했으며 이는 아직까지도 계속되고 있다.

확실한 것은 내추럴 와인 시장이 성장하고 있다는 점이다. 와인 업계에서 이러한 논란이 시작된 것도 내추럴 와인이 각광을 받았기 때문일 것이다. 일부 업자들이 "내추럴 같은 소리 하네" 또는 "그럼 내 와인은 내추럴하지 않다는 거야?" 같은 말들을 했을 테니까.

사실 내추럴 와인 생산자들 중에서도 '내추럴'이라는 용어를 그다지 좋아하지 않는 사람들이 있다. 프랑스 랑그독에 있는 포도밭, 르 프티 도멘 드 지미오의 안 마리 라베스Anne-Marie Lavaysse는 "내추럴이란 말은 모든 면에서 왜곡될 수 있기 때문에 좋은 단어는 아니에요"라고 말한다. 베르나르 벨라센도 이에 동의한다. "나는 내추럴 와인을 설명할 때 '그냥 발효된 포도즙이에요. 포도, 포도, 포도만 많이 있으면 결국에는 와인이 되지요. 그게 다예요'라고 합니다. 다소 장황하다는 건 알지만 그게 더 진실에 가까운 걸요. '내추럴'이란 말은 여기저기 갖다 붙일 수 있으니까요. '내추럴'이란 수식어를 붙이면 마치 몸에 좋은 것인 양 보이지만 사실 그렇지 않을 때가 많아요. 아주 미묘한 용어입니다."

그렇다. 어쩌면 '내추럴 와인'은 최적의 용어가 아닐지도 모른다. 사실 사전적 정의로 보면 그냥 와인인데, 구분 짓기 위해 꼭 어떤 수식어를 붙여야 한다는 것 자체가 수치스러울 정도다. 하지만 불행하게도 세상이 변하여 오늘날의 와인은 단순히 '발효된 포도즙'이 아니라 '포도즙에 X, Y, Z를 넣어 발효시킨 것'을 의미하게 되었다. 따라서 그 특정한 부류를 일컫기 위해서는 와인이라는 용어만으로는 부족한 것이다.

현재로서는 내추럴 와인 표시가 법적으로 제도화되지 않았기 때문에 소비자들은 내추럴 와인을 구분하기가 힘들다.

그들은 마침내 유기농과 내추럴의 차이를 이해했다.

'살아 있는' '순수한' '가공되지 않은' '진짜' '진정한' '개입이 적은' '믿을 만한' '농가에서 생산된' 등
처럼 논란의 여지가 비교적 적은 용어를 사용하면 나을 수도 있다. 그러나 전 세계적으로 이러한
특성의 와인을 설명할 때 가장 흔히 쓰이는 용어는 '내추럴'이다. 왠지 모르게 세상 사람들은 건강
하게 재배된, 자연친화적이며 사람의 개입이 적은, 원산지를 그대로 대변하는 와인들을 말할 때 다
른 대안들이 많은데도 꼭 '내추럴'이란 용어를 사용한다. 이탈리아 피에몬테에서 내추럴 와인을 생
산하는 카시나 델리 울리비의 스테파노 벨로티Stefano Bellotti는 "'내추럴'이란 말이 그리 달갑지는
않지만 어쩔 수 없지 않은가. '탁자'라는 말이 싫다고 '의자'라고 부를 수는 없는 거니까"라고 말한
다. 내추럴 와인은 내추럴 와인인 것이다.

보증이 됐든 안 됐든 (아니면 보증이 가능하든 아니든) 간에, 내추럴 와인은 존재한다. 최소한 이것은
유기농법을 사용하는 포도밭에서, 병입 과정에서 소량의 아황산염을 넣는 것 외에는 아무것도 첨
가하거나 제거하지 않고 생산한 와인이다. 구글에 나와 있는 와인에 대한 해석, 즉 옛날 방식대로
자연스럽게 발효된 포도즙에 가장 가까운 것이다.

'포도를 따서 발효시킨다'고 하면 쉽고 당연하게 들릴지 모르나, 그 실상을 조목조목 살펴보면 가
장 순수한 형태의 내추럴 와인을 만드는 일이 거의 기적에 가까운 위업임을 깨닫게 될 것이다. 포
도밭에서, 저장고에서, 병 속에서의 시간들 사이의 균형을 아주 잘 잡아주어야 하기 때문이다.

옆 페이지와 아래: 포도밭에서부터
저장고, 병입 과정에 이르기까지 잘
보살피고 보호한 포도밭에서 생산된
내추럴 와인들.

포도밭: 살아 있는 흙

제임스 캐머런James Cameron의 영화 〈아바타〉(2009)에서 식물학자인 그레이스 박사가 헬스게이트 본부에 쳐들어가 신성한 나무를 밀어버리려는 채굴업자에게 욕설을 내뱉는 장면에서, 대부분의 관객들은 그 판도라의 나무에 대한 박사의 설명을 잘 알아듣지 못했을 것이다. "나무의 뿌리들 간에 일종의 전기화학적 소통이 일어나고 있어요. 인간 신경세포의 시냅스들처럼요." 공상과학영화에나 나오는 소리라고? 천만의 말씀이다.

판도라 자체는 가상의 행성이지만 그레이스 박사가 설명한 것과 같은 나무의 소통망은 실재한다는 사실을, 1997년 브리티시컬럼비아대학교의 수잔 시마드Suzanne Simard 박사가 발견했다. 나무들이 정말로 서로 연결되어 뿌리를 통해 소통한다는 것이다. 시마드 박사는 "나무들은 탄소와 질소(그리고 수분)를 필요한 나무가 쓸 수 있도록 서로 주고받습니다"라고 설명한다. "상호작용을 통해… 다른 나무가 살아남도록 돕는 것이죠. 숲은 아주 복잡한 체계를 갖고 있어요. …인간의 뇌가 작동하는 것과 아주 비슷합니다."

이 '유대 관계'의 근원에는 눈에 띄지 않을 정도로 작은 균근균mycorrhizal fungi이 있는데, 이들은 나무뿌리에 살며 각 뿌리들을 연결해 지하의 연결망을 만든다. 모두를 잇는 바늘땀 같은 역할을 하는 것이다. 이런 미생물들이 우리 발밑에서 그토록 거대한, 살아 있는 생태계의 일부를 만든다는 사실은 실로 엄청난 일이다. 이 생태계는 작가이자 생태학자인 토니 주니퍼가 『자연이 보내는 손익계산서』에서 말한 바와 같이 '아마도 인류 복지와 안보의 원천들 가운데 가장 인정받지 못한 것'인데, 놀랍게도 '피하고, 씻어내고, 또는 콘크리트로 덮어버려야 할 '더러운 것dirt'이라는 문화적 꼬리표가 붙었다. 'dirt'는 다른 말로 흙이다.

생명으로 가득한 세계

흙은 살아 있다. 현대 농업(8~11쪽 '오늘날의 재배 방식' 참조)은 이 사실을 너무도 쉽게 무시한다. 토니 주니퍼는 "비옥한 경작지 흙 10그램(한 큰술 정도의 양)에는 지구 전체의 인구보다 많은 박테리아가 살고 있다고 추정됩니다"라고 설명한다. 그런데도 아직까지 흙의 생물학이나 흙과 식물들의

위: 프랑스 루시용의 마타사 포도밭에서 딱정벌레 한 마리가 포도나무 위를 기어 다니고 있다.

옆 페이지: 생물은 혼자서는 살아갈 수 없으며, 건강한 식물도 예외는 아니다. 포도나무들은 주위 환경과 복합적인 관계를 맺으며 땅 위와 아래에 걸쳐 복잡한 연결망을 구축한다.

위: 이탈리아에 있는 다니엘레 피치닌Daniele Piccinin의 포도밭(왼쪽)과 남아프리카공화국에 있는 요한 레이네케Johan Reyneke의 바이오다이내믹 농법 포도밭(오른쪽)의 퇴비 더미들. 지렁이와 기타 미생물들이 풍부하고 비옥한 흙은 식물에 적절한 영양을 공급하는 데 필수적이다.

복잡한 관계에 관해서는 알려진 게 거의 없다. 실제로 한 줌의 건강한 흙 속에 들어 있는 생물들 중 거의 대부분이 지금까지도 이름을 알 수 없는 것들이다.

그러나 이제 우리는 겉으로는 조용해 보이는 우리 발밑의 세계가 실은 그렇지 않다는 걸 알고 있다. 원생동물은 박테리아를, 선충은 원생동물을 잡아먹는 것을 비롯해 곰팡이를 먹는 동물들도 있으며, 수백만이나 되는 미소절지동물, 곤충, 벌레 등 모든 동물들이 먹고 배설하며 살아간다. 식물들도 가만히 있지 않는다. 식물들도 여기에 적극적으로 참여하여 뿌리를 통해 영양분을 배출함으로써 곰팡이와 박테리아를 유인하고(또한 먹이고), 그러면 곰팡이와 박테리아도 식물에게 필요한 영양분을 제공한다. 스위스의 내추럴 와인 생산자인 한스 페터 슈미트Hans-Peter Schmidt의 설명에 따르면, 포도나무는 광합성을 할 때 나뭇잎, 포도 열매, 새순과 뿌리에서 생산된 양분의 30퍼센트가량을 탄수화물의 형태로 흙에 전달한다. 이는 포도나무와 공생 관계에 있는 약 5조 마리의 미생물들(5만 종 이상의 벌레들)을 먹일 수 있는 양이다. 나무로부터 영양분을 얻은 미생물들은 다시 나

무에 무기양분과 수분을 제공하고, 땅속 병원체로부터 나무를 보호한다.

나무들의 경우에서처럼, 이러한 교환망은 소통까지도 가능케 한다. 한스 페터는 설명한다. "땅속에서의 소통은 비단 균근에만 국한된 것이 아닙니다. 그보다 훨씬 더 많은 소통이 일어나지요. 수천 가지의 서로 다른 미생물 독립종들은 심지어 전자electron를 주고받기도 합니다. 식물들 사이에 흐르는 전류라고나 할까요. 밭을 갈거나 경작하는 일은 이러한 흙 속의 소통 가도에 방해가 될 수 있습니다."

식물에게 필요한 것

흙 속 생물들은 식물의 소통과 방어를 가능하게 해줄 뿐 아니라, 영양적 측면에서도 필수적이다. 이 말을 이해하려면 식물이 영양분을 어떻게 흡수하는지 알아야 한다. 식물이 정상적으로 성장해 생활주기를 완성하려면 24가지 서로 다른 종류의 영양분이 필요하다(사실 건강한 흙에 사는 식물들은 철분, 몰리브덴, 아연, 셀레늄, 심지어는 비소까지 포함된 60가지가 넘는 무기원소들을 공급받는다). 탄소, 수소와 산소는 대부분 잎을 통해 공급되지만 나머지는 오로지 흙으로부터 얻는다. 하지만 식물들은 이 영양분들을 직접 흡수하지는 못하며, 바로 미생물들이 영양분을 식물의 뿌리가 흡수할 수 있는 형태로 바꿔준다. 이토록 중요한 벌레들이 없다면 포도나무는 하루 종일 돌에서 미량원소를 뽑아내기 위해 안간힘을 쓰고도 아무런 수확을 얻지 못할 것이다. 이와 관련하여 세계적인 농학자인 클로드, 리디아 부르기뇽 부부는 다음과 같이 설명한다. "여기 적색토red soil[2]에 심어진 포도나무들의 사진이 있습니다. 흙에 철분이 풍부한데도 나뭇잎들이 위황병chlorosis(철분 부족으로 생긴다) 때문에 누렇게 되어 있지요. 나무뿌리는 말 그대로 철에 맞닿아 있지만, 흙이 죽은 흙이라 그 철분을 처리해줄 미생물이 없어서 결국에는 적색토에 누런 나무가 서 있게 된 겁니다."

식물이 흙에서 영양분을 흡수할 수 있게 하는 핵심 요소들 중 하나가 바로 산소이며, 미생물들이

---

2 열대 습윤 지역에서 많은 강수로 인해 심하게 용탈된 적색 흙. 철 성분이 많아 척박하여 농사에 부적합하다.

아래: **오스트리아 슈타이어마르크 주, 바인구트 베를리취 포도밭의 생기 넘치는 농토.**

이용할 산소는 따로 있어야 한다. 다시 말해 흙 속에 공기가 통해야 한다는 것이다. 이 일을 담당하는 지렁이 등 비교적 큰 동물들은 땅속에서 위아래, 왼쪽, 오른쪽으로 기어 다니며 굴을 파서 통로망을 만드는데 불행하게도 이는 현대식 농업 기술에 의해 쉽게 파괴된다.

다른 이점들

그러나 이렇게 유익한 관계가 땅속에서만 일어나는 것은 아니다. 흙 표면에서도 다양한 식물과 동물들 덕분에 해충이나 질병이 잘 퍼지지 못한다. 한스 페터 슈미트는 "식물 다양성이 커질수록 자율 경쟁을 하며 살아가는 곤충, 조류, 파충류 등의 다양성도 커집니다"라고 설명한다. "단일 재배로 식물 다양성이 파괴된 곳에서는 박테리아, 곰팡이, 곤충 등의 역도태 현상이 일어나지요." 간단히 말해 모든 것의 균형이 맞아야 하며 그 균형은 다양성을 통해 달성된다는 것이다.

또 살아 있는 흙은 기상이변을 겪은 후 회복력도 더 좋은데, 이는 요즘처럼 날씨의 변화가 많은 상황에서 귀중한 자산이 된다. 부르기뇽 부부는 "제초제를 뿌린 흙의 투수율permeability은 시간당 약 1밀리미터인 반면, 살아 있는 흙의 투수율은 시간당 100밀리미터에 달합니다"라고 설명한다. 죽은 땅은 빗물이 침투하는 속도가 훨씬 느려서, "토양의 산소가 부족하고 포도나무들이 건강하게 자랄 수 없으며" 토양 침식이 쉽게 일어나게 된다. 해법은 다름 아닌 흙 속 생물들로, 흙의 투수율을 높여줄 뿐 아니라 흙을 다공성으로 만들어 계속 물이 잘 통할 수 있게 한다. 토니 주니퍼는 "흙 속의 유기물질은 자기 무게의 스무 배나 되는 양의 수분을 머금을 수 있기 때문에 흙을 가뭄에 잘 견딜 수 있는 상태로 만들어준다"고 말한다.

그 무엇보다도 중요한 것은, 생물이 살지 않는 흙은 결코 흙이라고 할 수 없다는 사실일 것이다. 유기물을 흙의 핵심 구성요소들 중 하나인 부식질humus로 만드는 것이 바로 식물들과 벌레들이니까. 생명이 없으면, 흙이 아니다.

이 사실을 아는 내추럴 와인 생산자들은 포도밭에 생물들이 잘 자랄 수 있는 환경을 조성한다. 정원용 퇴비, 멀칭 재료, 덮기 작물cover crops[3]과 같은 유기물질은 더하고, 흙을 다지는 일은 줄임으로써 생물들에게 쾌적한 환경을 제공하는 것이다. 유기농 포도밭을 걷다 보면 언뜻 보기에는 엉망인 광경을 목격할 것이다. 여기저기 자라난 허브와 꽃들, 제멋대로 뻗은 줄기들, 포도밭 한가운데에 자라난 과실수들, 운이 좋으면 신나게 돌아다니는 소, 양, 돼지, 거위 등도 추가로 볼 수 있다. 하지만 바로 이런 혼란 속에서 균형과 아름다움 그리고 건강한, 살아 있는 흙이 탄생하는 것이다. 흙은 분명 인류의 위대한 자산 중 하나이며 부와 행복의 귀중한 원천이므로 무엇보다 소중히 다루어야 한다. 결국 흙은 주니퍼가 우리에게 상기시켜주듯, "살아 있는 지구의 매우 복잡한 하부체계다. 한 겹의 얇고 연약한 표면에 지나지 않으나, 대단히 중요한 역할을 담당한다".

위: 살아 있는 흙은 가뭄이나 폭우 같은 어려운 성장 조건들 속에서도 더 잘 견뎌낸다.

옆 페이지: 포도밭 사이를 돌아다니는 농장 동물들은 식물에게 아주 유익하다. 프랑스 베지에 뒤편의 언덕에서 먹이를 찾는 돼지들과, 나르본 내륙지대의 내추럴 와인 생산지인 샤토 라 바론에서 겨울 잔디를 뜯는 거대한 양 무리. 동물들의 분뇨와 침은 흙을 기름지게 할 뿐만 아니라 미생물의 다양성을 증대시킨다. 그 결과 더 건강하고 부드럽고 흡수성이 뛰어난, 살아 있는 흙이 만들어진다. 남아프리카공화국 스텔렌보스에 있는 레이네케의 포도밭, 아프리카의 따사로운 햇살이 내리쬐는 살아 있는 흙 위는 낮잠을 즐기기에 더없이 좋은 장소다.

---

3 토양 표면 보호나 유기물 보충을 위해 심는 작물.

살아 있는 정원
한스 페터 슈미트 Hans-Peter Schmidt

"발레Valais 주는 단일 재배 탓에 마치 사막처럼 죽은 흙으로 뒤덮였습니다. 헬리콥터들이 살충제를 뿌려대고, 포도나무들 사이에 녹색 풀이라고는 사실상 찾아볼 수가 없죠. 차를 타고 이 지역을 지나갈 때 1년 중 석 달쯤은 살충제와 제초제 냄새가 너무 심해서 창문을 닫아야 할 정도입니다. 꽤 유독한 지역인 거죠. 이런 곳에서 포도밭을 한다는 건 하나의 도전이었습니다. 하지만 불과 1년 만에 우리는 멋진 성과를 냈어요. 생물 다양성이 아주 빠르게 증가한 겁니다.

8년 뒤에는 새들이 둥지를 틀었고, 희귀종인 녹색 도마뱀, 벌, 딱정벌레, 들사슴을 포함한 수십 종의 야생동물과 인근 숲으로 달려가는 토끼 등을 볼 수 있게 되었습니다. 이곳에서 목격된 나

한스 페터 슈미트는 스위스 알프스 지역에서 3만 제곱미터 규모의 미토피아라는 실험적인 포도밭을 운영하고 있다. 이타카 탄소 연구소Ithaka Institute for Carbon Intelligence에 속해 있는 미토피아에서는 포도 외에도 2만 제곱미터의 땅에 과일, 채소, 향료 식물들을 재배한다.

비의 종류만 해도 60여 종이나 되는데, 스위스에서 발견된 전체 나비 종의 3분의 1이 넘어요.

나비는 특히 생태계가 건강함을 알려주는 신호나 마찬가지입니다. 일종의 우산종umbrella species[4]이라, 전반적인 환경이 건강하다는 걸 보여주죠. 눈에 확 띄는 점박이 무늬 지게나 에피알테스

Zygaena ephialtes(엄밀히 말하면 나방의 일종), 나뭇잎처럼 생긴 네발나비들, 희귀한 이올라나 이올라스Iolana Iolas 수십 마리가 포도밭 주위에 심어진 20여 그루의 오줌보콩나무 덤불에서 살아갑니다. 이올라나 이올라스는 스위스에서 발견되는 나비들 중 가장 심각한 멸종 위기에 처해 있는 종인데, 그런 나비들을 보호하고 있다는 건 정말이지 대단한 영광이죠. 인근의 다른 포도밭에는 나비를 두 종류 이상 보기도 힘든 반면, 우리 포도밭에서는 1년 중 겨울만 제외하고는 어느 때라도 최소 열 종류는 발견할 수 있습니다.

우리 포도밭에서는 먹을 것을 항상 찾을 수 있습니다. 샐러드 채소, 딸기, 블랙베리, 사과, 토마토 등 바로 살아 있는 정원을 보여주는 것이죠. 덕분에 포도나무들은 경쟁하듯 표토에서 뿌리를 더 깊이 내리며, 크기에 관계없이 다양한 생물들이 서식할 수 있는 환경이 조성되지요.

우리가 직접 도입한(덜 야생적인) 다른 동물도 있습니다. 몸집이 작은 우에상Ouessant[5] 양은 완벽한 파트너예요. 크기가 작아서 포도 열매에 입이 닿지는 않지만, 사람의 손이나 기계로 처리해야 했던 녹비green manure[6] 손질 및 포도나무 줄기 정리를 대신해주죠. 하지만 가장 중요한 것은, 양들의 분뇨와 침을 통해 포도밭에 전달된 내장 박테리아가 (그리고 다른 분해성 박테리아들도) 흙의 미생물 다양성과 유기농 성분을 증가시킨다는 겁니다. 흙 속 병원체에 대항하려면 이것들이 필수적으로, 흙과 포도밭 전체를 더 건강하게 만들죠.

우리는 또한 30마리의 닭을 포도밭에 풀어놓고 키우는데, 이것은 고대 로마의 전통 방식입니다. 이는 재정적 측면에서 굉장한 도움이 되죠. 3만 제곱미터면 사실상 닭을 500마리는 키울 수 있으니, 어쩌면 와인보다 더 많은 소득을 낼 수도 있으니까요!

생물 다양성이 더욱 증대됨에 따라 포도나무의 양분 흡수가 늘어나는 동시에 병원체에 대한 저항력도 점점 더 커집니다. 동물과 곤충은 건강한 생태계를 이루는 필수 요소니까요.

생물 다양성의 혜택은 실제로 있으며, 쉽게 얻을 수 있습니다. 사무실 책상에 앉아 '생물 다양성을 어떻게 증가시킬 것인가'에 대한 서류나 작성하고 있다 보면 정작 일들이 복잡해질 수 있어요. 하지만 일단 밖으로 나가 땅을 밟고 서면, 얼마나 쉽게 이룰

한스 페터 슈미트의 친구, 파트리크 레이Patrick Rey가 찍은 미토피아 포도밭과 그 주변의 야생동물들. 조흰뱀눈나비Marbled white butterfly, 말벌나방Sesia apiformis, 벽 도마뱀Podarcis muralis. 파트리크는 4년간 계절을 불문하고 포도나무들과 함께 성장해가는 동물들을 관찰, 추적, 기록했다.

수 있는지 알게 될 겁니다. '포도나무는 다른 나무와 50미터 이상 떨어지지 않은 곳에 심는다' 같은 기본 원칙만 잘 지켜도 엄청난 효과가 있죠. 우리 포도밭은 8천 제곱미터의 땅에 포도나무 외에도 약 80그루의 나무들이 심어져 있으니, 사실 좀 심하다고 할 수도 있습니다. 대규모 포도밭들도 충분히 이런 방식으로 전환할 수 있어요. 예전에 함께 일했던 스페인의 한 포도밭은 '여기서부터 바다까지 500킬로미터 거리에 다른 나무라고는 한 그루도 찾아볼 수 없는데, 대체 왜 우리가 나무를 심어야 하느냐?'고 물었습니다. 하지만 어쨌든 나무를 심은 그들은 3년 뒤, 차이를 발견했을 뿐 아니라 나무를 심지 않았다면 절대로 안 됐을 거라고 말하고 있답니다."

---

4 해당 종의 보전을 통해 다른 여러 종의 동물들까지 보전하는 효과가 있는 종을 말한다.
5 랑스의 지명.
6 녹색식물을 밭에서 직접 갈아엎어 비료로 사용하는 것.

포도밭: 자연적인 재배

스위스에서 찍은 검은새(파트리크 레이가 찍은 미토피아 풍경 사진(앞 페이지 참조)). 알프스 산맥에 있는 미토피아 포도밭에서는 땅을 결코 갈지 않는다.

자연적으로 재배하지 않은 포도로도 내추럴 와인과 비슷한 와인(47~50쪽 '저장고: 살아 있는 와인' 참조)을 만들 수는 있다. 생물, 특히 미생물은 회복력이 매우 뛰어나 화학약품을 뿌려도 보통 어떤 형태로든 되살아나기 때문이다. 그러나 포도 원료 상태에서의 불균형은 나중에 와인이 저장고로 갔을 때 문제를 일으켜 복합미와 품질, 강건함이 떨어질 수 있다. 예를 들어 살균제를 사용하는 경우 효모수yeast population가 감소되어 발효가 잘 안 되는 동시에 개입이라는 위험한 길로 빠질 가능성이 있다. 그러니까 자연적이 되려면 깨끗하게 농사를 짓되 미생물을 비롯한 동식물이 풍부하며 건강한, 살아 있는 흙에서 포도를 생산해야 한다.

따라서 내추럴 와인 생산자들은 식물이 생산자의 도움 없이 알아서 잘 자라날 수 있도록 다양한 방법을 사용한다. 생물들이 전체적으로 균형을 이루는 환경을 조성하는 것이 가장 좋다. 특정한 한 가지 종만 많으면 그것이 너무 우세해져서 각종 문제가 발생하기 때문이다. 내추럴 와인 생산자는 진정한 생물 다양성을 추구함으로써 식물, 곤충, 그 밖의 야생동물들과 협력하여 해충과 질병에 대항한다.

와인 생산자들은 여러 가지 방법을 선택하여 병용할 때가 많은데, 여기서 몇 가지를 소개한다.

유기농법

유기농업의 원칙들 대부분은 태곳적부터 있어왔던 것들이나, 유기농에 대한 의식이 대두된 건 1940년대 앨버트 하워드 경Sir Albert Howard(1873~1947)과 월터 제임스Walter James(1896~1982)가 유기농업운동에 앞장선 때부터다.

다른 모든 유기농업과 마찬가지로 유기농 포도 재배의 경우 포도밭에 인공, 합성 화학물질을 사용하지 않는 데에 초점을 맞추었다. 살충제, 제초제, 살균제와 합성 비료의 사용을 제한하거나 금지하는 대신, 식물이나 미네랄을 원료로 하는 제품들을 이용해 해충과 질병을 없앰으로써 흙을 건강하게 하고 식물의 면역력 형성과 양분 흡수를 돕는 것이다. (내추럴 와인 생산자들이 하는 유기농 비티컬처viticulture와, 유기농 비니컬처viniculture 혹은 와인 양조를 혼동해서는 안 된다. 유기농 및 바이오다이내믹농법 인증을 받은 와인들이라고 해도 저장고에서의 관행은 내추럴 와인의 생산 방식과는 다를 수 있기 때문이다. 90∼91쪽의 '결론: 와인 인증' 참조.)

유기농 산업은 거의 모든 식품 업계에서 꽤 큰 비중을 차지하게 되었지만, 와인 업계에서는 반응이 많이 늦었다. 바이오다이내믹농법 컨설턴트이자 와인 작가인 몬티 왈딘Monty Waldin은 "[1999년에] 저는 1997년부터 1999년 사이 전 세계 포도밭 중 단 0.5∼0.75퍼센트만이 유기농 또는 전환기 유기농 인증을 받은 것으로 추산했습니다"라고 설명한다. 오늘날은 다행스럽게도 상황이 훨씬 더 좋아졌다. "지금은 전 세계 포도밭들 중 5∼7퍼센트가 유기농 또는 전환기 유기농 단계에 있는 걸로 보입니다."

현재 영국토양협회Soil Association, 프랑스의 나튀르 앤드 프로그레Nature&Progrès와 에코세르Ecocert, 호주의 ACOAustralian Certified Organic를 비롯해 세계적으로 많은 유기농 인증기관들이 설립되어 있으며, 기관들마다 규정과 기준이 다르다.

바이오다이내믹농법

바이오다이내믹농법이란 오스트리아의 인지학자anthroposophist 루돌프 슈타이너Rudolf Steiner (1861∼1925)가 1920년대에 개발한 유기농 경작법의 한 형태이다. 이는 다종 재배와 축산업이 농장의 중심을 이루는 전통적인 관습에 기반을 둔 것이다. 단순한 유기농법과는 다르게 바이오다이내믹농법은 처리보다는 예방에, 또 농장의 자급자족을 장려하는 데에 초점을 맞춘다. 식물(서양톱풀, 캐모마일, 쐐기풀, 참나무 껍질, 민들레, 쥐오줌풀, 쇠뜨기 등), 미네랄(석영), 천연 비료를 바탕으로 한 자연적 물질들은 미생물을 활성화시키고 식물의 면역체계를 강화하며 흙을 더욱 기름지게 한다.

프랑스 남부 랑그독루시용 경계에 있는 바이오다이내믹농법 농장, 레장팡 소바주Les Enfants Sauvages의 포도나무들.

이러한 전체론적인 방식은 농장을 홀로 떨어져 있는 것이 아니라 대륙의 일부, 나아가 지구의 일부, 더 나아가 수많은 덩어리들이 서로 간에 상당한 힘(중력, 빛 등)을 행사하는 태양계의 일부로 본다. 바이오다이내믹농법은 지구상의 생물이 기본적으로 이러한 큰 외적 요인들의 영향을 받는다는 점을 고려하는 것이다.

사람들은 이렇게 천문학적으로 농업에 접근하는 방법을 두고 고심하지만, 그중 일부는 아주 상식적인 것이다. 전에 천문학자인 파라그 마하자니Parag Mahajani 박사는 거대한 망원경을 들여다보던 내게 "사람들은 달이 얼마나 밝은지 인식하지 못합니다. 보름달이 뜨면 식물들이 더 잘 자라죠"라고 말했다.

조수tides와 달이 바닷물을 끌어당기는 인력도 마찬가지다. 거의 대부분이 물로 이루어진 식물이 여기에 큰 영향을 받을 것이라 깨닫기란 그리 어렵지 않다. 마하자니 박사 역시 "조수는 지구가 받는 매우 심오한 영향들 중 하나입니다. 인력은 어디에나 작용하죠. 공기 중의 가스들, 땅, 그리고 물에도요. 모든 게 위아래로 움직입니다. 건물, 도로, 벽, 콘크리트, 전부 다 조수를 겪어요. 하지만 고체에서의 분자 결합이 액체나 기체에서보다 강하기 때문에 잘 안 느껴지는 것뿐입니다"라고 말한다. 이러한 인식은 포도나무의 가지치기나 와인의 병입 시기를 결정하는 등 바이오다이내믹농법 농부들의 선택에 영향을 미친다. 바이오다이내믹농법의 실례를 잘 보여주는 책으로는 마리아 툰 Maria Thun(1922~2012)의 저서들을 들 수 있다(215~216쪽 '참고 사이트 및 추천 도서' 참조).

위: **칠레에 있는 한 포도밭 위에 뜬 달. 지구의 둘레를 도는 위성인 달은 지구에 심오한 영향을 끼친다.**

옆 페이지: **오스트리아에서 가장 전위적인 내추럴 와이너리들 중 하나인 슈트로마이어Strohmeier의 포도나무에 있는 벌집.**

다른 자연적 농법들

내가 가장 좋아하는 두 가지는 후쿠오카 마사노부Masanobu Fukuoka(1913~2008)의 가르침과, 그의 앵글로색슨식 버전처럼 보이는 영속농업permaculture 혹은 '영속적이고 지속 가능한 농업'이다.

후쿠오카는 일본의 농부이자 철학자로 소위 '불간섭주의' 농법을 이용해 굉장한 결실을 이룬 것으로 유명하다. 그는 저서 『짚 한 오라기의 혁명』(1975)에 기술한 바와 같이 흙을 갈지 않고 관개나 제초도 하시 않는 방법을 통해 일반적인 농법에 따라 매일 힘들게 일한 인근의 다른 농부들과 비슷한 쌀 수확량을 달성했다.

반면에 영속농업은 1970년대에 호주의 빌 몰리슨Bill Mollison과 데이비드 홈그렌David Holmgren이 처음 만든 말이다. 영속농업을 실천하는 내 친구 마크 개릿Mark Garrett은 영속농업에 대해 이렇게 말한다. "자립 및 자급자족을 가능하게 하는 과정들을 생각하고 체계를 설계하는, 일종의 농업을 '보는 방식' 또는 '대하는 방식'입니다. 영속농업은 단 하나의 모습으로 존재하지 않아요. 다양한 상황들, 다양한 시나리오가 있으므로 영속농업의 모습도 다양할 수밖에 없죠. 유기농법 원칙을 따를

왼쪽 아래: 르 프티 도멘 드 지미오의 닭들. 축산업은 전체주의적 농업에 필수적이다.

오른쪽 아래: **다니엘레 피치닌**(주인의 이름을 따서 와이너리의 이름을 지었다)은 여러 식물들을 섞어 포도나무 처리제로 사용한다(76~77쪽 참조).

수도, 바이오다이내믹농법 원칙을 따를 수도 있고, 어떤 원칙에도 국한되지 않을 수도 있습니다. 영속농업에는 세계 여러 재배법들이 공유하는 생각이 담겨 있는데, 바로 우리 자신과 후손들까지 포함한 모든 생명을 위해 우리의 환경을 풍요롭게 하는 방향으로 농사를 지어야 한다는 것이죠." 결국 유기농법이든 바이오다이내믹농법이든 영속농업이든, 중요한 건 이름이 아니라 동기다. 내 경험상 '깨끗한' 농업을 시도하는 경우는 반드시 환경에 긍정적인 영향을 주지만, 마케팅을 목적으로 '겉으로만 친환경인' 경우는 결코 활기찬 농장을 만들 수 없다. 즉 마음이 담겨 있어야 한다. 깨끗한 농업으로 전환한다는 것은 특히 처음은 더더욱 어렵기에 뭔가 유인이 필요하다. 장기적으로 봤을 때 다른 방법이 없다는 사실을 깨닫고 실행해야지, 단순히 고객을 더 많이 끌어들이는 데 목적을 두면 안 된다는 것이다.

프랑크 코넬리센Frank Cornelissen이 시칠리아 에트나 산에 있는 자신의 포도밭, 바르바베키Barbabecchi에서 후쿠오카로부터 영감을 받은 저개입 농법을 실행하고 있다.

건조 농법

필립 하트Phillip Hart**와 메리 모우드 하트**Mary Morwood Hart

"시작 당시, 우리는 첨단 기술을 다 동원하기로 결정했습니다. 오렌지카운티에서 컴퓨터로 스프링클러를 켤 수 있을 정도로 말이죠. …우리에겐 제임스 본드를 연상시키는 컨설턴트도 있었어요. 잘나가는 신참들이 모인 회사 소속이었죠. 그 회사는 땅속에 수분 함량을 원격으로 측정할 수 있는 탐침을 심으라고 하더군요. 우리는 그 아이디어에 완전히 빠져 있었어요.

하지만 세계를 여행하면서 우리는 관개를 하는 오래된 포도밭들의 실상과 함께, 다른 방법도 가능하다는 사실 또한 알게 되었습니다. 그래서 컨설턴트에게 물었죠. '건조 농법을 하면 어떨까요?'

'아뇨, 안 됩니다.' 당시 그는 대학을 갓 졸업한 상태였는데 캘리포니아대학교 데이비스캠퍼스, 버클리, 캘리포니아 폴리테크닉 주립대학, 소노마 주립대학 등 이 부근에 있는 대학교에서는 경제적 측면에서 실행 불가능한 것으로 여겨지는 대안 농법들은 가르치지 않아요.

결국 우리는 포도나무를 건조 농법으로 재배한다는 아이디어가 마음에 들었음에도 불구하고, 첨단기술을 적용한 일반적인 방식을 계속 추구하게 되었어요.

그러던 어느 날, 그 전까지는 한 번도 본 적 없는 인근의 한 와인 저장고에 어쩌다 들어가보았죠. 바 뒤에 있는 여자는 살짝 취한 듯했어요. 그 여자는 농담이 아니라 정말 어마어마하게 큰 잔에 레드 와인을 따라주었고, 필립과 나는 순간 당황했어요. 맛이 없으면 어쩌지? 산지오베제와 카베르네 소비뇽을 블렌딩한 그 와인을 한 모금 마신 우리는, 맙소사, 사랑에 빠지고 말았어요.

앰비스 에스테이트(AmByth는 웨일스어로 '영원한'이라는 뜻이다)는 캘리포니아 파소 로블스에서 건조 농법을 시행하는 8만 제곱미터 규모의 유기농 포도밭 겸 저장고이다. 부부가 합계 11종류의 포도를 재배한다. 또 벌, 닭, 소를 키우고 올리브도 기른다.

'이건 어디서 난 거죠? 어떻게 재배된 거예요?'

'바로 여기서 생산한 거예요, 건조 농법으로요.'

'누가 심었는데요?'

'저희 남편이요.'

우리는 바로 다음 날 그녀의 남편을 만났어요. 노련한 와인 생산자이자 항상 건조 농법만 고집하는 그는 우리에게 '저 잡초들을 좀 보세요. 잡초들이 자랄 수 있으면 포도나무도 자랄 수 있어요'라고 말했죠.

그리하여 우리는 그 최첨단 기술을 제안하던 컨설턴트를 해고했고, 후회 같은 건 하지 않았어요.

파소 로블스는 심각한 물 부족에 시달리고 있어요. 정확한 수치는 모르지만 지하수면water table이 지난 10년간 30여 미터나 낮아졌는데, 포도밭들이 직접적인 이유예요. 앞으로 수년 내에 80여 제곱킬로미터가 더 들어선다는데, 그럼 지하수면은 어떻게 될까요? 환경적으로 이건 전혀 지속 가능한 방식이 아니에요. 관개를 하지 않던 땅이 대대적인 관개를 시행하는 포도밭으로 바뀌고 있죠. 빗물만으로는 소모된 양을 다시 채울 수 없어요. 그러면 어떤 문제가 발생할지는 굳이 천재가 아니어도 알겠죠. 우물들이 말라가는 겁니다.

씁쓸한 것은 외부인들이 새로 경작되는 땅을 대규모로 구입하고 있다는 거예요. 인근에 80만 제곱미터 부지를 사서 소를 기르는 사람들을 보면 로스앤젤레스나 중국에서 온 이들이라 이곳의 물 부족에는 별로 관심이 없죠. 그냥 금융거래나 다름없습니다.

'320만 제곱미터 땅을 사서 240만 제곱미터에 농사를 지으면 2년 안에 얼마나 수확할 수 있을까?'

'얼마 만에 투자금을 회수할 수 있을까?'

그래요, 계산을 해보면 4년 정도 만에 투자금을 전부 회수할 수 있습니다. 그러고 나면 그들은 아무것도 신경 쓰지 않죠. 횡재나 다름없어요. 만약 일이 잘 안 되면 그들은 떠나버리면 그만이에요. 건조 농법의 경우 회수는 훨씬 더딘 반면 결과는 우리 포도 밭의 이름처럼, 영원합니다.

여기는 캘리포니아에서 가장 건조한 농지에 속해요. 나파Napa보다 물을 몇 톤은 덜 쓰죠. 심지어는 바로 저기, 101번 도로 맞은 편에 있는 포도밭들의 절반 정도밖에 안 써요. 그러니까 우리가 할 수 있다면 저들도 충분히 건조 농법을 실행할 수 있습니다.

우리의 기본적인 신조는 '포도나무는 잡초다'예요. 포도나무는 자라기를 좋아하죠. 생명력도 강하고요. 식물계의 바퀴벌레라 할 수 있는데, 정말 대단하지 않나요?"

위: 캘리포니아의 대다수 포도밭들과는 달리, 앰비스의 포도나무들은 건조 농법으로 재배된다.

왼쪽: 메리와 필립은 벌도 직접 기른다. "우리 벌들은 자기 꿀을 먹기 때문에 걸쭉하고, 색이 짙으며, 맛이 풍부한 꿀을 만들죠. 벌집 한 개당 18킬로그램 정도의 꿀을 얻는데, 그 중 최소한 절반은 벌들을 위해 남겨둔답니다."

포도밭: 테루아에 대한 이해

내추럴 와인이 왜 그토록 특별한 것인지 이해하려면, 먼저 한걸음 물러서서 '좋은' 내추럴 와인들이 하나같이 강조하는 '테루아Terroir'가 무엇인가를 알아야 한다. 간단히 말해 테루아는 본래 '지구'를 나타내는 프랑스어에서 파생된 단어로, 특정 연도만의 독특하고 재생 불가능한 요소들(식물, 동물, 기후, 지질, 흙, 지형 등)의 조합을 일컬을 때 쓴다.

농업적 환경을 나타내는 이 말은 올리브유, 사과주, 버터, 치즈, 요거트 등에도 쓰인다. 프랑스 루아르의 바이오다이내믹농법 생산자이자, '라 르네상스 데 자펠라시옹La Renaissance des Appellations' 생산자 협회의 창립자인 니콜라 졸리Nicolas Joly는 "특정 지역 사람들이 그 지역에서 나는 식물, 혹은 동물이 다른 곳에서는 찾아볼 수 없는 풍미를 낸다고 알릴 때 쓰는 영예로운 개념이죠"라고 말한다.

어쩌면 사람도 그 환경의 일부일지 모른다. 하지만 정말 일부가 되어야지, 지배하려 들다가는 테루아의 표현을 저해할 수 있다. 샹파뉴 지역의 가장 상징적인 생산자들에 손꼽히는 앙셀므 셀로스는 이 차이를 잘 설명한다. "젊은 와인 생산자로서, 나는 무조건 자연에 복종해야 했습니다. 하지만 나는 대장이 되려고 했죠. 포도나무와 와인을 내 마음대로 다루었고요. 그리하여 정확히 원하던 대로 와인을 만들었지만, 단 한 병도 내 흥미를 끌지 못했습니다. 그러다 나는 내 방식이 걸작을 탄생시키는 데 전혀 도움이 되지 않는다는 걸 깨달았어요. 내가 그토록 열렬히 추구하던 지역적 독창성 혹은 특이성은, 사실 그 지역 스스로가 자신을 표현할 수 있도록 자유를 줄 때에만 비로소 나타나는 것이었죠."

해가 바뀌면 재배 환경도 바뀌며, 이는 그 지역에 사는 모든 생물들에 영향을 미친다. 각 생물은 제공되는 자원들을 최대한 활용하고, 공생, 의존, 먹이사슬 같은 상호관계를 맺거나 단순히 같은 때에 같은 곳에 있다는 이유로 떼려야 뗄 수 없는 관계를 맺는다. 그 결과 인간이 만들어낼 수 있는 것에 비할 수도 없이 엄청나게 복잡한 요소들의 조합이 형성된다. 심오하며 섬세한 자연은 언제나 인간을 앞선다.

"지금은 인류 역사상 최초로 테루아 없이 화학물질들만 가지고 와인을 만들 수 있다."

– 클로드 부르기뇽, 프랑스 부르고뉴 출신 동학자

프랑스 루아르의 내추럴 와인 생산자인 장 프랑수아 쉐네Jean-François Chêne는 "매년 우리는 같은 태도를 취하지만, 절대로 똑같은 결과가 나오는 법은 없습니다. 해가 바뀌면 항상 조금씩 달라지는데 그게 참 흥미롭죠"라고 말한다. 그러나 연도에 따른 맛의 차이는 포도밭에서(제초제를 사용하거나 관개를 통해) 또는 저장고에서(54~55쪽 '저장고: 가공과 첨가물' 참조) 개입을 통해 없앨 수도 있다. 사실 오늘날 많은 와인들이 브랜드의 일관성 유지를 명목으로 이것을 완전히 없애고 있다.

와인은 특정한 때에 특정한 지역에서 살아가는 생물들에 의해 만들어지는 농산물이다. 즉 생물들의 산물이며, 그 생물들이 모여 테루아를 이루는 것이다. 따라서 생물들이 없다면 테루아는 표현될 수 없다.

프랑스 남부 랑그독에 있는 포도밭, 르 프티 도멘 드 지미오의 생산자인 안 마리 라베스는 "내추럴 와인은 바로 자연이 내게 주는 것이에요. 매년 포도밭이 주는 결실인 거죠"라고 설명한다. 내추럴 와인은 양조되는 내내 생명을 육성하고 유지시켰기 때문에 포도밭에서부터 저장고, 병, 잔에 이르기까지 그야말로 생명으로 가득 차 있다.

장 프랑수아 쉐네는 이 점을 간결하게 요약했다. "내가 가장 중요하게 생각하는 것은 살아 있는 것들을 무엇보다 더 존중하는 것입니다."

위: 에티엔Etienne 과 클로드 쿠르투아Claude Courtois의 바이오다이내믹농법 포도밭들 중 하나인 프랑스 솔로뉴의 레 카이유 뒤 파라디Les Cailloux du Paradis는 자생 숲에 둘러싸여 있다.

옆 페이지: 프랑스 루아르에 있는 니콜라 졸리의 바이오다이내믹농법 포도밭, 라 쿨레 드 세랑La Coulée de Serrant의 가을 풍경.

계절성과 자작나무 수액

니콜라 졸리 Nicolas Joly

"각각의 행성은 특정 나무와 관계가 있습니다. 예를 들어 자작나무는 금성을 상징하죠. 자작나무 옆에 서 있는 건 참나무 옆에 서 있는 것과는 다릅니다. 자작나무는 딱딱하거나 묵직하지 않죠. '나 여기 있어'라고 외치거나 남을 넘어서려고 하지도 않고요. 자작나무는 아주 유순하고 변화무쌍합니다. 자작나무의 모습을 보고 있노라면, 꼭 아직 완성되지 않은 것 같아 보여요. 촛불 모양으로 삐죽삐죽 치솟은 사이프러스 나무 같은 건 항상 그 모습 그대로인데 말입니다. 자작나무는 까다롭지도 않아서 거의 모든 곳에서 잘 자랍니다.

한번은 누가 나에게 이런 말을 하더군요. "금성을 상징한다는 건 바로 이런 겁니다. 당신의 집에 초대를 받은 사람들이 다들 활기차게 대화를 나누고 있다고 상상해보세요. 갑자기 어떤 조용한 사람이 조심스럽게 들어와 손님들 앞에 차를 한 잔씩 나눠주며 '음료가 필요하실 것 같아서요'라고 말하는 겁니다." 이것이 바로 금성식 접근법입니다. 부드럽게. 조심스럽게. 단순하게. 여성적인 에너지가 느껴지죠.

자작나무 수액을 모으는 것은 봄의 정수를 모으는 것과 다름없습니다. 만물이 소생하는 시기에 새로운 시작을 일깨우는 거죠. 이것은 그야말로 회춘제인데, 그래서인지 벨레다Weleda[7] 같은 곳에서 많이 이용해요. 자작나무는 흔해서 누구나 직접 수액을 추출해볼 수 있죠. 다만 대자연의 기운을 내 몸에 받아들인다는

---

[7] 바이오다이내믹농법의 토대를 마련한 오스트리아의 루돌프 슈타이너 박사와 스위스의 이타베그만 의학박사가 만든 천연 유기농 화장품 브랜드.

니콜라 졸리는 프랑스의 바이오다이내믹농법 분야 최고 권위자이자, 와인 생산자 협회인 라 르네상스 데 자펠라시옹(120~121쪽 '어디서 그리고 언제: 생산자 협회' 참조)의 창립자이다. 다수의 책을 쓴 그는 자연적 발효와 토종 효모의 열렬한 지지자이기도 하다. 그는 900년의 역사를 지닌 루아르 지역의 포도밭, 라 쿨레 드 세랑을 운영하고 있다.

인식을 가지고 조심히 해야 한다는 것만 기억하세요.

언제 어떻게 수확하나

자작나무 수액은 잎사귀를 피우는 원천입니다. 거기에는 순환의 맨 처음 즉 싹이 트기 전, 수액이 잎사귀가 되기 전의 순간이 담겨 있죠. 찬찬히 느껴보면, 자연이 분명 움직이고는 있는데 아직 아무것도 눈에 띄지 않는 순간이 있지요. 그때가 바로 절호의 기회예요. 자작나무가 땅으로부터 아주 많은 양의 물을 끌어올려 아직 보이지 않는 잎눈들에 보내기까지 10일에서 20일 정도(이상적인 때는 달이 차오르는 시기) 걸리죠. 자작나무가 물을 빨아들일 때 엄청난 압력이 발생하는데, 이때가 수액을 받을 수 있는 때입니다. 날짜는 천차만별이에요. 우리 같은 경우 보통 2월 20일부터 3월 4일 사이에 수확을 합니다.

준비물로는 직경 5밀리미터쯤 되는 구멍을 뚫을 수 있는 소형 목제 핸드드릴, 큼직한 빈 물병, (잔디 깎기 기화기에 달린 것 같은) 깨끗한 사이펀 호스가 있습니다. 호스는 드릴과 직경이 같아야 하므로 호스를 먼저 구입한 뒤 거기에 맞는 드릴을 사는 것이 좋죠.

나무에 뚫을 지점을 선택해 껍질을 최대 2센티미터 깊이로 뚫습니다. 시기를 잘 잡았는지는 금방 알 수 있어요. 물을 힘껏 빨아올리고 있던 나무에서는 구멍이 뚫리자마자 수액이 뚝뚝 흐르니까요.

호스의 한쪽 끝을 구멍에 꽂고 다른 쪽 끝은 나무에 꽉 묶어둔 빈 병에 집어넣습니다. 자작나무에 한창 물이 올랐다면 하루에 한 번씩 병을 비워줘야 해요. 나는 하루에 1.5리터까지 모으기도 해요.

나무를 존중해야 한다는 걸 꼭 명심해야 합니다. 처음 구멍을 뚫었을 때 수액이 나오지 않는다면 다시 뚫지 마세요. 시기보다 너무 앞선 것이었을 수 있으니 정기적으로 다시 와서 확인해보세요. 수액이란 본래 잎사귀가 되는 것이며 나무에게는 고된 과정입니다. 자기가 사용할 목적으로 소량을 채취하는 것은 괜찮으나, 지나치면 나무에 해를 입힐 수 있어요. 나무 한 그루당 구멍 한 개씩. 그 이상은 뚫지 마세요. 처음부터 끝까지 전 과정을 지켜볼 수 없다면 애초에 구멍을 뚫지 않는 편이 낫습니다. 수액이 한 번 흐르기 시작한 이상 구멍을 막을 수는 없기 때문이에요. 잎 생성 과정에 필요한 만큼의 물이 축적될 때까지 수액은 계속 흐를 텐데, 보통 3주 정도 걸리죠. 그러니까 한 번 시작하면 멈출 수 없습니다. 소의 젖을 짜듯 매일 수확을 해야 하는 거예요.

수액의 흐름이 멈추고 껍질이 마르고 습기도 사라지고 나면(이 모두가 마지막 단계에 자연적으로 이루어집니다), 호스만 빼줘도 나무는 스스로 상처를 메웁니다. 하지만 고마움의 표시로 소량의 파인 타르pine tar('스톡홀름 타르'라고도 부른다)를 이용해 구멍을 막아줄 수도 있죠. 볼펜 팁 크기 정도 되는 적은 양만 있으면 되니까 괜히 형편없는 인조 제품을 사서 나무에 해롭게 하지는 마세요. 다 끝난 후에는 나무에게 감사하세요, 그리고 그 나무도 하나의 생명이라는 사실을 기억하세요.

나는 한 해에 30리터를 수확합니다. 냉장고에 보관하면 몇 달은 가지요. 공복에 하루 한 컵씩 마시세요. 아침마다 마시고 하루를 시작하면 매일을 봄처럼 살게 될 겁니다."

라 쿨레 드 세랑 포도밭의 겨울 풍경.

저장고: 살아 있는 와인

"현미경으로 보면 내추럴 와인은 작은 우주처럼 보인다."

– 질 베르제, 프랑스 부르고뉴의 내추럴 와인 생산자

'비방vivant'이라는 프랑스어('살아 있는'이라는 뜻이다)는 내추럴 와인을 이야기할 때 자주 등장하는 단어다. '영혼', '개성', '감성' 같은 단어처럼, 대부분의 사람들이 무생물로 여기는 와인에 사람과 같은 생명을 부여하는 말이다.

이 '생명'에 대해 더 자세히 알아보기로 마음먹은 나는, 과학자이자 교수이며 현미경을 다룰 수 있는 로랑스Laurence라는 친구에게 도움을 청했다. 나는 로랑스에게 상세르Sancerre[8] 두 병을 주었다. 하나는 어느 마트의 자체 브랜드로 수만 병씩 대량 생산되는 평범한 와인이었고, 다른 하나는 일년 생산량이 3천 병도 채 안 되는 세바스티앙 히포의 '옥시니Auksinis'라는 와인이었다. 옥시니는 아무것도 첨가하거나 제거하지 않은 그야말로 완벽한 내추럴 와인이다.

몇 달 뒤, 로랑스는 현미경으로 찍은 와인 사진들을 내 이메일로 보냈다. 차이는 놀랄 정도였다(오른쪽). 옥시니는 효모로 가득한 반면(일부는 죽고, 대부분은 살아 있었다) 대형 마트의 와인은 완전히 죽은 것처럼 보였기 때문이다. 로랑스는 심지어 히포의 와인에서 유산균으로 보이는 박테리아를 걸러내 배양하기까지 했다. 옥시니에는 미생물이 풍부했으며, 소독에 익숙한 대다수 서양인들의 생각과는 반대로 아주 안정적이면서도 맛이 정말 좋았다. 2009년산이었는데, 산도가 다소 높고 가벼운 훈연향과 아카시아, 꿀, 라임이 느껴지는 아주 깔끔한 와인이었다. 아로마가 제거된 와인과는 전혀 다른 맛이었다.

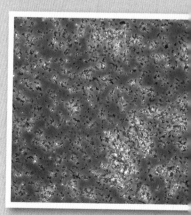

어쨌든 둘 다 상세르이고 영국 내에서 같은 이름으로 판매되므로, 겉만 보고 두 와인을 구별하기는 어려웠다. 하지만 병 속은 서로 딴판이었다. 맛의 특징이 전혀 다른 것은 물론이요, "맛있는데" 또는 "맛없어"라는 말만으로는 설명할 수 없을 정도로 둘의 차이는 극명했다. 미생물학적인 측면에서도 둘은 근본적으로 달랐다. 옥시니에는 미생물이 풍부했으나 마트 와인은 그렇지 않았으므로. 그러니까 세균 배양 접시들을 현미경으로 들여다보던 로랑스가 저녁에 히포의 와인을 한 잔했을 때, 그녀는 말 그대로 살아 있는 음료를 마셨을 뿐만 아니라 상세르의 진짜 살아 있는 맛을 보았던 것이다.

현미경으로 본 대형 마트의 상세르 와인(위)과 히포의 내추럴 상세르 와인, 옥시니(아래).

---

8 프랑스 루아르의 대표적인 화이트 와인 산지이자, 거기서 생산된 화이트 와인을 일컫는다.

PAS COMME LES AUTRES

CAVE A MANGER
VINS VIVANTS
BEZIERS

Tél. 04 67 48 53 05

과학

최근에 발표된 세 건의 과학 연구 또한 이러한 '살아 있음'을. 또 이것이 수백 년까지는 아니더라도 수십 년은 지속될 수 있음을 증명한다. 우선 2007년 《미국 와인 양조·포도 재배 저널American Journal of Enology and Viticulture》[9]은 '와인 저장 중 병입 와인 내 미생물의 생존'에 관한 연구 결과를 발표했다. 여러 빈티지의 보르도 와인들(그중 가장 오래된 건 1929년산이었다)을 엄선해 분석한 연구팀은 오래된 병입 와인들 대부분의 효모 함량이 높다는 사실을 발견했다. 실제로 1949년 병입된 페삭 레오냥Pessac Léognan에 함유된 효모는 400만 cfu/ml(밀리리터당 집락형성단위)로, 저자에 의하면 이는 오늘날의 많은 병입 와인들에 든 평균 미생물에 비해 적게는 400에서 많게는 4천 배에 달하는 양이다. 또한 연구팀이 분석한 와인들 중 40퍼센트에서 유산균도 발견되었다.

그리고 2008년 6월, 스위스에 있는 아그로스코프 베덴스빌 연구소Agroscope Wädenswil Research Institute의 위르크 가프너Jürg Gafner 박사는 로이슐링Räuschling 화이트 와인 몇 병을 선택해(가장 오래된 건 1895년산이었다) 미생물을 분석했다. 그는 여러 빈티지의 와인들에서 휴면 상태인, '살아 있는' 여섯 가지 효모 균주를 분리해내 많은 이들을 놀라게 했다. 그중 세 가지는 가장 오래된 와인에서 나왔다.

마지막으로, 가장 주목할 만한 연구 결과는 프랑스 쥐라의 1774년산 뱅 존vin jaune('노란색 와인')을 약 220년 후 그 지역 전문가들이 테이스팅했던 일이다. 이들은 이 와인을 '견과류의 향과 카레, 계피, 살구, 밀랍 맛이 느껴지며 유난히 여운이 길다'고 묘사했다. 후에 실험실에서 이것을 시음했던 미생물학자 자크 르보Jacques Levaux에 의하면, 이 와인에서 박테리아와 효모가 모두 발견되었으며 휴면 상태였지만 매우 활발했다고 한다.

특히 박테리아는 흥미로운 비밀을 갖고 있을 수도 있다고, 빈의 와인 및 과일 재배 고등학교와 연방관청HBLA und Bundesamt für Wein- und Obstbau 생화학부 소속 카린 만들Karin Mandl 박사가 설명했다. 카린은 연구 초기부터 여러 와인에서 찾아낸 박테리아를 배양해 와인의 숙성 능력ageability을 결정하는 균주를 분리하려고 시도했다. 부르고뉴의 내추럴 와인 생산자인 질 베르제 역시 확신한다. "박테리아가 없으면 와인은 숙성되지 못합니다. 아주 오래된 와인들이라도 이 박테리아 덕분에 신선함을 유지할 수 있어요. 수백 년까지는 아니더라도 수십 년 동안은 계속 진화하는 거죠. 발효 후 남은 소량의 당만 있어도 박테리아는 살아남을 수 있습니다."

이점들

그러니까 포도 재배나 발효뿐만 아니라 와인이 적절하게 숙성되기 위해서도 생물은 반드시 필요하다. 내추럴 와인에만 생물이 들어 있다는 말은 아니다. 어쨌든 와인은 (토종이든 아니든) 효모와 박테리아의 활동으로 만들어지므로, 어떤 와인이든 양조 도중 어느 시점에는 살아 있을 테니까.

위: 시간이 지나면서 안정화되는, 살아 있는 와인들에게 엘르바주Élevage는 매우 중요한 과정이다. 내추럴 와인들은 아주 오랫동안 신선함을 유지하며, 이 숙성 능력의 주된 근간은 박테리아다.

옆 페이지: 내추럴 와인 생산자들은 살아 있는 와인을 만들기 위해 토종 효모를 사용하며, 이는 와인 맛에 긍정적인 영향을 준다. 뻬이드라루아르의 농업생물학연합CAB, Coordination Agro-Biologique des Pays de la Loire에서 포도 재배와 와인 양조 관련 기술 컨설턴트를 맡고 있는 나탈리 달마뉴Nathalie Dallemagne는 "발효균을 현미경으로 보면 상업용 효모의 사용 여부를 바로 알 수 있습니다. 그것들은 보통 야생 효모보다 더 크며, 전부 같은 균주이므로 모양이 똑같죠"라고 말한다.

---

9 미국 와인 양조·포도 재배 학회(ASEV)의 공식 학회지로, 와인 양조와 포도 재배에 관한 과학 연구를 주제로 한다.

다만 내추럴 와인이 다른 와인들에 비해 훨씬 더 '활발하다'는 말이다. 일반 와인들 중에도 미생물이 함유된 와인들이 많으나, 그 수는 농사 습관에서부터 저장고에서의 처리 방식 및 첨가물 등, 여러 가지 요소에 의해 결정된다. 예를 들어 지나친 여과는 로랑스가 보내준 마트 와인의 사진에서처럼 효모가 사라지게 만드는 주된 요인이 될 수 있다.

이러한 인위적 개입은 미생물에 영향을 미침으로써 와인 맛에까지 영향을 미친다. "화학 성분이 들어간 와인은 평평한 선과 같습니다." 이탈리아 동부 콜리오에서 1995년부터 아황산염을 배제한 와인을 만들고 있는 라디콘가의 사샤 라디콘Saša Radikon은 이렇게 말한다. "그 선이 얼마나 지속되는가는 양조자의 능력에 달렸지만, 기본적으로 언제든 끊어질 수 있는 선이에요. 반면에 내추럴 와인은 거대한 파동과 같아요. 어떤 때에는 잘 보이지만 또 어떤 때에는 잘 안보이기도 하며, 다른 살아 있는 것들과 마찬가지로 결국에는 죽어요. 하지만 그 시기가 내일일지 아니면 20년 후일지는 알 수 없습니다." 사샤의 말에 따르면 이것은 본질적으로 와인 속의 생물과 관련된 일로, 일 년 중 어느 때나 관찰할 수 있다. "우리 저장고는 온도를 제어하지 않기 때문에 날씨에 따라 움직입니다. 밖의 생물들이 느리게 움직이는 겨울이면 와인도 느려지죠. 봄에는 다른 생명들처럼 와인도 다시 활기를 되찾습니다. 풍미도 다양해지고 맛도 달라져요. 그러다 가을, 겨울이 돌아오면 다시 잠이 듭니다. 와인은 분명히 살아 있어요."

살아 있는 와인의 맛은 그야말로 변화무쌍하다. 오늘 마셨을 때 느끼는 맛과 내일 마실 때 느끼는 맛이 다르다. 이렇게 끊임없이 변하는, 아주 복잡한 아로마를 지닌 와인들은 아이들이 보는 모빌을 닮았다. 각 부분이 각자 움직이면서 매 순간 다른 모양을 만들어내므로 결코 똑같은 모양이 반복될 수 없다. 어떤 때에는 열려 있고 어떤 때에는 닫혀 있다. 어떤 때에는 나근나근하지만, 어떤 때에는 안 그렇다. 마치 미생물들이 깨어나서 반응을 하거나 아니면 한구석에 부루퉁하게 있기로 결정할 시간이 필요한 것처럼 보인다.

'세컨드 게놈second genome'[10] 혹은 생물학적으로 우리 인간이 단순히 '나'가 아닌 그 이상의 존재라는 사실에 대한 논의가 시작된 것처럼(《뉴욕타임스》의 마이클 폴란Michael Pollan에 따르면, 인간은 고유의 유전 정보를 보유하면서도 99퍼센트 이상의 다른 것들로 이루어져 있다), 와인도 관능적 화합물들, 알코올과 물의 단순한 조합을 넘어서는 것이다. 와인에도 '다른 것들'이 들어 있다. 그리고 우리 인체 내의 다른 것들처럼 와인 속의 그 다른 것들도 살아가고, 보호하고, 방어하고, 정복하고, 자라고, 재생하고, 잠자고, 숙성되고, 또 죽는다. 바로 이것을 토대로 공장에서 대량 생산된 단순한 무균 알코올음료와는 다른 진정한 와인이 만들어지는 것이다.

위: 라디콘가의 저장고에 있는 와인들은 수년간 통숙성을 거쳐 출하된다.

옆 페이지: 고故 스탄코 라디콘Stanko Radikon과 그의 아들 사샤(사진)는 수십 년째 아황산염을 넣지 않은 전통적인 내추럴 와인을 만든다.

10 인체에 서식하는 모든 미생물과 그 유전 정보를 통틀어 일컫는 말

포도밭의 약용식물들
안 마리 라베스 Anne-Marie Lavaysse

"나는 의사가 처방하는 약 같은 게 정말 싫었어요. 그 대신 나는 야생식물들을 이용해 나와 내 자식들, 우리 집 동물들을 치료했죠. 그러다 보니 내 포도들에게도 똑같이 하는 게 맞는 것 같았고요. 포도나무를 건강하고 행복하게 하는 데 다른 식물을 이용하는 것보다 더 좋은 방법이 어디 있겠어요?

포도밭에 들풀들이 그대로 자라도록 두자 내 포도나무들은 프랑스 남부의 가리그garrigue[11]에 둘러싸이게 되었어요. 온갖 식물들이 다 자라고, 각각 강렬하고 독특한 향을 내죠. 나는 그게 답이라는 생각이 들었어요. 가리그의 식물들은 내 포도나무들의 이웃이에요. 서로 함께 살아가며 일하고, 같은 경험을 공유해요. 아직까지 가리그가 병이 든 적은 없답니다. 그 식물들 중 일부는 내가 이미 알던 것들이었어요. 더 정확히 말하면 정화와 해독에 좋은 두세 가지 식물을 알고 있었죠. 포도나무 수액을 흐르게 하고 나무 내의 독성을 제거하는 것이 중요하다고 판단한 나는 직관을 따르기로 했습니다. 그리고 제대로 보기 시작하자, 마치 꼭 필요한 식물들이 내게 말을 거는 것만 같았죠.

햇볕 아래서 식물들을 잘 휘젓고 불린 혼합물을 포도나무들에게 주곤 했어요. 결과는 굉장했습니다. 포도나무들은 오이듐oidium[12] 같은 건 전혀 없이 아름답고 훌륭하게 자랐죠. 지금껏 10년간 그렇게 해왔고 여전히 그 방식을 지지하고 있어요.

어떤 식물들을 쓰냐고요? 음, 그건 뭘 하려는 건지에 따라 달라요. 전염병과 싸우거나 열을 없앨 때는 살균제나 항생제 역할을 하는 식물들을 쓰고, 정화 및 조절을 목적으로 쓰는 식물들도 있어요. 전부 사람만이 아니라 포도나무에도 사용할 수 있답니다.

안 마리 라베스와 그녀의 아들 피에르Pierre는 뮈스카muscat 품종 산지로 유명한 랑그독의 생장 드 미네르부아Saint-Jean de Minervois에서 바이오다이내믹농법 포도밭인 르 프티 도멘 드 지미오를 운영하고 있다.

예를 들어 **세이지**Salvia officinalis는 간 정화에 탁월한 효과가 있어요. 차처럼 마시면 좋은데, 간 정화 성분이 식물 해독도 해주어 포도나무들에도 좋죠. 세이지는 살균 작용도 하므로 식물에 피는 곰팡이를 제거할 때도 도움이 됩니다.

서양고추나물Hypericum perforatum은 포도나무들 사이에서 자생하는 또 다른 훌륭한 치유 식물입니다. 태양처럼 밝은 노란색 꽃이 아주 아름답죠. 나는 피어난 꽃의 맨 끝부분을 따서 말립니다. 차로 우려서 마시면 심신의 안정과 진정 효과가 있어요. 근육을 이완시켜 잠도 잘 오게 해요. 체내의 감각신경 계통에 작용하므로 아주 효과적인 항우울제이자, 사람과 동물 모두를 위한 진통제가 되죠. 꽃을 기름에 담가 햇볕 아래에 3주간 두었다가 화상이나 근육통이 있는 곳에 발라도 좋습니다.

서양톱풀Achillea millefolium은 여자에게 좋은 또 다른 정화 식물입니다. 나는 생리통이 있을 때면 이 꽃을 차로 우려서 마셔요. 원한다면 잎도 소량 넣어도 됩니다. 아주 효과가 좋아요. 몸을 친정시키고 전체적으로 잘 조절해주죠. 필요할 때면 포도나무에

도 씁니다. 서양톱풀에는 천연·황 성분이 들어 있는데, 황의 항
은화anti-cryptogamic[13] 성질은 포도나무를 오이듐균으로부터 지
키는 데 유용해요. 서양톱풀은 내부 조직들을 치유하는 데도 도
움을 주어, 포도나무의 상태가 안 좋거나 잘못 다뤘을 때 막혀버
릴 수 있는 포도나무 수액 '관'들이 제 역할을 할 수 있게 해줍니
다.

그리고 **서양회양목**Buxus sempervirens이 있어요. 이 식물은 독성
이 있으므로 조심해서, 정확하게 다루어야 해요. 서양회양목의
꽃은 항생제이며 잎은 강력한 정화 작용을 하죠. 열이 있을 때
서양회양목의 잎을 섭취하면 땀이 나서 몸 상태를 회복하는 데
도움이 돼요. 나는 제철일 때 따서 집에 보관해두고 필요할 때마
다 씁니다. 잎을 5분간 끓인 뒤 걸러서 마시죠. 심한 감기에 걸
리거나 고열일 때, 혹은 기분이 안 좋을 때는 서양회양목 차를
이틀 정도 마셔보세요. 아주 효과가 좋답니다. 소독용 외용약으
로도 사용할 수 있어요. 상처를 빨리 아물게 하죠."

오른쪽: 안 마리는 이 키스투스Cistus
같은 약용식물들을 포도나무 재배에
이용한다. 항균 작용을 하는 이 식물
을 다른 식물들과 함께 차처럼 우려
서 쓴다.

오른쪽: 안 마리는 또한 야생 허브
를 비롯한 식물들을 모아 가족의 치
료제나 음식으로 사용하기도 한다.
이 야생 펜넬Foeniculum은 요리할
때 쓴다.

---

11 지중해 인근의 석회질 토양에 자라난 관목 덤불숲을 말하며, 이 지역 와인이나
   음식의 고유한 풍미를 일컫는 말로도 쓰인다.
12 오이듐균에 의한 포도나무 재배에 치명적인 병충해.
13 은화식물이란 꽃을 피우지 못하고 포자를 이용해 번식하는 균류 등을 나타낸다.

저장고: 가공과 첨가물

캘리포니아의 덩키 앤드 고트Donkey & Goat 와이너리에서 포도의 품질을 확인하여 분류하고 있다.

대부분의 사람들은 와인이 포도와 압착기, 펌프, 오크통. 병입 장치 등과 같은 단순한 장비만 있으면 되는 장인의 음료라고 생각한다. 실상은 그보다 훨씬 더 복잡하다는 사실을 잘 알지 못한다. 사실 아황산염, 달걀과 우유 말고도 많은 첨가물과 처리제들, 장비 등이 와인 라벨 관련 법의 허점을 이용해 비밀리에 사용되고 있다. 캘리포니아의 내추럴 와인 생산자인 토니 코투리는 "미국에서는 소포제까지 사용합니다"라고 말한다. "그러면 탱크를 채울 때 거품이 사라지길 기다릴 필요가 없거든요. 닭고기나 다른 음식에 소포제를 넣는다면 사람들은 '잠깐만요. 지금 뭐하는 겁니까?!'라고 하겠죠. FDA(식품의약국)에 의해 그 공장은 문을 닫게 될 테고요."

아주 적법하게 와인을 생산하는 사람들조차 와인 양조 시 무엇이 첨가되는지 정확히 말하기를 꺼리는 것도 아마 그 때문일 것이다. 결과적으로 와인 산업 전체는 베일에 싸인 꼴이 되었다. 와인 회사 대표들과 와인을 맛볼 일이 있을 때 자기네 와인에 어떤 포도가 사용되었는지. 오크통에 담기기나 했었는지. 얼마나 오래 숙성되었는지 등을 비롯해 아는 게 거의 없는 사람이 얼마나 많은지 여러분이 알면 놀랄 정도다.

알코올 함량 조절이나 미세산소 주입, 포도즙의 무균 여과까지 가능한 첨단 기구들이 존재한다. 예를 들어 언 포도를 사용하는 크리오엑스트랙션cryoextraction은 포도 속의 수분을 얼려 착즙 시 그 결정이 걸러지도록 하는 방식이다. 이는 소테른Sauternes 같은 스위트 와인 주요 생산지에서 귀부병noble rot이라고 하는 보트리티스 시네레아Botrytis cinerea(회색 곰팡이의 일종) 균에 의한 자연적 농축 효과를 흉내 내기 위해 주로 쓴다. 또 다른 기구로는 와인 성분들을 원하는 대로 분리하고 제거할 수 있는 역삼투 장치가 있다. 예를 들면 수분(비가 많이 내린 경우)이나 알코올 성분을 없애거나, 산불 연기로 인해 오염된 향을 제거하거나. 브렛Brettanomyces(78쪽 참조) 효모처럼 '불쾌한' 풍미를 내는 효모 균주를 없앨 수 있는 것이다.

첨가물과 처리제의 수와 특징은 나라마다 다르다. 메르코수르 국가들(아르헨티나. 브라질. 파라과이와 우루과이)에서는 헤모글로빈 등을 포함해 50여 개군의 제품들이 사용되는 반면 호주. 일본. EU와 미국에서는 70개군 이상이 허용된다. 여기에는 물. 설탕. 주석산처럼 간단한 것에서부터 일반

인들은 뭔지 잘 모를 수도 있는 타닌 분말, 젤라틴, 인산염, 폴리비닐폴리피롤리돈PVPP, 디메틸 디카보네이트, 아세트알데히드, 과산화수소 등이 포함된다. 동물 유래 성분도 많은데, 알부민과 (달걀에서 얻는) 라이소자임, (우유에서 얻는) 카세인, (돼지나 소의 췌장에서 추출한) 트립신, (물고기의 건조된 부레에서 추출한) 부레풀 등이 이에 속한다.

이러한 조작들은 과도한 가공이든 첨가물이나 보조제를 넣는 것이든 간에, 특히 와이너리의 규모가 클 경우 시간 절약과 와인 양조 시 생산자의 통제력을 높이는 것을 목적으로 한다. 소득을 낼 목적으로 수확 후 몇 달도 안 돼서 와인을 출하해야 하는 상업적인 현실은, 간혹 '필요한' 것으로 혼돈되어 여겨지기도 한다. 와인은 주재료(포도)만 가지고도 만들 수 있는 얼마 안 되는 음료들 중 하나이다. 곧 주재료 속에 와인이 되기 위한 모든 것이 포함되어 있어서, 다른 걸 굳이 추가할 필요가 없다는 뜻이다. 와인을 병입 전 4~5년간 통에 보관하는 프랑스 부르고뉴의 내추럴 와인 생산자 질 베르제는 2013년 가을, 내게 이렇게 말했다. "지금 무엇이 팔리고 있는지 좀 보세요, 대부분의 사람들이 2012년산을 팔고 있습니다. 전에는 적어도 2~3년은 된 병 와인이 판매되었죠. 와인이 자연적으로 정화되는 시간을 주는 건데, 이제는 그 과정을 가속화시킨 겁니다. 우리 포도밭의 2013년산은 아직도 진흙 같은 상태인데, 2013년 보졸레 누보는 벌써 출하를 앞두고 있다니까요! 자연적으로는 절대 불가능한 일입니다."

내추럴 와인 생산자들과 일반 생산자들의 차이점 중 하나가 바로 이것이다. 그들은 단순히 수요에 맞추기 위해 제품을 생산하지 않는다. 와인을 상품이 아닌 자식처럼 여기며, 대부분의 경우 가장 쉬운 방법보다는 그들 자신과 그들의 식물들, 그들의 땅을 가장 풍요롭게 하는 방법을 찾는다. 그들은 어떤 어려움이 있어도 타협하지 않고 테루아가 있는 와인을 생산한다. 와인의 '진정성'을 저해하는 기구, 처리제, 첨가물 등은 피한다. 많은 추종자들을 거느린 샴페인 생산자, 앙셀므 셀로스의 말처럼. "포도나무에서 모든 일이 일어나고, 모든 것이 얻어집니다. 그 안에서 이미 잠재력에 100퍼센트 도달하는 거예요. 그러고 나면 양조할 때는 뭘 더할 수도 없어요. 특정 요소를 파괴하거나 숨길 수는 있겠지만, 저장고에서 가산점을 얻을 수는 없다는 말입니다."

발로 밟기는 포도를 으깨는 가장 전통적인 방법이다. 포도에 굉장히 부드럽게 힘을 가할 수 있어서 오늘날에도 쓰이는 기술이다.

내추럴 와인 생산자들은 자신의 와인을 상품이 아닌 자식처럼 여기며, 대부분의 경우 가장 쉬운 방법을 찾지 않는다.

저장고: 발효

"발효는 영양분을 흙으로 되돌려 보내 재활용하는 자연의 방식입니다.

미생물들은 포도 열매에 앉아 때를 기다리죠. 마침내 포도가 떨어지면,

열매를 보호하고 있던 껍질이 찢어지며 그 속으로 미생물들이 침투합니다.

그렇게 분해된 성분들은 흙으로 돌아갔다가 다시 식물의 양분이 되는 거죠."

─ 한스 페터 슈미트, 스위스의 미토피아 포도밭

발효는 효모, 박테리아, 그리고 다른 미생물들이 복합적 유기화합물(식물, 동물, 탄소를 포함한 다른 것들)을 더 작은 화학 성분들로 분해하는 과정이다. 이는 부패의 한 과정이며 와인 양조에서 가장 중요한 부분이다. 바로 이때에 달콤한 포도즙이 알코올음료로 변하고, 와인만의 매력이라 할 수 있는 특유의 아로마들 대부분이 생성되기 때문이다. 그냥 내버려두면 발효는 보통 (효모에 의한) 알코올 발효와 (박테리아에 의한) 유산malolactic 발효, 두 단계로 진행된다.

신기하게도 이러한 변화를 일으키는 물질들은 우리 주변 어디에서나 찾아볼 수 있다. 생수 1밀리리터에는 약 100만 개의 박테리아 세포가, 신선한 유기농 포도즙 1밀리리터에는 약 1천만 개의 효모 세포가 들어 있다. 그러니 《뉴욕타임스》의 과학 저술가 칼 짐머Carl Zimmer가 "완전히 성장한 인간의 배 안에는 1.3킬로그램 정도 되는 '다른 것들'의 기관이 존재한다"고 말한 것도 그리 놀라운 일이 아니다. 이 중 일부는 양성이고, 몇몇은 병원균이며, 대부분은 우리 건강에 필수적인 것들이다.

집에서 발효된 음식을 먹고 와인을 수천 병 만들어본 나는 자발적으로 맡은 일에 최선을 다하여 엄청난 변화를, 맛있고 '살아 있는' 풍미를 만들어내는 그 보이지 않는 병사들을 굉장히 존경한다. 예를 들어 밀가루와 물을 섞어 부엌 작업대에 놔두기만 해도 사워도우 빵이 되는 배양 과정이 시작된다. 포도즙을 통에 넣어두면 어떤 미생물이 우위를 점하느냐에 따라 와인이 되기도 하고, 식초가 되기도 한다. 사실 효모와 박테리아 둘 다 (치즈, 살라미, 맥주, 사과주, 물론 와인도 포함해) 우리가 알고 있는 가장 흥미로운 음식들을 만들 때 핵심적인 역할을 한다. 모든 효모나 박테리아가 항상 좋다고 할 수는 없지만, 좋은 효모와 박테리아를 강화시키면 그들은 그들이 차지한 공간을 정복하고 지킬 수 있게 된다.

건강한 포도밭에서 자란 건강한 포도는 그냥 내버려두어도 자연적으로 발효한다.

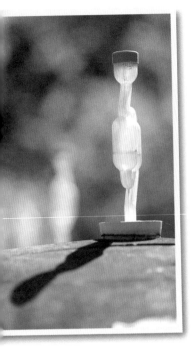

효모가 하는 일

효모는 때와 장소에 관한 조건이 맞으면 기하급수적으로 번식이 가능한, 보이지 않는 균류다. 구체적으로 포도 같은 경우, 효모가 흙부터 포도나무, 저장고에 이르기까지 언제나 존재한다. 효모는 포도즙 속의 당을 먹고 부산물로 알코올을 생성하는데, 이 과정에서 이산화탄소와 복합적인 풍미 또한 생겨난다. 효모는 내추럴 와인의 핵심이다. 흙, 포도, 기후, 지형 등과 마찬가지로 테루아의 일부이기도 하다. 효모 균주는 환경적인 요인에 따라 매년 달라서, 빈티지에 따른 차이를 만들어낸다 (40~43쪽 '뽀노밭: 테루아에 대한 이해' 참조). 다양한 균주들은 발효 과정 중 서로 다른 단계에서 활성화된다. 마치 도미노 효과처럼 기존의 균주가 쓰러지면 다음 균주가 활동을 시작하는 식이다. 특히 빵을 만들 때와 맥주 양조 시 필수적인 사카로미세스 세레비시에Saccharomyces cerevisiae 효모는 다른 균주들에 이어 증식하는 속도가 빠른, 와인 양조의 핵심 효모다.

효모는 수가 많아야 힘을 발휘한다. 풍부한 효모는 자연적 발효가 효율적으로 이루어지는 데에 필수적이며, 다양한 균주를 사용하면 완성된 와인에 여러 가지 다른 풍미가 생겨난다. 프랑스 동부에 있는 쥐라 지역의 피에르 오베르누아Pierre Overnoy는 이렇게 말했다. "1996년 공식 수확일이 정해졌을 때, 우리는 효모 수를 측정해봤습니다. 500만 cells/ml(주스 한 방울의 양)이더군요. 많은 이웃들이 수확을 시작했지만, 우리는 일주일간 더 기다렸고 효모수는 2천 5백만 cell/ml가 되었습니다." 그 어느 단계에서도 아황산염을 첨가하지 않는 피에르에게는 좋은 상태의 효모를 많이 보유하는 것이 무엇보다 중요했던 것이다. "발효 중에 문제가 생기는 걸 막고 풍부하고 좋은 풍미를 내려면, 최대한 많은 효모가 필요합니다."

자연적 발효는 예측 불가능한 야생 생물들과 함께하는 것이기 때문에 흔히 통용되는 발효법에 비해 더 오래 걸린다. 짧게는 2주부터 길게는 수개월, 심지어 수년이 걸리기도 한다.

일반conventional 생산자들은 어떻게 할까: 이들은 위험성을 줄이고, 특정한 맛을 키우고, 생산 공정을 단축시키도록 배양된 효모를 주입하고자 (열, 이산화황, 그리고 여과 등을 통해) 자연 효모를 제거한다. 자연적 발효를 지지하는 니콜라 졸리는 "효모 생산 업체들의 설명과, 와인 업계에서 테루아를 설명할 때 하는 말들이 서로 비슷한 걸 보면 흥미롭습니다. 소비자들은 와인의 아로마가 양조장에서 첨가되기도 한다는 사실을 알아야 합니다"라고 말한다. 실제로, 상업용 효모의 광고지들을 읽어보면 흥미롭다.

BM45 – 이탈리아에서 분리된 효모로 산지오베제에 추천한다. 산미를 높이고 수렴성을 낮추어, 입안에 머금었을 때 더 좋은 맛이 나도록 한다. …과일 잼, 장미 꽃잎, 체리 리큐어의 향과 달콤한 향신료, 감초, 삼나무의 풍미를 낸다. …전통 이탈리아식 와인을 만드는 데 더할 나위 없이 좋다.

CY3079 – '클래식한' 부르고뉴 화이트에 적합하다. 꽃향기, 신선한 버터, 구운 빵, 꿀, 헤이즐넛, 아몬드, 파인애플의 풍미…. 입안에서 진하고 풍부한 느낌을 낸다.

위: 캘리포니아에 있는 토니 코투리의 포도밭의 에어록airlock. 와인 통 위에 끼워두고 발효 시 이산화탄소가 배출되도록 한다.

옆 페이지 왼쪽 위: **자연적 발효.**

옆 페이지 오른쪽 위: 갓 발효된 와인을 거른 뒤 통에 남은 포도 건더기들을 빼내고 있다.

옆 페이지 아래: **와인의 숙성도를 측정하기 위해 탱크 샘플을 테이스팅하고 있다.**

박테리아가 하는 일

수백만 개의 박테리아가 효모와 함께 일한다. 효모와 마찬가지로, 박테리아도 포도 껍질이나 저장고 벽에 붙어 있다. 주요 유익 균주들 중 하나인 유산균(lactic acid bacteria 또는 LAB, 살아 있는 요거트에 함유된 프로바이오틱스를 생각하면 된다)은 와인이 만들어지는 데 필수적이다. 유산 발효라 불리는 2차 발효를 시키기 때문인데, 이때 포도즙에서 자연적으로 생겨나는 말산malic acid이 부드러운 젖산으로 바뀌며 질감과 풍미가 바뀐다. 엄밀히 말하면 발효라고 할 수 없지만, 발효라고 부르는 이유는 변화 과정 중에 이산화탄소가 발생하며 거품이 생겨서이다.

내추럴 와인들은 대부분 유산 발효를 거치는데, 가만히 내버려두면 효모가 알코올 발효를 마친 뒤 박테리아가 알아서 활동을 시작하기 때문이다(때로는 알코올 발효가 끝나기 전에 이런 일이 벌어지는데 그러면 휘발성 산volatile acidity이 발생할 수 있어 위험하다). 그러나 특정 연도나 포도의 품종에 기인하여 pH가 낮아진 와인들의 경우 유산 발효가 이루어지지 않을 때도 있다.

와인에서 찾을 수 있는 또 다른 주요 박테리아는 아세트산 박테리아acetic acid bacteria다. 이 박테리아는 에탄올을 발효시켜 아세트산을 만들고 '휘발성 산'(78~79쪽 '오해들: 와인의 결함' 참조)이라는 것을 만들어내는데, 이것이 지나치면 와인을 망쳐 식초가 되어버릴 수도 있다.

일반 생산자들은 어떻게 할까: 많은 이들이 특히 산도가 높고 풍미가 강한 화이트 와인 같은 특정 스타일의 와인을 만들기 위해 유산 발효를 적극적으로 막는다. 정형화된 제품을 생산하기 위해 자연에서 한 걸음 멀어지는 것이다.

유산 발효를 막는 방법으로는 와인 냉각, 여과 혹은 아황산염 첨가를 통한 유산균 제거, 발효 중 이산화황 수치를 비정상적으로 높이기 위해 선택하는 랄빈Lalvin EC-1118과 같은 상업용 효모 균주 활용 등이 있다.

개인적으로, 나는 유산 발효를 막는 것이 와인의 발전을 방해한다고 생각한다. 사람들은 와인에 내재되어 있는 풍미와 질감을 충분히 맛보지 못하게 되며, 이렇게 고의적으로 억제된 와인들에서는 보통 틀에 박힌 듯한 맛이 난다. 유산 발효를 촉진하거나 제어하려는 목적으로 유산균을 주입한 와인들 역시 마찬가지다.

그냥 자연이 하도록 두자

양조 단계에서의 많은 개입은 어떤 면에서는 자연적 미생물들을 관리해서 약화시키고, 줄이고 또는 제거하여 그 영향력을 줄이거나 생산자가 원하는 정도의 효과를 내기 위한 것이다. 건강하고 활발한 효모와 박테리아는 건강한 포도밭과 떼려야 뗄 수 없는 관계. 미생물로 뒤덮인 좋은 포도만 있으면 어느 생산자가 내게 했던 말처럼 "와인은 저절로 만들어진다".

위와 옆 페이지: **라 페름 데 세트 륀**
La Ferme des Sept Lunes**에서는 모든 와인을 자연적 발효로 생산하며 어떤 색상, 어떤 스타일의 와인이든 간에 결코 유산 발효를 막지 않는다.**

빵

안지올리노 마울레 Angiolino Maule

"우리의 '마더mother'[14]는 사실 100년이 넘은 겁니다. 제빵사인 오랜 친구가 자기 아버지로부터 물려받은 거예요. 우리 부부는 라 비앙카라 이전에 12년간 운영했던 피자 전문점 'Sax54'에서도 같은 마더를 사용했답니다. 장작불에 굽는 피자의 사워도우 반죽을 만들기 위해서였죠. 이 마더는 나중에 우리 자식들과 손주들에게도 대물림될 것이고, 자연 효모들로 이루어진 것이기 때문에 시간이 지나면서 더욱 복잡해질 겁니다.

그러나 좋은 빵을 만드는 비법은 마더가 아닙니다. 바로 배아 germ죠.

우리가 쓰는 밀가루가 일반 가게에서 파는 것과 다른 점이 바로 이거예요. 우리 밀가루에는 배아가 함유되어 있거든요. 아무것도 더하거나 빼지 않은 진짜 통밀을 쓰기 때문에 질적인 차이가 생기는 겁니다.

이것은 밀을 가루가 아닌 곡물 상태로 구입할 때만 가능합니다. 사람들은 밀가루를 수년간 썩지 않게 하려고 과도한 처리를 거쳐 대량으로 분쇄 및 가공합니다. 밀의 아주 중요한 부분들 중 하나가 배아인 걸 감안하면 참으로 안타까운 일이죠. 배아는 생명력으로 가득 차 있습니다. 밀알에서 싹이 트는 부분으로 비타민, 미네랄과 단백질이 풍부해요. 문제는 밀가루 속에 배아를 남겨둘 경우 밀가루가 쉬이 부패할 수 있다는 겁니다. 그래서 제분 업체들은 보관 기한을 늘리기 위해 배아를 (밀배아유도 함께) 분

색소폰 연주자, 피자 전문 요리사를 거쳐 와인 생산자가 된 안지올리노 마울레는 현재 이탈리아의 가장 뛰어난 내추럴 와인 챔피언으로 꼽힌다. 베네토에 있는 12만 제곱미터 규모의 유기농 포도밭으로 포도나무 이외에도 올리브, 체리, 무화과, 살구, 복숭아 등 100여 그루의 나무를 키우는 라 비앙카라La Biancara의 주인이기도 하다. 그는 이탈리아 최대 내추럴 와인 생산자 협회인 빈나투르VinNatur의 창립자 겸 협회장이자, 자국의 변화를 이끄는 리더 역할도 하고 있다.

리해내죠. 그 결과 영양과 맛은 훨씬 떨어지게 됩니다.

그러니 밀가루보다는 밀 자체를 구입하세요. 우리는 피에몬테에서 내추럴 와인을 생산하는 친구가 포도 외에 밀도 재배해서, 그 친구한테서 밀을 얻어요. 한 번 받은 통밀은 수개월간 보관이 가능하기 때문에 아무 문제가 없고, 우리는 필요할 때 필요한 만큼씩 갈아 쓸 수 있어서 갓 분쇄한 신선한 밀가루를 바로 사용할 수 있죠.

전에는 동네 방앗간에 가면 5킬로그램짜리 작은 부대에 든 밀도 갈아주곤 했어요. 하지만 이탈리아에서는 예전과 같은 동네 방앗간들을 더 이상 찾아볼 수 없습니다. 요즘에는 방앗간에 불쑥 들어갔다가는 눈치를 받는 건 물론이고, 5킬로그램 같은 적은 양은 갈아주지 않을지도 몰라요. 그래서 우리는 돌로 된 작은 가정용 분쇄기를 사용합니다. 커피 그라인더와 비슷한 크기인데, 낟알 전체를 분쇄하여 섬유질이 풍부한 밀기울을 포함해 모든 좋은 성분들을 남길 수 있죠. 그 결과 달지는 않지만 감미로

---

14 발효빵을 만들 때 사용되는 사워도우 스타터(starter) 배양물을 일컫는다.

운 풍미가 있는 빵을 만들 수 있는데, 이런 빵은 일반 빵들보다 소화가 훨씬 잘 돼서 먹기도 쉬워요.

우리는 밀가루를 일주일에 한두 번 갈아서, 주로 빵을 만듭니다. 하나도 어렵지 않아요. 갓 분쇄한 밀가루 1.5킬로그램, 물 700밀리리터, 소금 약간, 사워도우 스타터('마더') 100그램만 있으면 되죠. 사워도우 스타터는 밀가루와 물을 걸쭉한 수프나 죽과 같은 농도로 섞어서 부엌 작업대에 놓아두는 것만으로 직접 만들 수 있어요. (소량의 살아 있는 요거트, 꿀, 아니면 사과 한 조각 등 효모가 풍부한 재료를 넣어 발효의 시작을 도울 수 있으며, 발효가 잘 되려면 보통 2~3일은 있어야 합니다.) 밀가루과 물의 혼합물은 저절로 발효되며, 애완동물에게 밥을 주듯 밀가루를 넣어주기만 하면 됩니다.

밀가루, 소금, 마더를 섞어 걸쭉하게 만드세요. 10분 정도 손으로 반죽하여 재료들이 잘 섞이게 한 뒤, 48시간 동안 부풀게 놓아두세요. 그런 다음 250도로 예열한 오븐에서 30분간 굽습니다.

그러면 빵이 완성됩니다."

위와 아래: 마울레 부부는 100년도 더 된 사워도우 마더를 집 부엌에서 갓 분쇄한 밀가루와 섞어 부풀게 둔 뒤 굽는다. 안지올리노의 말처럼 "이것은 누구나 집에서 할 수 있는 일이다".

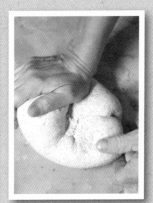

"빵에서 클리넥스 티슈 맛이 난다면 어떻게 그 나라가 위대해질 수 있겠는가?"
— 줄리아 차일드Julia Child, 미국의 요리사 겸 작가

저장고: 와인 속의 아황산염

질 베르제(사진)와 그의 아내, 카트린 Catherine은 프랑스 부르고뉴에서 아황산염을 첨가하지 않은 훌륭한 와인을 만드는 내추럴 와인 생산자들이다.

"우리는 우리 와인에 아무것도, 심지어 아황산염도 넣지 않는다는 입장을 꽤 강경하게 고수하고 있습니다." 프랑스 부르고뉴의 내추럴 와인 생산자 질 베르제는 말한다. "그게 사기 및 관세 담당 공무원들의 눈에는 별로 탐탁지 않았는지, 어느 날 부르고뉴의 우리 집 문 앞에 찾아왔더군요. 그렇게 시작된 4년간의 난리법석은 2013년 봄이 되어서야 끝이 났죠. 그들은 날 잡아넣으려고 온갖 테스트란 테스트는 다 했어요. 내가 만든 와인의 성분을 분석하려고 고분해능 핵자기 공명 분광기라는 것까지 이용했습니다. 모든 걸 다 체크했죠. 물을 넣진 않았는지, 포도의 당도는 어떤지, 전부 다요. 이제껏 본 적 없는 종류의 분석이었습니다. 정말로 대단했죠.

그런데 그들은 아무것도 찾아내지 못했습니다. 미심쩍어 보이는 것조차 없었죠. 사실 많은 사람들이 생각하는 것과는 정반대로, 그들은 아황산염마저도 '0'이란 걸 알게 되었습니다. 효모들은 보통 발효 중에 아주 소량의 아황산염을 생성하는데, 내 와인들에서는 아황산염이 전혀 나오지 않았던 겁니다. 난 미안해지기까지 했어요. 분석 비용이 엄청났을 테니까요."

질 베르제만의 이야기가 아니다. 아황산염의 사용은 오늘날 와인 업계에서 극심한 양극화를 초래하는 주제들 중 하나이며, 특히 음식에 아황산염을 사용하는 문제와 관련하여 건강에 대한 우려가 높아지고 있기 때문이다. 아황산염(정확히 말하면 아황산염이 없는 것)은 내추럴 와인의 결정적인 특징들 중 하나다.

질이 말했듯이, 효모는 발효 중에 자연적으로 소량의 아황산염을 생성한다. 보통 리터당 최대 20밀리그램 정도이나, 균주에 따라 그 양이 더 많은 것도 있다. 그러나 오늘날의 와인 생산자들 대다수는 이보다 훨씬 더 많은 양의 아황산염을 사용하며, 대부분이 아황산염이 필수적인 방부제일 뿐만 아니라 그것 없이는 좋은, 믿을 만한 와인을 만들 수 없다고 주장한다.

1988년(미국)과 2005년(EU)부터, 리터당 함량이 10밀리그램이 넘는 모든 와인은 라벨에 '아황산염 함유'라고 명시해야 한다. 하지만 정작 문제는, 매 리터당 '얼마나 많은' 아황산염이 들어 있는가 하는 것이다. 예를 들어 진정한 내추럴 와인 생산자는 아무것도 첨가하지 않았지만 자연적으로 1리터당 15밀리그램이 함유되었다는 이유로, 1리터당 함유량이 350밀리그램에 달하는 공장 생산 와인과 똑같이 와인에 '아황산염 함유'라는 표시를 해야 한다. EU에서 법적으로 허용되는 아황산염 총량이 레드, 화이트, 스위트 와인 각각 리터당 150, 200, 400밀리그램인 반면, 미국에서는 모든 와인이 리터당 350밀리그램이다. 간단히 말해 현 상황에서는 우리가 과연 뭘 마시고 있는지 정확히 알 길이 없다는 것이다.

아황산염은 황이라는 원소로부터 얻어지는 반면, 대부분의 아황산 처리제는 석유화학산업의 부산물이다. 이 처리제들은 화석 연료를 태우고 황을 함유한 광석광물을 제련해 만든다. 와인 양조 시 아황산염을 생성하기 위해 주로 쓰는 화학적 처리제는 이산화황, 아황산나트륨, 아황산수소나트륨, 메타중아황산나트륨, 메타중아황산칼륨, 아황산수소칼륨 등(순서대로 E220, E221, E222, E223, E224, E228이라 불린다)이다. 와인 업계에서는 보통 이것들을 통틀어 '아황산염' '이산화황' 혹은 '황'(잘못된 표현이다)이라 부른다.

왜 아황산염을 쓰는가

아황산염은 와인 양조 시 흔히 쓰는 첨가물로 가스, 액체, 가루, 또는 알약 형태로 되어 있다. 포도가 와이너리로 들어갈 때, 포도즙과 와인이 발효할 때, 또는 옮겨 담을 때, 병입할 때 등 와인 생산의 어느 과정에서나 쓸 수 있다. 항균 효과를 지닌 아황산염은 주로 발효 시작 단계에 포도에 붙어 있던 야생 효모와 박테리아의 활동을 멈추게 하거나 제거하여, 생산자가 고른 균주를 주입할 수 있게 한다. 기구를 살균하고 와인 병입 시 안정화를 시키기 위해서 쓰기도 한다. 산화 방지 효과가

부르고뉴에 있는 베르제 부부의 포도밭.

있어서 와인이 산소와 접촉하는 것을 막고 포도즙의 갈변(사과를 잘라서 공기 중에 두었을 때와 비슷한 변화)을 유발하는 효소를 파괴한다.

일반 와인 양조 시에는 미생물과 같은 소위 '위험' 요소들을 제어하거나, 특정한 스타일의 와인을 만들기 위해 많은 양의 아황산염이 들어가곤 한다. 목적 달성을 위해 아황산염을 첨가하는 것이다. 그러나 내추럴 와인 생산자들은 다양성을 환영하고 매년 자연이 제공하는 조건에 맞추어 일한다. 그들은 건강하고 활기 넘치는 자신들의 포도밭에서 다양한 미생물이 풍부한 좋은 포도가 자라고, 저장고에서 알아서 잘 발효하리라고 믿는다. 아황산염을 첨가하시 않는 것이 그들의 목적 달성을 돕는 것이다.

내추럴 와인 생산자들 중 일부는 아황산염을 전혀 사용하지 않는 반면, 일부는 보통 병입 단계에서 아주 소량만 사용한다. 아황산염을 소량이나마 첨가하는 이유는 보통 (와인을 빨리 출하해야 한다거나 할 때 같은) 상업적 현실, (질병이나 기후의 영향 등을 원인으로 하는) 빈티지 관련 문제, 운송이나 보관에 관한 염려, 또는 그냥 두어도 와인이 괜찮을까 하는 걱정 때문이다. 소노마 카운티에서 포도밭을 운영하는 토니 코투리는 "와인은 사람들이 생각하는 것보다 강합니다. 아황산염을 넣지 않고 놔두어도, 정말 괜찮아요"라고 말한다.

사태를 더 복잡하게 만드는 것은, 아황산염의 사용이 문화권의 영향도 많이 받는다는 사실이다. "독일, 오스트리아, 심지어는 프랑스에서도 이탈리아에서보다 훨씬 더 관대합니다." 피에몬테에 있는 와이너리, 카시나 델리 울리비에서 2006년부터 아황산염 무첨가 와인을 생산하고 있는 스테파노 벨로티가 말한다. "1970년대와 1980년대에는 생산한 와인의 90퍼센트를 스위스와 독일의 유기농 와인 수입업자들에게 판매하곤 했는데, 그들은 내게 아황산염을 넣으라고 강요하다시피 했어요. 한번은 스위스의 한 수입업자가 화이트 와인 한 판을 전부 반품하면서 이런 이유를 대더군요. '아황산염 함유량이 리터당 35밀리그램밖에 안 되는데, 나는 이런 와인을 팔 용기가 없습니다.'"

"이산화황이 아주 조금만 들어가도 차이를 확연히 느낄 수 있습니다. 주는 대로 받는다고, 와인 맛이 밋밋해지죠." 슬로베니아와 이탈리아 국경 지역에서 내추럴 와인을 생산하는 사샤 라디콘이 말한다(그의 아버지는 그 지역에서 아황산염을 넣지 않은 와인을 처음으로 생산한 사람들 중 한 명이었다). "1999년과 2002년 사이 우리는 같은 와인을 두 가지 버전으로 만들었습니다. 하나는 병입 시 아황산염을 리터당 25밀리그램 넣은 것이고, 다른 하나는 넣지 않은 것이었죠. 매번 어김없이, 아황산염을 넣은 와인들은 아로마의 발달이 1년 반가량 뒤쳐졌습니다. 우리는 매년 이 두 가지 와인을 전문가들에게 보였고 그들은 아황산염이 첨가되지 않은 것을 99퍼센트 선호했어요. 와인이 완벽한 속도로 발달하려면 산소가 필요하다는 사실을 감안할 때 그리 놀랄 일도 아니죠. 게다가 우리는 병입된 지 2년이 지나면 리터당 25밀리그램을 첨가했던 와인에서 더 이상 이산화황이 검출되지 않는다는 사실도 알게 되었습니다. 이쯤 되면 굳이 왜 넣는지 궁금하지 않나요?"

위: 아황산염 무첨가 와인은 순도가 높으므로 우리 몸에도 더 좋다. 르 카조 데 마욜Le Casot des Mailloles 포도밭의 설립자이자 전 오너이며, 아황산염에 알레르기가 있는 길렌 마니에Ghislaine Magnier는 다음과 같이 설명한다. "아황산염의 문제는 이것이 대부분의 와인들에 다량 함유되어 있을 뿐 아니라 잼, 육가공품, 날생선 등 어디에나 있으며 축적될 수도 있다는 겁니다."

옆 페이지: 손으로 딴 포도를 작은 상자들에 넣어 저장고로 옮기면 포도가 상처 없이 유지되는 시간이 길어지므로 산화될 위험과 (산화 방지 효과가 있는) 아황산염 사용의 필요성을 줄일 수 있다.

아황산염의 간추린 역사

와인 업계에서는 아황산염이 아주 오래전부터 쓰였다고 말하는 경우가 많다. 하지만 좀 더 조사해보면 아황산염이 사용되기 시작한 건 비교적 최근부터임을 알 수 있다. 그래서 나는 이 책과 관련해 조사하던 중에 알게 된 아황산염에 대한 정보도 여기 적어야겠다고 생각했다.

8천여 년 전, 아나톨리아 남부(현재의 터키 동부 지역) 혹은 트랜스코카시아(조지아, 아르메니아)의 어딘가에서 와인이 처음 '발견'되었을 때는 아황산염의 첨가 없이 와인이 만들어졌다. 그로부터 5천 년쯤 뒤에 와인계에 등장한 로마인들조차 아황산염은 쓰지 않았다. "결정적인 건 아무것도 찾을 수 없었습니다." 펜실베이니아대학 생체분자고고학 프로젝트의 과학 책임자이자 『고대 와인: 포도 재배의 기원을 찾아서Ancient Wine: The Search for the Origins of Viniculture』의 저자인 패트릭 맥거번Patrick McGovern 박사는 이렇게 말한다. "암포라amphorae[15]에서 발견된 잔여물들을 실험해보았을 때, 아황산염을 따로 첨가했다고 볼 수 있을 정도로 높은 황 수치는 전혀 나오지 않았습니다."

프랑스 론Rhône 지역에 있는 박물관, 뮈제 갈로-로맹 드 생-로맹-앙-갈Musée Gallo-Romain de Saint-Romain-en-Gal의 크리스토프 카이오Christophe Caillaud도 이에 동의한다. "고대에는 천연 유황을 여러 용도로 사용했습니다. 로마인들은 세정과 살균을 목적으로 이것을 사용했는데, 대★플리니우스가 언급했듯이 폼페이의 축융공들은 이것으로 천을 표백했죠. 카토Cato[16]가 애벌레 퇴치뿐만 아니라 와인 항아리의 칠을 유지할 때도 천연 유황을 사용한다고 말한 적이 있지만, 고대인들은 와인의 보존을 위해 황

을 사용하지는 않았던 것으로 보입니다. 이런 관습은 빨라야 18세기, 특히 19세기에 이르러서야 널리 퍼지게 되었죠."

나는 알프스의 내추럴 와인 생산자이자 첫 이력을 고고생태학자로 시작했던 한스 페터 슈미트에게까지 조언을 구했고, 그의 결론 역시 거의 비슷했다. "와인 작가들은 매번 호머, 카토, 플리니우스의 말을 인용하지만, 와인과 구체적인 연관성이 있는 부분은 오로지 실수로 카토의 『농업론』 39장을 인용한 플리니우스의 『박물지』 14권의 25장에서만 찾아볼 수 있어요. 사실을 확인하려면 훨씬 더 많은 시간과 조사가 필요하겠지만, 내 생각에 그리스나 로마에서는 와인의 보존이나 용기의 소독에 황을 쓰지는 않았던 것 같습니다." 그 대신 로마인들은 식물성 혼합물, 역청, 레진 등 여러 가지 다른 첨가물을 이용해 질이 떨어지는 와인을 개선하거나 결함을 보완했다. 콜루멜라Columella가 자신의 저서 『농업론De Re Rustica』에 썼듯이, '가장 훌륭한 와인은 본래의 자연적 특성으로 기쁨을 주는 것이다. 그 자연스러운 맛이 가려질 수 있으므로 거기에는 아무것도 섞어서는 안 된다'.

내가 알아낸 '와인과 아황산염'에 관한 첫 언급은 중세 독일의 문헌들에서였으며 와인 보존이 아니라 용기의 소독과 관련된 것이었다. "황이 독일에 소개된 건 1449년으로 보이며 그걸 통제하려는 시도들이 여러 가지 있었습니다." 아황산염을 집중적으로 연구해온 미국의 유기농 와인 생산자 폴 프레이Paul Frey는 말한다. 그러한 시도의 예로, 15세기 쾰른에서는 황을 '인간의 본성을 악용하고 음주가를 괴롭힌다'는 이유로 전면 금지시켰다. 그와 비슷한 시기에 로텐부르크Rothenburg ob der Tauber에서는 독

일 황제가 "와인에 불순물을 섞는 것으로 여겨지는 행위를 금하는 법령을 발표하고 통 속에서 황을 태우는 것을 엄격히 제한했다. 황의 사용은 더러운 통을 소독할 때에만 허용되었는데, 그때조차 딱 한 번만 해야지, 두 번 했다가는 법으로 처벌을 받았다"고, 프레이는 말한다. "그리고 와인 1톤당 황은 반 온스를 넘겨서는 안 됐습니다." 이는 리터당 약 10밀리그램에 달하는 것으로, 오늘날의 기준에 비하면 극히 적은 양이다.

확실한 것은 18세기 후반에 이르러서는 통에 든 와인을 보호하고 안정화시키기 위해 황 심지를 태우는 일(네덜란드 상인들이 개발한 방법)을 흔히 볼 수 있었다는 것이다. 그러나 그때까지도 사람들은 주저했다. "1868년경 내 증조부이신 바르텔레미가 쓰신 기록을 찾았는데, 거기에는 와인에 황을 사용할 필요가 있는가 하는 구체적인 의문이 담겨 있었습니다." 보르도의 얼마 남지 않은 내추럴 와인 생산자들 중 한 명인 장 피에르 아모로Jean-Pierre Amoreau는 말한다. 그가 운영하는 샤토 르 퓌Château Le Puy는 지난 400년간 유기농법을 유지해왔으며 1980년대부터는 아황산염 무첨가 퀴베를 생산하고 있다. "하지만 증조부께서 그 당시 사용한 황은 자연 상태였죠."

19세기 말, 처음으로 정유공장들이 생기고 그와 동시에 석유화학산업이 발달하기 시작하면서 상황은 변했다. 순식간에 아황산염이 구하기 쉬운 것이 된 데다, 20세기 초 영국에서 (황을 액체로 가공한 '캠든 과일 보존용 용액'과 고체 형태인 '캠든정Campden Tablet'에서 볼 수 있듯이) 배달 방식의 '진보'가 이루어지면서 아황산염의 사용은 점차 늘어날 수밖에 없었다. 지금은 아황산염을 와인에 직접 넣어도 되는 시대이며, 이는 오늘날 흔한 방식이 되었다.

HENRI MILAN

sans soufre ajouté

내추럴 와인 생산자들 중 다수는 어떤 방식으로도 아황산염을 첨가하지 않는다. 앙리 밀랑Henri Milan도 그중 하나로, 나비 모양 라벨이 붙은 그의 레드 와인(위)과 화이트 와인들에는 아황산염이 조금도 들어가지 않는다.

---

15 고대에 주로 와인을 저장할 때 사용했던, 양쪽에 손잡이가 달린 항아리 모양 도기.
16 고대 로마의 정치가이자 장군.

맛: 눈으로 맛보다

> "정말 말도 안 되는 건 어딜 가나 테이스터 무리들은 아직도
> 투명도가 품질이나 훌륭함을 보증해준다고 생각한다는 것이다. 터무니없는 소리다.
> 와인은 거르기만 하면 투명해지기 마련인 것을!"
>
> – 피에르 오베르누아, 프랑스 쥐라의 내추럴 와인 생산자

배럴 샘플이 흐릿하면(위) 다들 와인의 자연적 진행 과정 중 일부라고 생각하지만, 병입 시 와인이 흐릿하면 결함으로 보기도 한다(그러나 이는 잘못이다).

이는 내추럴 와인계의 전설이라 불리는 피에르 오베르누아가 2013년 가을, 쥐라에서 나와 만났을 때 했던 말이다. 정말 터무니없게 들릴지 모르지만, 실상이 그러하다. 사람들은 정말로 눈으로 먹고 마시며, 이는 와인의 경우 특히 문제가 된다. 나는 대회 심사를 하러 갔을 때 동료 테이스터들이 품질과는 상관없이 어떤 와인을 흐릿하다는 이유로 배제시키려 하는 경우를 종종 보았다. 마찬가지로 생산자들은 그들이 생산한 와인이 지역 와인 위원회와 수출 당국의 기대와 다른 모습인 경우 수년간 씨름을 해왔다(108~109쪽 '누가: 아웃사이더들' 참조). 프랑스 루아르의 내추럴 와인 생산자인 올리비에 쿠쟁Olivier Cousin은 말한다. "어려운 일입니다. 우리 와인들은 여과를 하지 않아 침전물이 생기니까요. 사람들이 '완벽한' 와인에 대한 선입견을 만들어놔서 우리 와인들이 불완전해 보이지만, 우리야말로 순수 포도즙이라 할 수 있는 완벽한 와인을 만드는 사람들이죠."

와인은 과일로 만들어지며, 과일은 눌러 짜면 (과육, 포도 껍질, 살아 있거나 죽은 미생물들 등) '작은 조각들'을 함유한 즙이 나온다. 알맞은 조건 하에서 시간이 지나면 이 조각들이 가라앉으므로, 찌꺼기를 제거한 깨끗한 와인을 따라 병에 담을 수 있다. 부르고뉴의 질 베르제를 비롯한 일부 생산자들은 와인이 완전히 안정화될 때까지 수년간 병에 넣지 않는다. 다른 생산자들은 (주로 현금 유동성 때문에) 와인의 안정화가 끝나기 전에 병에 담는데, 그 결과 와인이 다소 흐릿해지기도 한다. 전통적인 콜 폰도 프로세코col fondo prosecco의 경우와 마찬가지로, 어떤 와인들은 심지어 일부러 찌꺼기가 남은 상태로 병에 담겨 생산되곤 한다. 게다가 투명했던 살아 있는 와인조차 병 속에서 시간이 지나면서 침전물이 생기기도 한다. 일반 생산자들 대부분은 소비자들이 선호한다고 생각하는 투명도를 달성하기 위해 각종 첨가물과 청징, 여과와 같은 처리를 이용해 와인의 안정화 속도를 단축시킨다. 기본적으로 와인 생산자들에게는 시간, 탁함, 혹은 개입이라는 세 가지 선택지가 있는 것이다.

흐릿한 빛깔이 때로는 결함을 나타내기도 하지만(와인이 재발효하는 경우에는 불쾌한 이취off-flavor가 나기도 한다), 탁한 사과 주스에서도 볼 수 있듯이 대부분의 경우에는 결함이 아니다. 어떤 탁한 내

추럴 화이트 와인들은 병을 따기 전에 흔들어 마시면 일반 와인들보다도 맛이 더 좋다. 침전물이 와인 속에 고루 퍼지며 질감과 깊은 풍미, 전체적인 균형을 더하기 때문이다(마치 해골에 살을 붙이는 것과 비슷하다). 한번 시도해보라. 일단 한 잔 마신 다음, 병을 살살 흔들어 다시 한 번 맛보자. 페티앙 나튀렐pétillant naturels, 콜 폰도 프로세코나 그보다 더 오래된, 여과되지 않은 화이트 와인들을. (오래된 레드 와인이나 포트와인은 보통 침전물의 입자가 크므로 디캔팅을 통해 분리해내는 것이 좋다.)

우리는 대부분 형식화된 테이스터들이다. 원산지나 포도 품종 같은 어떤 키워드를 들으면 우리는 머릿속으로 맛을 느끼는데, 이때 시각적인 요인도 중요하게 작용한다. 이건 너무도 강력해서 사실상 우리가 맛보는 와인의 맛까지 바꿔놓는다. 한번은 리슬링riesling[17] 병에 아무런 맛이 나지 않는 적색 식용색소를 탄 다음 노련한 와인 전문가 친구들을 상대로 블라인드 테스트(테이스터들이 라벨을 볼 수 없다)를 한 적이 있다. 한 명도 빠짐없이 모두 다 로제 와인이라고 생각했고 심지어 레드베리 향이 난다고 말하기도 했다.

우리가 맛보는 것은 보이는 것에 의해 미리 결정되기 때문에, 아무런 맥락 없이 맛을 느끼기란 참으로 어렵다. 집에서 다음과 같이 해보라. 친구한테 최대한 다양한 종류의 견과류와 말린 과일을 뭔지 잘 알아보기 어려울 정도로 잘게 썰어달라고 한다. 눈가리개를 한 다음 친구에게 썰어둔 것을 하나씩 먹여달라고 한다. 당신은 그게 무엇인지 맞히는 게 얼마나 어려운 일인지 알게 될 것이다. 시각적 요소가 이토록 우세하므로 진정한 맛을 느끼기 위해서는 한 걸음 물러서서 입에만 집중해야 한다. 연습을 통해 각각의 맛들을 기억하기 시작하면 점차 쉬워질 것이다.

우선 맛을 본 후에 와인에 대한 생각을 결정하라. 와인의 겉모양, 무게, 라벨이나 유리잔에 담겼을 때의 빛깔만 보고 미리 마음의 결정을 내리는 사람들이 얼마나 많은지 알면 깜짝 놀랄 것이다. 보이는 것은 와인의 품질과는 전혀 관계가 없다.

---

17 독일 라인강 유역이 원산지인 화이트 와인용 포도 품종.

맛: 무엇을 기대해야 하나

> "자연스러움은 과정이지 결과가 아니다. 내 목표는 심오하면서도 땅의 특성이 잘 드러나는 와인을 만드는 것이며, 이는 수정하지 않을 때에만 가능한 일이다."
>
> – 시칠리아 에트나 산 비탈에서 내추럴 와인을 만드는 프랑크 코넬리센

일관성이 그 무엇보다 중요시된다면 어떻게 될까? 가령 저온살균되지 않은 브리 치즈는 어떤 의미일까? '일관적인' 카망베르란 부드럽게 흘러내리는 치즈라기보다는 고도로 가공된 치즈에 가깝지 않은가? 1990년대 초 EU가 저온살균 처리를 하지 않은 치즈를 금지시키려 했을 때 큰 논란을 불러일으켰던, 세계인의 마음을 완전히 사로잡았던 그 치즈 말이다. 이에 관해 당시 영국의 왕세자는 이렇게 말했다. "그 일은 프랑스인들의… 그리고 인류(그중에서도 특히 프랑스인들)가 정성껏 만들어낸 모든 멋지게 비위생적인 것들에 대한 선택권이 없다면 삶을 살아갈 가치가 없다고 여기는 모든 이들의 간담을 서늘하게 했습니다."

자, 와인도 치즈와 같은 관점에서 생각해보자

이를 출발점으로 삼는 시점부터, 우리는 와인을 다르게 경험하게 될 것이다. 무엇보다도 미생물이 살아 있는 와인은 살균된, 고도로 가공된 대부분의 시판 와인들과는 아주아주 다르기 때문이다. 우리는 '살아 있음'을 드러내는 내추럴 와인의 다양한 표현들을 더 잘 받아들이게 될 것이다. 그리고 받아들일 수 있는 것에 대한 척도를 다르게 설정할 것이다. 콤부차kombucha(효모와 살아 있는 박테리아를 함유한 발효 차)를 마셔봤다면 내 말을 이해할 것이다. 처음 마셔본 사람들은 다들 깜짝 놀란다. 처음에는 달콤한 차의 맛이지만, 곧 이어 강한 신맛과 톡 쏘는 탄산까지 느껴진다. 그러나 일단 콤부차의 이러한 특성을 알고 나면 그러려니 하고 잘 마시게 되는 것이다. 처음이 어렵다는 말도 있지 않은가. 와인 같은 경우 우리가 실제로는 잘 모르면서 많이 알고 있다고 생각하기 때문에 상황이 더 복잡해진다. 하지만 우리가 이제껏 마셨던 와인들 대부분은 우리가 생각하는 진정한 와인과는 거리가 멀고도 멀다. 우리 마음속에는 선입견이 가득 차 있다.

그러므로 내추럴 와인을 즐기는 가장 좋은 방법은, 와인에 대해 안다고 생각하는 모든 걸 잊고 새롭게 시작하는 것이다.

위: 르 카조 데 마욜의 알랭 카스텍스Alain Castex가 여러 내추럴 와인들을 취급하는 프랑스 뻬르피냥의 레스토랑, 비아 델 비Via del Vi에서 와인 한 잔을 즐기고 있다. 비아 델 비에서는 랑그독루시용 지역에서 최고로 손꼽히는 와인들을 만나볼 수 있다.

옆 페이지: 오렌지 와인들은 처음에는 다소 특이하게 보일 수도 있다.

위와 옆 페이지: **내추럴 와인들은 특유의 우아함과 부드러움으로 유명하다. 뉴질랜드에서 태어나 남아프리카공화국에서 자란 톰 루베Tom Lubbe(오른쪽 위)가 루시용에 있는 자신의 포도밭 마타사Matassa에서 만든 고온 기후 지역 와인들은 물론, 부르고뉴의 질 베르제가 만든 비교적 서늘한 기후 지역 와인들(옆 페이지)에서도 그러한 특징은 잘 나타난다.**

내추럴 와인은 맛이 다른가?

내추럴 와인은 맛이 다르냐는 질문을 자주 받는다. 내추럴 와인에도 여러 종류가 있으므로 일반적인 결론을 내리기는 어려운데, 여러분도 '내추럴 와인 저장고(131~205쪽)'를 참조해 직접 맛을 보면 이해할 것이다. 그러나 공통점은 있다. 예를 들면 모든 양질의 내추럴 와인은 활기차며(때로는 전기가 오르듯 찌릿하기까지 하다) 풍부한 정서를 담고 있다. 맛의 스펙트럼이 넓고, 주로 오크 첨가나 과도한 추출 없이 생산된 순도가 매우 높은 와인들이다. 보통 상당히 조심스럽게 만들어져, 생산자들은 그 발효 과정을 인퓨전infusion이라 부르곤 한다. 이렇게 쓰고 보니 커피와 비슷하다는 생각이 든다. 살짝 볶은 맛있는 커피콩은 에스프레소머신으로 빠르고 거칠게 추출된 커피에 비해 여과 시 향미(향기, 산미)와 구조적 복합미(기름 성분)가 훨씬 뛰어나다. 그 결과 내추럴 와인의 경우와 다르지 않게 부드럽고 우아한 커피가 탄생한다.

내추럴 와인은 또한 기분 좋게 짭짤한 미네랄감minerality을 내곤 하는데, 이는 포도나무를 암반까지 깊이 뿌리내려 거기 함유된 미네랄을 살아 있는 흙을 통해 흡수하도록 하는 재배 방식 덕분이다. 이렇듯 땅과 실질적이고 물리적으로 연관되어 있다는 것은 내추럴 와인이 일반 와인들에 비해 훨씬 더 다양한 질감을 지님을 의미한다. 내추럴 와인은 마신다기보다 먹는다고 표현해도 될 정도로 촉감이 많이 다르며, 그 차이는 내추럴 와인은 청징이나 여과를 거치지 않는 대신 시간을 두고 안정화시킨다는 사실에 의해 더욱 극명해진다.

그러나 무엇보다도 중요한 것은 프랑스인들이 말하는 와인의 '소화율digestibilité'일 것이다. 우리(특히 와인 업계)는 와인의 주요 기능이 취하게 하는 것임을 종종 잊어버리고, 와인을 평가할 때 '맛있음'을 가장 중요한 요소로 삼는다. 확실한 것은 모든 양질의 내추럴 와인은 아주 마시기 좋다는 것이다. 일종의 감칠맛umami 혹은 입에 침이 고이는 맛, 주 느 세 콰je ne sais quoi[18]가 있어서, 입맛을 다시며 더 마시고 싶게 한다. 대부분의 내추럴 와인 생산자들이 시장 공략에 목적을 두지 않고 우선은 자기들이 마시기 위해서 와인을 만든다는 사실을 알고 나면 그리 놀라운 일은 아닐 것이다. 내추럴 와인은 대체적으로 가볍고 섬세하며, 자주 마시는 사람들은 신선함과 소화율을 주요 특징으로 언급하곤 한다.

내추럴 와인은 살아 있다는 점에서 사람과 비슷한 면이 있다. 어떤 날에는 더 열려 있고 관대하다가도, 다른 날에는 닫혀 있고 수줍어한다. 어떤 사람들은 이런 다양한 살아 있음의 표현을 일관성의 부족으로 일축하지만 이는 잘못이다. 양질의 내추럴 와인의 경우 품질은 이미 확보되어 있으며 아로마가 변하는 것이다(열리고 닫히고는 특정한 날이나 와인의 공기 노출 정도에 따라 달라진다). 그러므로 내추럴 와인에서 지난번에 마셨을 때 기억했던 맛이 나지 않는다면 하루 더 두었다가 마셔보라. 내일이면 갑자기 아로마가 활짝 꽃피게 될지 모르니까. 매일 매년 똑같은 상태였다가 병을 딴지 24시간만 지나도 못 먹게 되어버리는 대다수의 일반 와인들과는 달리, 내추럴 와인은 미묘하게 변화하며 병을 딴 뒤에도 훨씬, 훨씬 더 오래 살아남는다(81~83쪽 '오해들: 와인의 안정성' 참조).

---

18 '뭐라 말할 수 없이 좋은 것'이라는 뜻이다.

**내추럴 와인은 또한 기분 좋게 짭짤한 미네랄감을 내곤 하는데,
이는 포도나무를 암반까지 깊이 뿌리내려 거기 함유된 미네랄을
살아 있는 흙을 통해 흡수하도록 하는 재배 방식 덕분이다.**

오일과 팅크처

다니엘레 피치닌 Daniele Piccinin

"대부분의 와인 생산자들은 구리와 황가루를 섞은 보르도 믹스처 Bordeaux Mixture를 포도밭에 뿌립니다. 이것은 흰곰팡이에 아주 효과적인 반면 중금속인 구리가 흙과 지하수에 축적되므로 환경에는 좋지 않죠. 하지만 포도 재배 시 이걸 쓰지 않는 건 정말 힘든 일이에요. 흰곰팡이를 비롯한 곰팡이 감염을 막으려면 땅이 굉장히 기름지고 균형 잡힌 상태여야 하니까요.

우리는 한동안 보르도 믹스처를 대신할 게 없을까 고민했는데, 어느 날 나는 우연히 식물로 인체 곰팡이 감염 치료제를 만드는 전문가를 만나게 되었습니다. 우리는 에센셜 오일 essential oil과 식물 증류에 관해 대화를 나눴고, 나의 바이오다이내믹농법에 관한 지식을 더해 우리는 포도밭의 균형을 되찾아줄 식물의 조합물을 만들기 시작했죠.

이것이 우리 오일과 팅크처 tincture[19]의 시작이었습니다.

추출

로즈메리, 세이지, 타임, 마늘, 라벤더처럼 기름이 풍부한 식물은 단식증류기 pot still로 오일을 추출할 수 있습니다. 그러나 쐐기풀, 쇠뜨기, 개장미 rosa canina 같은 것들은 다양한 성분이 풍부하게 들어 있지만 기름은 많지 않죠. 예를 들어 개장미는 비타민이 풍부하고 특히 인체의 칼슘 흡수를 돕기 때문에 폐경기 여성들에게 좋습니다. 하지만 이러한 식물들은 오일 형태로 그 에센스를

다니엘레 피치닌의 5만 제곱미터 규모의 포도밭은 이탈리아 베로나에 있다. 그는 신맛이 강해 '라 라비오사 la rabbiosa(화난 사람)'라 불리는 두렐라 durella를 포함해 여러 종류의 포도를 재배한다.

추출할 수 없으므로, 열과 알코올을 이용해 팅크처를 만들어야 합니다.

팅크처를 만들기 위해서는 먼저 와인을 증류기에 두 번 증류하여 오드비 eau de vie를 만들어야 합니다. 그 결과 도수가 60~65도쯤 되는 일종의 코냑이 생성되죠. 여기에 허브나 꽃을 넣고 60일 동안 우린 뒤 압착하여, 그 액체를 한곳에 잘 둡니다. 남은 고체는 건조시킨 뒤 태우는 과정을 거칩니다. 우리는 바깥에 있는 피자 화덕을 350~400도로 가열해 허브 건더기를 재로 만들었죠. 그 건더기는 바비큐용 장작처럼 처음에는 검정색이 되었다가, 회색으로 변했다가, 마지막에는 밝은 흰색이 됩니다. 그런데 놀라운 것은 그 하얀 재에서 아주 짭짜름한 맛이 난다는 거예요. 처음 맛보았을 때는 믿을 수가 없더군요. 이는 식물의 수분과 탄소가 전부 연소되고 무기염 mineral salts 성분만 남기 때문입니다.

마지막으로, 이 재를 아까 놓아두었던 액체에 넣고 6개월간 우립니다. 그러고 나면 식물에도 사람에게도 쓸 수 있는 팅크처가 완성됩니다.

이렇게 식물을 태워 에센스를 얻는 것은 하소 calcination라는 고대의 관습으로, 연금술에서 주로 사용되었던 방식입니다. 이탈리

---

19 동식물에서 얻은 물질을 알코올에 우려낸 액체.

아에서는 이것을 스파기리아spagyria라고 하는데, 쓸데없는 부분들을 전부 제거한다는 의미입니다. 탄소를 모두 태워버림으로써 그 식물의 농축된 버전이기에 아주 강력한, 식물의 정수(에센스)만 남기는 것이죠.

에센셜 오일 역시 아주 강력합니다. 예를 들어 로즈메리 에센셜 오일을 한 방울만 혀에 떨어뜨려도 이후 여섯 시간 동안 맛을 못 느낄 정도죠.

팅크처와 오일의 사용량은 극히 제한적입니다. 로즈메리 30킬로그램으로 증류액 약 1리터와 에센셜 오일 100밀리리터를 만드는데, 별로 많지 않아 보이지만 우리가 포도밭에 한 번 뿌리는 양이 일반 수돗물 100리터당 오일 약 다섯 방울, 증류액 100밀리리터라는 걸 고려하면 아주 많은 양이죠. 증류 작업 한 번으로 약 네 번의 수확이 가능하니, 매년 같은 식물을 증류할 필요는 없어요.

우리의 첫 시도는 그다지 성공적이지 못했습니다. 잎사귀에 뿌린 혼합물이 어떤 효과를 내기도 전에 씻겨 내려갔기 때문이죠. 하지만 점성이 훨씬 강한 프로폴리스를 더하고 마지막에는 아주 끈끈한 송진까지 더했더니, 이제는 물에 대한 저항력이 아주 높아졌습니다.

완벽해지기까지는 시간이 필요한 느린 과정이지만, 오일과 팅크처 외의 처리제들을 일절 배제한 포도나무들이 그렇지 않은 나무들에 비해 저항력이 월등히 강합니다. 하지만 여전히 수확량 일부를 잃는 건 매년 계속되고 있고, 유독 오일과 팅크처를 뿌린 포도들에만 달려드는 멧돼지와 새들을 막아야 하는 문제도 남아 있습니다."

위: **오드비 속 로즈힙 팅크처.**

오른쪽: **다니엘레 피치닌이 유익한 식물들을 하소할 때 사용하는 피자 화덕.**

오해들: 와인의 결함

> "훌륭한 와인을 만든다는 건 곧 잘못을 두려워하지 않고 덤비는 것이다."
>
> — 폴 올드Paul Old, 프랑스 랑그독에 있는 르 클로 뻬르뒤의 와인 생산자

위: 마우지니스Mousiness는 와인이 산소에 노출될 때 생길 수 있으며, 어느 때든 가능하나 주로 여과나 병입 과정에서 발생한다.

내추럴 와인은 결점투성이라는 잘못된 항의를 하는 사람들이 있다. 저개입을 잘못 이해한 결과로 만들어진 조야한 와인들도 물론 있지만, 어쨌든 내추럴 와인은 악덕 와인 생산자들과의 갈등을 피할 수가 없다. 그러나 내추럴 와인들 중 정말 결함이 있는 경우는 아주 드물며 훨씬 더 많은 내추럴 와인들은 그야말로 완벽하다.

여기에서는 내추럴 와인과 관련된 가장 흔한 결함들 중 몇 가지를 소개한다. 하지만 놀라지 마시라. 이들 중 어떤 것도 몸에 해롭지는 않으니까. 와인에 결함이 있는지 여부를 가장 잘 알 수 있는 방법은 내가 마시고 싶은지 생각해보는 것이다. 만약 그렇다면, 계속 마시면 된다.

브레타노미세스Brettanomyces 브렛Brett은 효모 균주로 포도밭이나 저장고에서 활발하게 활동하며 '농가 마당의 냄새'로 묘사할 수 있는 다양한 풍미를 생성한다. 브렛은 와인을 압도할 정도로 과도해지기도 하는데, 이러한 특성이 긍정적이냐 부정적이냐 하는 문제에 대해서는 각 문화별로 의견이 분분하다. 유럽, 아시아, 아프리카는 브렛을 와인에 스타일 혹은 복합미를 더해주는 요소로 보아 훨씬 더 관대한 반면, 호주의 생산자들은 브렛 소리만 들어도 기함할 것이다. *

마우지니스Mousiness 와인이 산소에 노출되었을 때(특히 여과나 병입 후) 발생할 수 있는 박테리아 감염증이다. 다시 산소가 없는 환경으로 돌아가면 와인이 안정화되며 그 맛은 사라진다. 와인의 pH상에서는 휘발성을 띠지 않으므로, 냄새로는 알 수 없지만 맛을 보면 그 향이 분명히 나타난다. 마우지니스는 뒷맛을 남기는데, 상한 우유를 연상시키는 맛이 입안에 한동안 남는다. 사람에 따라 그 맛에 더 예민하거나(나도 그렇다) 덜 예민할 수 있다. 남아프리카공화국의 내추럴 와인 생산자인 크레이그 호킨스Craig Hawkins는 이 현상이 높은 pH와 연관이 있다고 설명했다. **

산화Oxidation 많은 사람들이 'oxidation'과 'oxidative(숙성 향이 나는)'라는 단어를 서로 바꿔서 사용하기 때문에, 어떤 면에서는 오해의 확률이 가장 높은 결함이라 할 수 있다. oxidation은 결함이지만 oxidative 스타일은 결함이 아니며 일부 내추럴 와인들이 숙성 향을 지니는 반면, 산화된

와인은 그리 많지 않다. 숙성 향을 내는 와인 양조 기법에는 와인을 (때로는 몇 년간) 산소와 접촉하도록 놔두는 것도 포함된다. 아황산염이 적게 들어갔거나 첨가되지 않은 내추럴 와인들(특히 화이트 와인들)은 산소에 더 잘 노출되므로 숙성 향이 더 많이 난다. 이들은 대체적으로 신선한 견과류와 사과 향이 포함된 더 폭넓은 풍미를 지니며, 짙은 노란색 빛깔이 난다. 그러나 이러한 숙성 향은 결함이 아니다(144~161쪽 '내추럴 와인 저장고: 화이트 와인' 참조). *

점질화Ropiness 점질화는 좀처럼 만나보기 힘든 희귀한 현상이다. 일부 유산균주들이 체인을 형성할 때 생기는 이 현상 때문에 와인은 끈적이고 기름지게 되나(그래서 프랑스에서는 점질화를 그라스 뒤 뱅graisse du vin[20]이라 부른다) 맛은 변하지 않는다. 내추럴 와인 생산자인 피에르 오베르누아와 에마뉘엘 우이용은 내게, 자신들이 만든 와인은 모두 점질화를 거치며 결국에는 다시 정상으로 돌아온다고 설명한 바 있다. 병 안에서 점질화가 일어나는 경우도 있지만 이때에도 마찬가지로 시간이 지나면 스스로 정상화된다. **

휘발성 산 Volatile Acidity, **VA** 리터당 그램으로 나타내며, 보통 매니큐어 냄새가 난다. 허용 기준이 정해져 있다. 예를 들어 프랑스의 아펠라시옹Appellation 와인들은 리터당 0.9그램을 초과해서는 안 된다. 하지만 와인은 이러한 일련의 숫자로만 표현할 수 있는 것이 아니다. 맥락이 중요하다. 와인의 휘발성 산 수치가 높다고 해도, 예를 들어 아로마의 농도가 그걸 보완하기에 충분하다면 완벽하게 균형 잡힌 맛이 날 수도 있는 것이다. *

그 밖의 특이한 현상들 내추럴 와인을 잔에 따를 때 작은 이산화탄소 거품들이 생겨도 놀라지 마시라. 어떤 생산자들은 와인의 보존을 돕기 위해 자연적으로 발생한, 잔류 이산화탄소를 병입 시 함께 넣기도 하니까 말이다. 그게 아니라도 당이 전부 발효되기 전에 병입된 경우, 와인이 재발효하는 과정에서 이산화탄소가 발생할 수도 있다. 이때에도 역시 와인 맛만 좋다면 굳이 신경 쓸 필요 없다. 아니면 병을 따고 나서 살짝 흔들어 가스를 빼고 마셔도 된다.

주석산염 결정cream of tartar 역시 간혹 병 안에서 생기는데, 특히 화이트나 로제 와인을 긴 시간 동안 차갑게 하는 경우에 그렇다. 일반 와인 양조 시에는 이 결정들을 의례적으로 제거하지만 내추럴 와인을 만들 때는 따로 제거하지 않는다. 자연적으로 생긴 결정일 뿐이라 해롭지 않다. **

이러한 결함들에 관해 듣게 되면 자문해보라. 브렛이나 휘발성 산이 느껴지는 와인과, 새 오크통에서 두 차례 숙성시켜 오크 향만 가득한 와인 중 어느 것이 나은가? 숙성 향이 나는 와인과, 소독된 듯한 단조로운 향이 나는 와인 중에서는? 복합미와 결함의 경계는 모호하다. 결국 특성도 개성이라 할 수 있으며, 나는 특징 없는 재현성보다는 개성이 훨씬 더 흥미롭다고 생각한다.

내가 와인을 마시다가 발견한, 무해한 주석산염 결정. 나는 이것들을 따로 꺼내서 먹곤 한다. 레몬 제스트 같은 맛이 나니 한번 먹어보시길.

기호 설명
* 내추럴 와인 외의 와인들에서도 볼 수 있는 결함.
** (주로) 자연적 재배를 통해 생산된 와인들에서만 볼 수 있는 결함.

---

20 '그라스'는 기름이라는 뜻이다.

오해들: 와인의 안정성

마이클 폴란Michael Pollan은 저서 『요리를 욕망하다』에서 코네티컷에서 치즈를 만드는 노엘라 마르셀리노Noëlla Marcellino 수녀에 관한 놀라운 이야기를 소개했다. 미생물학 박사인 그녀는 박테리아가 풍부한 환경이 무균 환경에 비해 더 안정적일 수 있다는 걸 보여주는 실험을 진행했다. 똑같은 치즈 두 개를 만들되, 하나는 유산균이 살아 있는 구식 치즈 제조용 나무통을, 다른 하나는 무균 스테인리스스틸 용기를 사용했다. 그녀가 양쪽에 똑같이 대장균을 주입하자, 나무통에 있는 살아 있는 유산균들이 빠른 속도로 치즈 전체에 퍼져 침입한 균에 대항한 반면, 무균 환경은 침입 균에 대한 저항이 전혀 없어서 대장균의 무분별한 번식에 더없이 좋은 환경인 것으로 드러났다.

와인의 경우도 거의 같을 것이다. 시간이 지나면 살아 있는 와인은 알아서 미생물적 균형을 찾아가므로 방부제로 가득한 '방어된' 일반 와인들에 비해 훨씬 더 강해지니 말이다. 안정화를 목적으로 와인에 방부제를 첨가할 필요는 없다. 포도에는 시간이 지남에 따라 진행되는 발효 및 안정화에 필요한 요소들이 이미 들어 있기 때문에, 제대로 만든 와인이라면 일반 와인보다 더 안정적이며 병을 딴 뒤에도 냉장고에서 몇 주는 더 지속된다. 물론 시간이 지나면 아로마는 변하지만, 항상 나쁘게 바뀌는 건 아니다. 내가 마셔본 와인들 중에는 병을 딴 날보다 한 주 뒤에 마셨을 때 더 맛이 좋았던 것들도 있었다.

어떤 경우든 내추럴 와인은 '살아 있는' 와인이다. 우리가 생각하는 것보다 훨씬 더 강하지만, 만약을 위해 조심을 할 필요는 있다. 열이나 직사광선을 피해 서늘한 곳에 두기만 하면 아무 걱정 없을 것이다.

위: 내추럴 와인은 수십 년간 숙성될 수 있는데, 아마도 그 안에 든 미생물들 덕분일 것이다.

옆 페이지: 와인은 시간이 지나면서 자연적으로 안정화된다. 그래서 와인에 따라서는 생산자의 저장고에 머무는 기간이 수년, 심지어는 수십 년에 이르기도 한다. 프랑스에서는 이 과정을 엘르바주라고 하는데, '아이를 키움'이라는 의미도 담긴 꽤나 명시적인 단어이다.

> "살아 있는 와인들은 현미경으로 볼 때는 그렇지 않아 보일지 모르나, 안정적이다.
> 그들만의 리듬으로 순환을 마감하게 두면, 고객들 앞에 놓일 때에는 잘 숙성되어 있다.
> 그건 마치 치즈의 아피나주affinage[21]와 같다.
> 치즈도 너무 일찍 먹으면 맛이 훨씬 덜하니 말이다."
>
> — 나탈리 달마뉴, 루아르 농업생물학연합CAB의 포도 재배와 와인 양조 관련 기술 컨설턴트

---

[21] 치즈의 맛, 질감 등을 결정하는 숙성 단계를 말한다.

왼쪽: 루아르의 내추럴 와인 생산자이자 적극적인 환경운동가인 올리비에 쿠장은 자신의 와인을 정기적으로 TOWT[22]를 통해 운송한다. TOWT의 요트는 인위적인 온도 조절을 하지 않으며, 쿠장의 와인들은 시원한 요트에 실려 때로는 수개월을 바다 위에서 보내기도 한다.

내추럴 와인도 장거리 운송이 가능하다

와인 생산자들은 정기적으로 먼 나라에 와인을 실어 보내는데, 이때 어떤 와인은 냉장 컨테이너에 실리기도 하고, 어떤 와인은 부두나 해상 보트 위에서 수개월을 보내기도 한다.

근본적으로 시간이 걸리는 와인의 안정화를 빨리 얻으려면 뭔가(보통 와인의 숙성 능력이나 자연스러움 중 하나)를 희생하고 첨가제나 처리제를 써야만 한다. "우리 와인들 중 영young하지 않은 것들은 안정성에 전혀 문제가 없습니다." 아황산염을 넣지 않은 숙성된 퀴베를 생산하는 이탈리아의 내추럴 와인 생산자, 사샤 라디콘은 말한다(나는 2013년에 그를 인터뷰했다). "우리는 지금 2007년산, 그러니까 6년된 와인을 출하하고 있습니다. 안정되고 숙성된 상태라, 설령 급격한 온도 변화를 겪더라도 조금만 지나면 다시 괜찮아지죠. 수입사들은 한여름인 7월에 와인을 실어가기도 하는데. 회복 기간을 2주 정도만 주면 우리 와인들은 다시 완벽해집니다. 하지만 영young 와인들은 구조가 불안정하고 덜 확실해서, 거칠게 다뤘다가는 안 좋게 변할 수 있습니다." 사샤는 영young 와인의 경우 병입 시 리터당 25밀리그램의 아황산염을 첨가하는 것으로 문제를 해결한다.

숙성과 내추럴 와인

모든 내추럴 와인이 오래 두고 마시는 목적으로 생산되는 건 아니다. 사실 갈증 해소용으로 만든 지 얼마 안 돼서 마시는, 소위 '뱅 드 수아프vin de soif'들도 많이 생산된다. 그러나 내추럴 와인들 중에는 숙성 능력이 좋은 것들이 아주 많다. 나도 개인적으로 내추럴 와인들을 저장하고 있는데. 15년된 카조 데 마욜의 타이로크Taillelauque, 그라므농Gramenon의 1991년산 라 메메La Mémé, 푸와야흐Foillard의 1990년산 모르공Morgon을 비롯한 맛있는 올드 와인들이 많다. 최근까지만 해도 대부분의 와인들은 내추럴 와인이거나 거의 내추럴에 가까운 와인이었으며(12~15쪽 '오늘날의 와인' 참조), 다수의 세계적인 클래식 와인들은 여전히 그러하다는 것을 잊지 마시길. 최근에 나는 그중 하나인 도멘 드 라 로마네 콩티의 1969년산 에셰조Echezeaux를 마셨는데, 그건 여전히 아주 신선하고 믿을 수 없을 만큼 생기 넘쳤을 뿐 아니라, 바로 내추럴 와인이었다.

적은 생산량을 고려하면 숙성된 내추럴 와인은 드물긴 해도, 아직 보르도 샤토 르 퓌의 오래된 빈티지 와인들(그중에는 20세기 초에 생산된 것도 있다!) 같은 것들도 구할 수 있다.

위: 저장고에 수년간 보관해도 좋은 내추럴 와인들이 많다.

---

22 화석연료 사용 줄이기를 실천하는 프랑스의 요트 운송 업체.

근본적으로 시간이 걸리는 와인의 안정화를
빨리 얻으려면 뭔가를 희생해야 한다.

건강: 내추럴 와인이 몸에 더 좋을까?

위: 항산화 물질이 풍부한 와인을 마시는 것은 건강에 좋은 영향을 줄 수 있다.

옆 페이지: 좋은 경험 법칙 하나. 적포도, 토마토, 후추, 가지 등과 같은 적색 과일 및 채소들은 자연적으로 항산화 물질 함유량이 높다.

간단히 말해 내추럴 와인은 인위적인 '것들'을 훨씬 적게 함유하고 있다. 그렇기 때문에 내추럴 와인이 몸에 더 좋다고 해도 놀라운 일은 아니다(특히 일반 와인들에 사용되는 첨가제의 다수가 제대로 규제되지 않고 있으므로). 하지만 현재로서는 와인이 건강에 미치는 영향에 관한 연구 자료가 많지 않으며, 내추럴 와인은 더욱 그렇다.

그럼에도 불구하고 (나를 포함한) 내추럴 와인 애호가들은 보통 내추럴 와인이 일반 와인에 비해 두통이 덜하다고 말한다. 나는 개인적으로 그게 사실이라고 생각한다. 수년 전 일반 와인을 마시지 않게 된 이후로 머리가 지끈거리는 두통을 더 이상 겪지 않았기 때문이다. 이러한 주장에는 과학적 근거 또한 존재한다. 이를 이해하려면 무엇이 숙취를 유발하는지부터 알아야 한다. 물론 탈수에서 오는 것임은 틀림없으나, 이때 간에서 일어나는 일이 매우 흥미롭다. 우리가 섭취한 모든 것들은 소화기관에 의해 분해되고 간으로 보내지는데, 간 효소는 우리 몸에 이로운 물질을 걸러 가공한다. 유익한 성분들은 혈류로 전달되는 반면 독소는 소변이나 담즙으로 배출된다.

알코올, 정확히 말해 에탄올은 독소의 일종이다. 위에서 흡수되어 간으로 간 알코올은 독소로 분류되어 배출된다. 한 무리의 간 효소들이 알코올을 아세트알데히드로 바꾸면, 또 다른 효소들은 (글루타티온이라 불리는 화합물의 도움을 받아) 아세트알데히드를 몸에서 배출되기 쉬운 형태인 아세테이트로 바꾼다. 문제는 술을 마시면 글루타티온이 크게 감소하여 가공되지 않은 아세트알데히드가 혈류로 전달되지 못한 채 점점 쌓여간다는 것이다. 아세트알데히드는 알코올에 비해 독성이 10~30배 강하기 때문에, 우리 몸을 돌아다니며 두통과 메스꺼움을 유발한다.

우리 몸이 알코올을 분해하는 작용의 핵심은 글루타티온이다. 문제는 이 화합물이 1996년 사우샘프턴대학교 인간영양학과에서 발표한 논문의 제목 「이산화황: 강력한 글루타티온 고갈 물질」에 나타나듯이, 아황산염에 아주 취약한 걸로 보인다는 것이다. 이것이 사실이라면 아황산염 함량이 아주아주 낮은 내추럴 와인이 간에서 가공되기가 훨씬 더 쉽다는 말이 된다.

로마대학교 의과대학 임상영양학 및 영양유전체학과(음식이 유전자에 미치는 영향을 연구하는 학과)의 최근 연구 또한 이를 뒷받침한다. 연구를 이끈 라우라 디 렌초Laura di Renzo 교수는 2013년 가을 내게 다음과 같이 말했다. "우리는 두 가지 레드 와인(하나는 아황산염이 첨가되지 않은 것, 다른 하나

는 리터당 80밀리그램이 첨가된 것)을 마시기 전과 마신 후, 284개의 유전자를 실험했습니다. 우리는 2주 동안 다양한 음식을 섭취한 피험자의 유전자에 이 두 와인이 어떤 영향을 미치는지를 테스트 했죠. 그리고 두 가지 중요한 발견을 했습니다. 첫 번째는 내추럴 와인을 마시면 혈중 아세트알데 히드 농도가 감소한다는 것입니다. 이것은 아세트알데히드의 대사를 책임지는 효소인 알데히드 탈 수소효소aldehyde-dehydrogenase, ALDH의 발현이 증가되었기 때문이죠. 또 다른 발견은 LDL(콜레스 테롤을 몸에 전달하는 단백질로, 산화스트레스를 측정하는 기준이 된다)의 산화와 관련된 것이었습니 다. 우리는 아황산염이 첨가되지 않은 와인을 마실 경우 기본적으로 '나쁜' 콜레스테롤이 덜하다 는 사실을 발견했어요. 이 두 가지는 굉장히 중요한 결과입니다."

게다가 과일 자체도 더 건강하다. 2003년 캘리포니아대학교 데이비스캠퍼스는 유기농 과일과 베 리류에 항산화 폴리페놀 성분이 많게는 58퍼센트까지 더 함유되어 있다고 발표했으며, 이탈리아 코넬리아노에 있는 농업 연구 및 실험 협의회Council for Agricultural Research and Experimentation의 디에 고 토마지Diego Tomasi 교수는 최근 합성 화학물질 사용이나 밭 갈기, 가지치기, 잎 제거 등의 개입 없이 재배한 포도가 일반 포도에 비해 레스베라트롤resveratrol(와인에 함유된 항산화 성분) 함량이 현 저히 높다는 사실을 알아냈다.

와인 양조 전문가인 파코 보스코Paco Bosco는 이것이 포도나무의 적응력 때문이라고 믿는다. 그 는 석사 학위를 위해 스페인 우티엘 레케나Utiel Requena 지역에 있는 포도밭, 다곤 보데가스Dagón Bodegas에서 2년을 보냈다. 지난 20년간 가지치기나 밭 갈기를 한 적이 없는 이 포도밭에서는 포 도나무에 그 어떤 처리도 하지 않는다. 그 결과 레스베라트롤이 굉장히 풍부한 포도가 생산된다. "세계 최고라 불리는 네비올로Nebbiolo[23]에 비해 두 배 정도 됩니다!" 파코는 감탄하며 말한다. "레 스베라트롤은 스틸벤stilbene의 한 종류입니다. 스틸벤류는 식물의 항체, 즉 자연적 방어체계죠. 그 러니까 균류나 해충이 공격을 할 경우 식물은 스틸벤류를 공격받은 부분으로 보내 침입자와 싸우 도록 하는 겁니다." 그 결과 더 강한 식물, 더 신선한 과일, 결국 더 건강한 와인이 탄생하는 것이다. 다곤(그리고 다른 내추럴 와인 생산자들)의 경우, 와인 양조 시 원치 않는 입자를 제거하기 위해 흔히 들 쓰지만 레스베라트롤과 같은 좋은 성분까지 없애버릴 수 있는 청징, 여과 같은 처리법을 배제하 기 때문에 더욱 그렇다.

최근 캘리포니아의 내추럴 와인 생산자, 토니 코투리의 포도밭에 방문했을 때 그가 했던 말은 이런 사실을 잘 설명한다. "이런 것들을 당신의 몸에 계속 들이부을 수는 없습니다. 알레르기가 생겨요. 피부병도요. 면역체계가 무너집니다. 난 이만큼 나이를 먹으면서, 평생 와인을 마셨지만 더 이상은 마실 수 없는 사람들을 많이 봤어요. 와인 때문이 아니라 첨가물 때문에요."

위와 옆 페이지: **유기농법으로 재배 한 과일은 자연적으로 더 건강하다.** 트로이 카터Troy Carter가 사과주를 만들 때 쓰는 야생 사과(위, 129쪽 참 조)나 캘리포니아 올드 월드 와이너 리Old World Winery의 데렉 트로브리 지Darek Trowbridge가 제멋대로 자라 난 사과를 수확하는 트로이를 돕는 와중에 모으는 포도(옆 페이지)처럼 살충제 성분이 없어서이기도 하지만, 포도 같은 경우 스페인 다곤 포도밭 에서 실험한 바와 같이 폴리페놀 함 량이 높기 때문이기도 하다.

---

23 이탈리아 피에몬테에서 재배되는 적포도 품종.

야생 채소들
올리비에 앙드리유 Olivier Andrieu

"모든 식물에는 고유한 균종이 있습니다. 참나무에 송로버섯이 자라듯 포도나무에도 그들만의 균이 있고, 포도밭에 자라는 다른 식물들도 다 마찬가지예요. 이 균들은 땅속의 미량원소(붕소, 구리, 철 등)와 무기염 성분을 포도나무가 흡수하도록 전달하는 역할을 합니다. 그 대신, 광합성을 할 수 없는 균들은 포도나무로부터 탄수화물을 얻죠. 서로에게 유익한 교환이 이루어집니다. 이것이 소위 말하는 공생 관계입니다.

놀라운 점은 버섯이 만들어낸 균사가 땅속으로 뻗어나가 식물들을 서로 연결하여, 결국에는 밭 전체 식물들 간에 교류가 일어난다는 것입니다. 지난주에 만났던 한 송로버섯 생산자는, 단 한 개의 버섯에서 생성된 균사가 수만 제곱미터 규모의 숲 전체를 거의 다 뒤덮은 걸 발견했다고 하더군요. 나무들은 전부 연결되어 있었습니다. 버섯 한 개를 통해 정보 공유가 이루어졌던 거죠. 그리고 우리는 포도나무도 그와 같으리라 생각합니다.

우리는 이러한 상호 연관성을 지원하려고 노력합니다. 여기서 지원이란 미묘하고도 미세한 조정에 불과하지만, 차이는 분명하게 나타나고 있어요. 점차 균형이 잡혀가는 겁니다. 포도나무들은 저항력이 강해지고 색이 더 선명해지며, 더 탐스러운 포도를 맺습니다. 야생 열매와 비슷하게요. 딱 보면 스트레스가 전혀 없는 나무에서 열린 포도라는 걸 알 수 있죠.

일반적인 포도밭에 가보면 공생 관계 같은 건 없습니다. 생명이 없어요. 생물 다양성을 창출하려면 다른 야생식물들을 키우는 것부터 시작해야 합니다. 예를 들어 우리 포도밭에는 말벌 떼가 있는데, 우리는 말벌들이 지나다니면 나방 유충을 걱정할 필요

프랑스 남부 랑그독 지역에 있는 클로 팡틴Clos Fantine은 올리비에Olivier, 코린Corine, 캬롤Carole 세 남매가 함께 운영한다. 29만 제곱미터 규모의 포도밭에는 무르베드르 mourvèdre, 아라몽aramon, 테레terret, 그르나슈grenache, 생소cinsault, 시라syrah, 카리냥carignan을 비롯한 다양한 포도들이 자란다.

가 없다는 사실을 알아냈습니다. 어쩌면 말벌들이 그 나방의 자연적 포식자일 수도 있고, 아니면 그 둘이 그냥 잘 어울릴 수 없는 사이일 수도 있죠. 어쨌든 야생식물을 길렀더니 포도밭을 지켜줄 말벌들의 수가 늘어나 골치 아픈 유충들이 완전히 사라지게 되었습니다.

우리 포도밭에는 30여 가지 야생 채소들과 식용 가능한 식물들이 포도나무들과 함께 자라고 있습니다. 어떤 것들은 이따금씩 고개를 내밀고, 어떤 것들은 특정한 철에만 나오며, 또 어떤 것들은 1년에 한 번씩 자라나죠. 대부분 봄에 첫 비가 내리고 나면 가장 맛이 좋습니다. 그중 몇 가지를 소개합니다.

비름Amaranthus: 이 지역 토착 식물이 아니며, 16세기와 17세기에 상업용으로 재배되었습니다. 요즘에는 야생으로 자랍니다. 우리는 이 식물의 가장 좋은 부분(꽃의 맨 끝부분)이 새로 돋아나 노란 빛을 띨 때 먹습니다.

실레네 불가리스 Silene vulgaris: 잎에서 아카시아 꽃처럼 기분 좋

게 달콤한 맛이 납니다.

야생 마늘Allium vineale: 보통 마늘과 비슷하나 크기가 훨씬 작고 가느다랗습니다. 마늘 알을 와인 소스에 요리해서 먹거나, 잎을 차이브처럼 잘게 다져 생선에 향을 낼 때 사용합니다.

서양민들레Taraxacum officinale: 민들레는 어느 부분이든 다 먹을 수 있지만, 특히 새로 난 부드러운 잎이 먹기에 좋습니다.

금잔화Calendula officinalis: 꽃이 맛있고, 사프란과 비슷합니다. 샐러드에 넣으면 멋진 색을 내주죠. 꽃을 수프에 넣기도 합니다.

메도 샐서피Tragopogon pratensis: '쇠채아재비Meadow goat's-beard' 또는 'Jack-go-to-bed-at-noon'으로도 불리며, 뿌리를 삶아서 먹으면 맛이 좋습니다. 안타깝게도 찾아보기가 점차 힘들어지고 있습니다.

배꼽풀Umbilicus rupestris: 프랑스에서는 '비너스의 배꼽'이라 불리는 이 식물은 그 이름에 걸맞게 정말 배꼽처럼 생겼습니다. 도톰하고 둥근 잎은 아삭해서 샐러드로 먹기에 좋죠.

푸른 세덤Sedum rupestre: 물을 저장하는 잎이 있고 노란색 꽃이 피는 다육식물입니다. 새우 맛과 조금 비슷해서 튀겨서 먹습니다.

야생 로켓Diplotaxis tenuifolia: 꽃은 샐러드나 육류에 양념으로 이용합니다. 후추 맛이 나는 꽃은 노란색인 것도 있고, 흰색인 것도 있어요. 잎은 일반 로켓과 비슷하게 생겼습니다.

오르니토갈룸 피레나이쿰(야생 아스파라거스)Ornithogalum pyrenaicum: 포도밭 가장자리에 자랍니다. 주로 잘게 썰어 오믈렛에 넣어 먹는데, 프랑스식 스튜인 블랑케트 드 보blanquette de veau에 넣으면 더욱 좋죠.

램프Allium tricoccum: 프랑스에서는 이것을 '푸아로 드 비뉴

poirots de vignes' 또는 '포도밭의 리크'라고 부릅니다. 데쳐서 비네그레트에 찍어 먹죠.

수영Rumex acetosa: 시금치처럼 잎을 데쳐서 먹습니다."

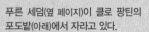

푸른 세덤(옆 페이지)이 클로 팡틴의 포도밭(아래)에서 자라고 있다.

결론: 와인 인증

"마치 2미터를 뛸 수 있는 높이뛰기 선수에게 80센티미터까지만 뛰라고 하는 것과 같다."

― 보르도 샤토 르 퓌의 운영자, 장 피에르 아모로가 EU의 유기농 와인 규정 내 양조장 요건에 관한 질문에 대해 한 말

인증받은 두 명의 내추럴 와인 생산자가 각자의 포도밭에 서 있다. 디디에 바랄Didier Barral은 자신이 운영하는 도멘 레옹 바랄Léon Barral이 에코세르로부터 유기농 인증을 받았는데도, 라벨을 비롯한 그 어디에도 그에 관해 명시하지 않는다.

2012년 8월, 많은 이들이 기다려온 유기농 와인의 양조장 내 관행을 다루는 EU의 법(그 전까지는 유럽 내 유기농 인증에 포함되지 않았던 내용)이 새롭게 제정되었다. 매우 필요한 법이었지만, 실제 결과물은 여러 모로 퇴보나 다름없었다. (타닌, 아라비아검, 젤라틴, 효모를 포함해) 비유기농 첨가물들의 사용을 명시적으로 허가했을 뿐 아니라, 프랑스의 독립적 와인 생산자 연합Vignerons Indépendents de France의 미셸 이살리Michel Issaly 회장에 따르면 유기농의 명성을 전체적으로 손상시켰기 때문이다.

개인적으로 그 법안이 제안되었을 때부터 반대해온 미셸은 그러한 결과에 경악했다. "이 법 제정의 목적이 유기농 와인을 대중화하여 많은 사람들이 생산할 수 있도록 하는 것임을 알고 있었으나, 그렇게 일반 와인과 더 비슷하게 만들 거라면 왜 굳이 유기농 라벨을 만드는지 알 수가 없었습니다. 3~4년 전 그 파일을 처음 봤을 때 나는 충격을 받았습니다. 유기농 포도 재배에 의해 애써 보호받고 있는 것들이, 유기농 와인 양조에 의해 체계적으로 파괴되는 일을 어떻게 허가할 수 있습니까? 내가 아는 비유기농 생산자들 중에는 유기농 인증을 받았다는 생산자들보다 첨가물을 훨씬 덜 쓰고 원재료를 훨씬 더 중시하는 사람들도 있습니다. 이러다 와인을 마시는 사람들이 유기농의 진정한 의미에 의문을 가지게 될까 봐 걱정입니다."

이것이 (유기농이든 바이오다이내믹농법이든 할 것 없이) 모든 인증 기관들의 가장 큰 단점이다. 그 규정들은 포도밭 운영을 감독하기에는 좋을지 모르나, 와이너리 전체를 다루기에는 한참 부족한 것이다. 게다가 수십 개의 인증 기관들과 각각의 해석들을 다 이해하기만도 힘든데, 하물며 그 규정들을 (심지어 한 기관 내에서) 초국적으로 비교하려면 오죽 복잡하겠는가. 바이오다이내믹농법 분야의 주요 국제 인증 기관인 데메터Demeter를 예로 들어보자. 미국과 오스트리아에서는 효모를 첨가하는 것이 허용되지 않는 반면, 독일의 데메터는 이를 허용한다. 이와 비슷하게 미국 농무부의 유기농 인증 관련 규정은 겉보기에는 EU의 규정에 비해 더 엄격해 보이지만(EU 유기농 인증 기관에서 허용하는 열한 가지 첨가물을 미국에서는 허용하지 않는다). 자세히 들여다보면 EU를 비롯해 브라질과 스위스 등 여러 나라에서 금지된 라이소자임 첨가를 허용하기도 한다.

그 결과, 일부 훌륭한 생산자들은 아예 인증을 받지 않는 편을 선택한다. 이는 부분적으로는 어차피 인증 요건을 훨씬 뛰어넘는 진정한 농부들인데 굳이 가치를 인정하기 힘든 기관에 제출하려고 귀찮은 서류 작업을 할 필요는 없기 때문이며, 또 부분적으로는 비용 때문이다. "몇 가지 인증에 관해 알아보긴 했는데, 너무 어려운 데다 너무 비싸더군요. 어떤 인증 기관들은 수입의 1퍼센트를 내라고 하며 1년에 한 번 와이너리와 포도밭을 감사하는 비용으로 매번 500 혹은 600호주달러를 요구했어요. 우리는 그만한 돈을 낼 형편이 정말 안 됩니다", 호주 시 빈트너스Si Vintners의 이워 야키모비츠Iwo Jakimowicz는 말한다. "인증을 반대하는 사람은 아니지만, 나는 받지 않기로 마음먹었습니다. 저 길 아래쪽만 가봐도 땅에 별의별 것들을 다 뿌리고도 땡전 한 푼 안 내는 사람들도 있는데, 왜 나는 내 땅에 화학약품을 뿌리지 않았다는 것에 대해 인증을 받아야 합니까?"

이러한 단점을 고려할 때, 빈나투르VinNatur처럼 자율적으로 결성된 생산자 협회가 제공하는 보증은 효과적인 대안이 된다. 이 협회의 창립자이자 협회장인 안지올리노 마울레는 다음과 같이 설명한다. "우리 협회는 처벌이 아닌 교육에 목적을 두고 있습니다." 빈나투르는 회원들이 농사를 더 잘 짓도록 돕기 위한 연구에 활발히 자금을 대는 한편, 생산자 협회들 중 유일하게 회원 포도밭의 샘플들을 대상으로 살충제 잔여물을 체계적으로 검사하는 내부 감사를 실시한다.

비록 단점은 있지만 그래도 인증 제도는 여전히 쓸모가 있다. 생산자가 무엇을 하는지 잘 모르는 와인 소비자들에게 인증 요건을 충족한 와인이 맞다는 보증을 해줄 수 있기 때문이다. 게다가 생산자들에게는 귀중한 틀을 제공한다. 이에 관해 바이오다이내믹농법 전문가이자 와인 작가인 몬티 왈딘은 이렇게 설명한다. '인증은 다른 대안으로 가는 뒷문을 닫아버리는 것과 같아서, 상황이 힘들어져서 (약을) 뿌리고 싶은 유혹이 고개를 들 때도 하던 대로 계속 할 수밖에 없다.'

그리고 얀 뒤리유Yann Durieux가 운영하는 부르고뉴의 르크뤼 데 상스 Recrue des Sens는 에코세르의 유기농 인증과 테라 디나미스Terra Dynamis의 바이오다이내믹농법 인증을 받았다.

비록 단점은 있지만 그래도 인증 제도는 여전히 쓸모가 있다.
생산자가 무엇을 하는지 잘 모르는 와인 소비자들에게
인증 요건을 충족한 와인이 맞다는 보증을 해줄 수 있기 때문이다.

결론: 생명에 대한 찬미

위: **전통적인 바스켓 프레스**basket press는 내추럴 와인 생산에 여전히 널리 사용된다.

옆 페이지: **론에 있는 라 페름 데 세트 륀**에서 추수에 나선 사람들 / 랑그독의 르 프티 도멘 드 지미오에서 볼 수 있는 라베스의 당나귀 / 토스카나에 있는 포도밭, 카사 라이아Casa Raia를 운영하는 피에르장Pierre-Jean과 칼리나Kalyna 부부와 아이들

저상고에서 성공적으로 발효하는, 또 기술적인 도움에 의지하지 않고도 살아남을 수 있는 와인을 만들어내는 것이 바로 포도밭의 미생물들임을 고려하면 이 미생물들이 건강하게 서식할 수 있는 포도밭의 환경을 유지하는 것은 내추럴 와인 생산자들에겐 아주 근본적인 문제다. 미생물들은 포도를 따라 양조장으로 들어가 포도즙으로 변하며, 심지어는 병 속 와인에도 들어간다. 따라서 내추럴 와인은 살아 있는 흙에서부터 온, 말 그대로 살아 있는 와인이다.

가장 진정한 형태의 내추럴 와인은 병 속 생명들을 온전히 보호하여 안정적이고 균형적으로 살아가도록 해주는 것이다. 하지만 내추럴 와인 양조는 명백하게 딱 떨어지는 일이 아니다. 인생의 모든 일들이 그렇듯 여러 가지 문제들이 발생하며 상업적 현실이 선택에 영향을 미친다. 내추럴 와인 생산자들은 전부를 잃을 수도 있다(실제로도 그러하다). 예를 들어 세계적으로 유명한 상 수프르Sans Soufre[24] 퀴베를 만든 앙리 밀랑Henri Milan은 병과 통에 든 와인들이 재발효를 시작했을 때 2000년 빈티지 거의 대부분을 잃었다. 따라서 (병입 시 제한된 양의 이산화황을 사용하는 것 같은) 가벼운 개입은 와인에는 최소의 영향만을 주면서, 생산자를 안심시키고 와인의 품질을 위협하는 이상 현상이 생기려는 경우 미생물들을 재조정하는 역할을 한다.

게다가 '아무것도 첨가하지 않고, 아무것도 제거하지 않은' 와인을 만드는 것은 굉장한 기술과 의식, 세심함이 있어야 가능한 일인데, 모든 내추럴 와인 생산자들이 항상 그것을 목표로 하는 건 아니다. 내 경우에는 처음 와인을 만들던 당시 겁이 나서 리터당 20밀리그램의 아황산염을 첨가했다. 내 와인은 분명 르 카조 데 마욜의 르 블랑Le Blanc(151쪽 '내추럴 와인 저장고: 화이트 와인' 참조)만큼 내추럴하진 않았지만, 상업용 효모뿐만 아니라 리터당 150밀리그램의 아황산염이 함유된 표준 유기농 와인에 비하면 훨씬 내추럴한 것이었다.

---

24 '황이 없다'는 뜻이다.

"가장 훌륭한 와인은 고유의 자연적인 우수함으로 기쁨을 주는 와인이다. 거기에는 자연적인 맛을 가릴 수 있는 그 어떤 것도 섞여서는 안 된다."

– 루시우스 콜루멜라Lucius Columella(B.C.4~40) 로마의 농사 및 농업 작가

많은 내추럴 와인 생산자들이 그들의 환경과 가장 잘 맞는다는 이유로, 또 그 지역의 자연적 유산의 일부라는 이유로, 토종 포도 품종(이 중 일부는 매우 희귀하다)을 재배한다.

내추럴 와인은 연못에 이는 잔물결과 같은 연속체이다. 이 물결의 진원지에는 완전히 자연적인 방식으로 (아무것도 첨가하지 않고, 아무것도 제거하지 않은) 와인을 생산하는 생산자가 있다. 진원지에서 멀어지면 각종 첨가물과 처리법이 가해지기 시작하며, 멀어지면 멀어질수록 와인은 점차 덜 내추럴해지게 된다. 결국 물결은 완전히 사라져 연못의 물과 뒤섞인다. 이 시점이 되면 '내추럴 와인'이란 말은 더 이상 해당되지 않으며, 일반 와인의 영역으로 들어선 것이다.

내추럴 와인에 대한 합법적 정의란 존재하지 않지만, 공식적이나 다름없는 정의들은 있다. 프랑스, 이탈리아와 스페인을 비롯한 여러 나라의 생산자들이 정해놓은 것이다. 이러한 자율적인 품질 선언문은 공식 유기농 혹은 바이오다이내믹농법 인증 기관들의 규정보다 훨씬 더 엄격하다(90~91쪽 '결론: 와인 인증' 참조). 모든 경우에 유기농법의 실행은 최소한의 요구 사항이며, 저장 단계에서 큰 입자만 제거하는 여과(대부분의 경우 허용된다), 아황산염(협회에 따라 허용 여부는 다르다)을 제외한 그 어떤 첨가제, 처리제, 혹은 처리 도구의 사용을 금지한다(54~55쪽 '저장고: 가공과 첨가물' 참조). 예를 들면 가장 엄격한 프랑스의 S.A.I.N.S.(120~121쪽 '어디서 그리고 언제: 생산자 협회' 참조)는 그 어떤 첨가물도 허용하지 않으나 큰 입자를 제거하는 여과는 허용한다.

프랑스 내추럴 와인 협회AVN는 총 아황산염 허용치를 잔당residual sugar(혹은 스타일)과 상관없이 레드 와인의 경우 리터당 20밀리그램, 화이트 와인의 경우 리터당 30밀리그램으로 정했다(그러나 병에 AVN 로고를 쓰려면 한층 더 까다로운 기준이 적용되어 아황산염 첨가도 전혀 허용되지 않는다). 이탈리아의 빈나투르는 리터당 아황산염 최대 허용치를 화이트, 스파클링, 스위트 와인의 경우 50밀리그램, 레드와 로제의 경우 리터당 30밀리그램으로 정해두고 있다. 르네상스 데 자펠라시옹의 레벨 3 역시 첨가제와 처리제의 사용에 대해 전면적으로 매우 엄격한 기준을 적용하지만, 총 아황산염 허용치는 확정적이지 않다. 이 책의 '내추럴 와인 저장고' 장에서는 좀 더 다양한 와인들을 소개하기 위해 빈나투르의 총량 기준에 맞는 와인들을 골랐다.

수년간 수천 가지 샘플들을 맛본 나는 개인적으로 아황산염을 점점 덜 용인하게 되었다. 그 결과 내가 마시는 와인들은 대부분 아황산염이 전혀 들어가지 않았거나, 많아야 리터당 20~30밀리그램이 함유된 정도이다. 그리고 보통은 청징이나 여과도 거치지 않은 것들이다.

하지만 이 모든 건 어쩌면 지나치게 세부적으로 파고드는 것일지 모른다. 와인 생산 전체를 놓고 볼 때 우선 비유기농 포도밭을 배제하고, 그다음에는 효모를 첨가하는 곳을 배제하고, 이어서 효소를 첨가하는 곳, 또 무균여과를 시행하는 곳 등을 배제하고 나면 결국에는 정말 몇 안 되는 생산자들만이 남는다. 아무것도 첨가하지 않는 생산자와 병입 시 리터당 20밀리그램의 아황산염을 첨가하는 생산자는 분명 다르지만, 잔물결 비유를 떠올려보면 그 극명한 차이에도 불구하고 둘 다 물결의 진원지에서 아주 가까운 곳에 존재하는 것이다.

전체적으로 볼 때 진정한 내추럴 와인과 그에 가까운 와인들은 와인 업계에서 아주 적은 비율을 차지한다. 그리고 이 책은 바로 그 얼마 안 되는 이들을 기리는 것이다. 운이 좋아서 어쩌다 한 번 만드는 나 같은 사람이 아니라, 매년 특출한 내추럴 와인들을 생산하는 생산자들 말이다.

이러한 생산자들이 하는 일은 단순한 와인 양조를 넘어선다. 이들이 추구하는 철학, 삶의 방식은 이들의 와인이 심오한 매력으로 세상 사람들을 사로잡는 데 확실히 기여한다. 돈을 왕처럼 숭배하는 단절된 세상에서 이들은 다른 선택을 했으며, 그것이 유행이 되기 전부터 너무도 잘 해왔다. 이들은 신념, 지구를 사랑하는 마음, 그리고 가장 근본적인 힘인 생명을 양육하려는 열망으로 이러한 길을 선택한 것이다. 인간이든 동물이든 식물이든 또는 다른 생명체든 할 것 없이, 내추럴 와인 생산자들은 기본적으로 루아르의 내추럴 와인 생산자 장 프랑수아 쉐네가 말하듯, "살아 있는 것들을 그 무엇보다 더 존중한다".

위: 가장 순수한 형태의 내추럴 와인은 곧 생명에 대한 찬미다. 이는 최소 유기농으로 재배되며 저장 시 그 어떤 첨가물도 들어가지 않는다. 이탈리아 에밀리아 로마냐Emilia Romagna 지역의 내추럴 와인 생산자인 카밀로 도나티Camillo Donati는 다음과 같이 말했다. "내가 보기에는 아주 단순하다. 내추럴 와인은 포도밭에서 화학물질이 0, 저장고에서 화학물질이 0인 것이다."

뒷페이지: 오스트리아 남부에 있는 제프Sepp와 마리아 무스터Maria Muster의 살아 있는 포도밭에서는 살아 있는 와인이 생산된다.

수년간 수천 가지 샘플들을 맛본 나는 개인적으로 아황산염을 점점 덜 용인하게 되었다.

PART 2

누가, 어디서, 언제?

누가: 장인들

98쪽: 알프스 미토피아 포도밭에 핀 민들레. 이런 소위 '잡초'들은 넓게 퍼진 근계root systems와 깊고 곧은 뿌리들을 통해 칼슘 같은 영양분들을 표층까지 빨아올려 표토에 산소를 공급하고, 기름지게 만든다.

내추럴 와인 생산자들의 출신 배경은 아주 다양하다. 가족이 운영하던 포도밭을 물려받은 사람이 있는가 하면, 농사가 두 번째 혹은 세 번째 직업인 사람도 있다. 제멋대로 구는 아이 또는 와인만 아는 괴짜였거나, 보수파 또는 1968년 5월 프랑스 학생운동 가담자의 후손일 수도 있다. 체제에 맞서 싸우는 유형이 있는가 하면 그 체제의 본보기나 마찬가지인 유형도 있고, 남의 눈에 띄지 않게 그저 하던 일이나 계속 하는 유형도 있다. 하지만 급진파이든 전통파이든 간에 그들 모두는 어떤 방법으로든, 오늘날 대부분의 생산자가 인정하는 와인 양조의 필수 조건으로부터 등을 돌렸다. 별난 동반자 관계에 있는 이 '무지개 군단'을 결속시키는 것은 무엇보다도 땅에 대한 사랑이다. 이들은 자기 자신들을 자연 세계의 관리자라 여기며, 올바르게 짓는 농사가 굉장한 관찰의 기술은 물론 숭고한 자연 앞에서 마땅히 가져야 할 존경과 겸손마저 요구되는 가장 고귀한 일임을 우리에게 상기시킨다.

"우리는 효모와 박테리아까지도 생각합니다." 루아르에 있는 라 쿨레 당브로지아La Coulée d'Ambrosia의 장 프랑수아 쉐네는 말한다. "그것들이 활동하기에 좋은 환경을 만들려면 무엇이 필요한지 생각하며 그것들과 가까워지려고 노력하죠. 모든 건 마음먹기에 달려 있어요. 결국에는 항상 같은 법칙이 적용됩니다. 그건 바로, 흠잡을 데 없는 원료를 선택하면 더 이상 의문을 가질 필요도 없다는 것이죠."

이런 '흠잡을 데 없는' 포도를 기르려면 생산자들이 그들의 땅을 속속들이 잘 알고 있어야 하는데 이는 진정한 장인, 곧 수작업으로 일하며 경험을 통해 통달한 기술자가 될 때에만 가능한 일이다. 이러한 생산자들은 많은 상업적 생산자가 배척하고 하는 전통적인 포도 품종들을 기른다. "우리의 목표는 사라질 위기에 처한 우리 지역의 토종 품종들을 최대한 많이 구하는 겁니다." 루아르에서 아버지(클로드)와 함께 일하는 내추럴 와인 생산자, 에티엔 쿠흐투아는 말한다. 지구 반대편에 있는 칠레의 내추럴 와인 생산자, 루이 앙투안 루이트Louis-Antoine Luyt는 파이스pais 품종을 재배하는 데 중점을 둔다. 이 '값싸고 질 낮은' 포도는 16세기 스페인 선교사들에 의해 도입되었으나, 샤르도네나 메를로 같이 (대부분이 칠레의 기후와 맞지 않는) 유행 품종들을 선호하는 상업적 생산자들에 의해 버려졌다.

루이트는 또한 그의 동료들 모두가 이미 오래전에 포기한, 소가죽을 이용해 털이 난 바깥쪽 면을 안으로 하여 포도즙을 담아 발효시키는 전통 칠레 방식을 부활시켰다. 결과적으로 이는 건강한 발효를 가능케 하는 아주 효율적인 방식이었을 뿐 아니라, 구식으로 치부되어 그토록 무시를 받았던 고대의 지혜를 재발견했다는 점에서도 주목할 만하다. (조지아의 크베브리qvevri/kvevri나 스페인의 티나하tinaja 같은) 항아리, 오렌지 와인, 손으로 직접 수확하는 것hand-harvesting 등 내추럴 와인 생산자들은 주로 전통적인 노하우를 이용해 일한다. 그들은 버려지면 사라지고 말, 대대로 전해 내려온 관습을 지키는 수호자들인 것이다.

놀랍게 들릴지 모르지만, 내추럴 와인 생산자들은 극도로 혁신적이기도 하다. 그들은 이미 체제에서 벗어난 사람들이라 틀에서 벗어난 생각을 하는 경향이 있다. 캘리포니아의 내추럴 와인 생산자인 케빈 켈리Kevin Kelley를 예로 들어보자. 불필요한 포장에 대한 의존을 염려하던 그는 와인을 갓 짠 우유처럼 다루기로 결심, 공병 교환을 특징으로 하는 '자연적 과정 연합Natural Process Alliance, NPA' 프로젝트를 만들었다. 매주 목요일, 케빈은 '우유 배달'과 똑같이 금속 통에 담긴 와인(통에서 바로 따른 것)을 샌프란시스코와 그 인근 지역의 고객들에게 배달하고 그 주의 빈 통(전에 배달했던

위: **마타사의 로마니사**Romanissa 포도밭의 석양.

옆 페이지: 슬로베니아의 두 내추럴 와인 생산자-비나 초타르Vina Čotar의 **브란코 초타르**Branko Čotar(오른쪽)와 믈레츠니크Mlečnik의 발터 믈레츠니크Walter Mlečnik(왼쪽)-가 함께 와인을 마시고 있다.

'우유병')을 수거해오는 일을 한다.

이러한 생각의 독창성은 삶의 방식으로도 이어진다. "시골 사람들은 아주 독립적으로 살아갑니다. 아주 자급자족적이죠." 루아르의 유명 내추럴 와인 생산자, 올리비에 쿠장은 말한다. "추수철에는 일꾼을 서른 명가량 쓰기도 하지만, 여전히 물물교환을 많이 합니다. 와인을 고기나 채소, 그 밖의 여러 가지로 바꾸죠. 아름다운 사회예요. 이러한 결속은 내추럴 와인의 필수적인 요소입니다."

쿠장만큼 쾌활하진 않을지 몰라도, 내추럴 와인 생산자들은 본래 제대로 된 음식, 건강, 생명의 세부적인 사항들까지 예리하게 평가하기 때문에 전체론적인 입장을 취할 때가 많다. 와인에 관심을 갖는 만큼 꿀에도 관심을 갖거나, 집에서 소시지나 프로슈토를 건조하거나 하는 식이다. 이러한 자연 철학의 전형은 바로 프랑스 쥐라의 여든 살 넘은 내추럴 와인의 전설, 피에르 오베르누아일 것이다. 그는 매주 가족과 친구들에게 줄 수십 개의 발효 빵을 구울 뿐만 아니라 벌과 닭도 키우며, 멋진 포도송이 컬렉션(성장 패턴 분석을 위해 1990년부터 매년 7월 2일에 직접 딴 포도송이를 알코올에 보존한 것)도 가지고 있다. 그는 채소를 심거나 수도 시설을 고치느라 몸이 더러워질 때도, 미생물이나 발효에 관한 복잡한 지식에 대해 말할 때도, 항상 기쁘다. 무엇보다도 그는 고무적이다. 따뜻하고, 신사적이고, 아량이 넓고, 예리하고도 사려 깊은 통찰력을 지닌 사람.

불행하게도 내추럴 와인 생산자들은 자유방임적이고 엉성하다고 믿는 사람들이 있는데, 이는 사실과 전혀 다르다. 대개 좋은 생산자들은 정확하며 타협하지 않는 경향이 있다. 프랑스 남부 라 소르가La Sorga의 앙토니 토르튈Antony Tortul이 거기에 딱 들어맞는 예다. 숱 많은 곱슬머리와 환한 미소가 느긋한 분위기를 완성하는 이 젊은 생산자는, 내가 보기에는 운을 기대하기도 힘든 상황에서 아주 체계적인 운영을 하고 있다. 그는 매년 5만 병이나 되는 30가지의 와인을 생산하는데, 전부 첨가제나 인공적인 온도 조절 없이 만든 것이다. 완벽주의자인 그는 발효된 포도즙을 정기적으로 현미경으로 검사하여 효모 수를 세고 분류한다. 게다가 현재는 화이트 와인을 껍질과 함께 발효시킬 때 양조가 더 용이해지는 이유에 대해 실험실에서 연구를 진행 중이다.

"우리가 일하는 방식은 이 이상 단순할 수도, 이 이상 정확할 수도 없습니다." 에티엔 쿠흐투아는 설명한다. "우리는 옛날 사람들이 하던 방식으로 와인을 만듭니다. 압착기는 전부 100년도 더 된 것들이라, 전기식도 아니죠. 아버지, 또 아버지의 아버지가 배웠던 방식. 즉 부르고뉴에서 100년 전부터 해온 방식대로 포도나무를 재배합니다. 모든 건 손으로 해요. 포도나무들 사이에 난 풀만 깎는 데도 매년 200에서 300킬로미터를 걷는 셈이죠."

위: 케빈 켈리, 그리고 그가 NPA 프로젝트에 사용하는 금속 통들.

옆 페이지: 앙토니 토르튈의 퀴베들. 내추럴 와인들이 흔히 그러하듯, 대부분은 이 사진에 있는 것처럼 코르크 마개로 막은 뒤 왁스로 밀봉한다.

위: 내추럴 와인계의 전설인 프랑스 쥐라의 피에로 오베르누아가 빵을 만드는 모습(오른쪽), 그리고 이제는 에마뉘엘 우이용이 만들고 있는 그의 아르부아 푸피앙Arbois Pupillin(왼쪽).

그 결과물들은 모든 빈티지가 다 동날 정도로 소비자들의 환대를 받았다. 그런데도 언뜻 보면 납득이 되지 않게, 쿠흐투아 포도밭은 규모를 줄이고 있다. "정밀도 때문입니다." 에티엔은 설명한다. "아버지 때에는 15만 제곱미터였지만 현재 우리는 그 절반 정도를 운영 중이고 계속 더 줄여나가려고 합니다. 성공한 생산자들이 수요에 맞는 양의 와인을 생산하지 못해 고민하는 걸 본 적이 있을 겁니다. 그들은 수요를 맞추기 위해 결국 다른 사람이 기른 포도를 사게 되죠. 하지만 이건 레스토랑을 운영하는 것과 같습니다. 25석 규모로 시작했는데 너무 유명해져서 매일 손님 50명을 돌려보내야 한다면, '100석으로 늘릴 거야'라고 선언하고 더 큰 보상을 받고 싶어지게 마련이죠. 그렇지만 100석은 전혀 다른 문제입니다. 그러다가는 자칫 이름뿐인 와인이 될 수 있어요."

여러 면에서 내추럴 와인 양조는 일반 와인 양조에 비해 생산자에게 훨씬 더한 정밀함을 요구한다. "관, 펌프 등 포도와 접촉하는 거라면 무엇이든 다 아주 엄격하게 다룹니다." 피에몬테에서 아황산염 무첨가 와인을 만드는 카시나 델리 울리비의 스테파노 벨로티는 말한다. "3년 전, 압착기가 고장 나서 부품이 도착할 때까지 이틀 정도 기다려야 하는 상황이 되었는데 한 친절한 이웃이 자기 것을 쓰라고 하더군요. 그런데 갓 수확한 포도 10톤을 가지고 그 집에 갔을 때, 나는 믿을 수 없는 광경을 목격했습니다. 나는 압착이 끝나고 나면 항상 기구를 다 분리해 스팀으로 꼼꼼히 세척하여 다음 날 바로 또 압착할 수 있는 상태로 해놓습니다. 혀로 핥아도 될 정도로 깨끗하죠. 그런데 일반 와인 생산자인 데다 아황산염도 많이 쓰는 내 이웃은 청결에 덜 까다롭더군요. 그 기계가 그간 무엇과 접촉했는지 알 수가 없으니 그때만큼은 나도 아황산염을 첨가하지 않을 수가 없었습니다. 우선 모든 게 깨끗하기만 하다면 다른 걱정은 없습니다."

이러한 '걱정 없음'은 내추럴 와인 양조라는 퍼즐을 완성하는 마지막 조각이다. 발효는 대부분이 미지의 영역이라, 이를 제어하려고 하다 보면 그것의 미美를 잃고 만다(40~43쪽 '포도밭: 테루아에 대한 이해' 참조). 그러므로 생산자들은 자신의 본능을 믿고 내려놓는 법을 배워야 한다. 자연을 존중하는 자신의 역할을 다하고 나면, 자연이 마술을 부려주리라 믿는 것이다. 이것이 진정한 동반자 관계다. 오스트리아에서 구트 오가우Gut Oggau를 운영하는 내추럴 와인 생산자, 에두아르드 체페Eduard Tscheppe는 내게 다음과 같이 말했다. "여섯 번의 빈티지를 거치고 나서야 수확을 진심으로 기대하게 되었습니다. 일곱 번째에, 드디어 처음으로 괜찮을 거란 확신이 들더군요. 그 전까지는 어떻게 될지 몰라 잔뜩 신경을 곤두세우곤 했지만, 이제 그때와는 전혀 달라졌고 지금이 훨씬 좋아요."

내추럴 와인 생산자들은 공식화된, 혹은 팔기 위한 와인을 만들지 않는다. 그들이 공유하는 것은 (땅과 생명에 대한 사랑을 기반으로 한) 가장 완전하고도 경이로운 탁월함을 추구하는 것이다. 그건 마치 안전망 없이 줄타기를 하는 것과 같다. 가장 유명하고 존경 받는 와이너리이면서, 내추럴 와인 생산으로는 가장 덜 알려진 곳의 양조 책임자는 내게 이렇게 설명했다. "위대한 것은 결코 쉬운 상황에서 얻어지는 것이 아닙니다C'est jamais dans la facilité qu'on obtient les grandes choses. 벼랑 끝에 설 때에만 가장 아름다운 경치를 볼 수 있습니다. 허공으로 떨어지는 위험을 감수함으로써 머리 위로, 발밑으로 굉장한 것을 보게 되며 바로 이때, 탁월함을 달성하게 되는 것입니다." (도멘 드 라 로마네 콩티의 베르나르 노블레)

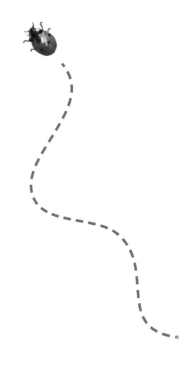

오스트리아 구트 오가우의 창의적인 라벨들.

말

베르나르 벨라센Bernard Bellahsen

"아시겠지만, 동물과 함께 일하는 건 굉장한 이점이 있습니다. 우선 시간이 흐름에 따라 성장하고 성숙하는 진정한 관계가 형성되죠.

다음으로 현대 농업이 지구를 훼손하는 문제를 들어봅니다. 적절한가 아닌가에 상관없이 무작정 파헤치니까요. 동물과 함께 일하면 상황은 완전히 달라집니다. 동물들이 일할 때는 소음이 발생하지 않기 때문에 모든 소리를 들을 수 있죠. 쟁기가 땅을 가는 소리. 땅이 열리는 소리를요. 느껴볼 수도 있습니다. 본인이 그 자리에 있고, 방해되는 것이 없으니까요. 비가 퍼부으면 쟁기가 박혀 움직이지 않고, 마구가 젖은 흙에 걸려 말을 잡아당길 겁니다. 그러면 자연히 쟁기질을 멈추게 되는데, 폭우에 젖은 흙이 침식되면서 영양분까지 씻겨 내려가기 쉽다는 걸 고려하면 이는 더할 나위 없이 좋은 일이죠. 마찬가지로 땅이 너무 건조하면 쟁기가 지면에서 미끄러질 수 있습니다. 이때에도 쟁기질을 멈추게 되는데, 표토가 뜨겁고 건조한 상태일 때 억지로 갈면 귀중한 수분을 잃을 수 있으므로 역시 완벽한 상황이라고 할 수 있습니다.

농사를 잘 지으려면, 농부가 흙의 상태를 고려해야 합니다. 땅을 갈기에 적당한 때인지 아닌지 알아야 하는데, 동물이 끄는 힘을 보면 잘 알 수 있죠. 기계로 할 수도 있지만 그러기 위해서는 주변 환경에 극도로 신경을 써야 합니다. 동물이 하는 대로 따르는 경우에는 아무리 바보라도 일을 망치지는 않는답니다.

또 다른 장점도 있습니다. 트랙터는 연소 기관으로 움직이는 차로, 작은 폭발들에 의한 진동이 바퀴를 통해 땅에 전달됩니다.

베르나르 벨라센은 프랑스 남부 랑그독에 있는 10만5천 제곱미터 규모의 도멘 퐁테딕토에서 대대로 이어져 오는 밀 품종과 테레, 그르나슈, 시라, 카리냥 등 그 지역에서 나는 포도들을 재배한다. 농사에 유기농법을 적용한 건 1977년부터, 말을 사용한 건 1982년부터다.

이 끊임없고 규칙적인 진동은 땅을 더욱 꽉 들어차게 하죠. 병에 콩을 담을 때 흔들어서 빈틈이 없도록 꽉 채우듯이 말입니다. 이 진동은 결국 땅속의 공기주머니들을 밀어내, 흙 속 생명체들에게 방해가 됩니다. 얼마 안 가 식물의 건강을 지키고 양분을 공급하던 지극히 중요한 미생물들은 사라지고 말죠. 콩을 빈자리에 아주 잘 밀어 넣은 겁니다. 다행히도 말은 진동을 하지 않습니다. 폭발하지도 않고요. 저는 아직 해보지 않았지만, 한번은 한 농부가 긴 하루 일과가 끝난 뒤 자기 말을 타고 집으로 돌아가는 모습을 보았습니다. 말 등 위에 축 늘어져 있더군요. 너무도 감동적인 광경이라 나도 모르게 똑같이 해보고 싶다는 마음이 들었습니다.

1950년대까지, 프랑스 북부 빠 드 깔레Pas-de-Calais가 원산지인 불로네Boulonnais라는 쟁기 말은 주로 농사에 사용되었습니다. 가슴이 넓고 근육질에 덩치가 크고 풍채가 좋은 동물이죠. 그러나 요즘에는 대부분이 도살장에 끌려가 소시지용 고기나 파이에 들어가는 필링stuffing이 되어버립니다. 우리 카시오페는 다행히도 그렇게 되지 않았습니다. 우리는 5개월된 녀석을 구해왔고, 14째째 함께 농사를 지었죠. 우리는 주말을 포함해 하루에

7~8시간씩 쟁기질. 수확, 운반. 그리고 삶을 함께했습니다. 그토록 많은 시간을 함께 보내면 신뢰가 쌓이고, 그 결과는 마법과 같습니다. 어떤 자극을 줄 필요도 없이 카시오페는 자기가 할 일을 스스로 했으니까요. 정말 굉장했습니다.

우리는 인간을 어떤 것보다 나은 존재라고 생각하지만 그렇지 않습니다. 에어컨이 나오는, 자동화된 오두막에 앉아서 유리창을 통해 내려다보는 농부는 왜곡된 관점을 갖게 됩니다. 무심해지고요. 그에 반해 쟁기 말과 함께 일하는 농부는 농사의 중심에 있습니다. 그는 자기 동료의 힘에 전적으로 의지하죠. 발을 땅에 직접 딛고 있으니 '기반을 잘 잡고 있는grounded' 셈입니다. 그는 자기 땅의 상태는 물론 땅이 무엇을 필요로 하는지를 잘 압니다. 또 자기 식물들을 다른 관점에서 봅니다. 위에서 내려다보는 것이 아니라 올려다보고, 심지어 내면까지 들여다보기도 하죠. 그는 환경의 일부이며 스스로도 그 사실을 느낍니다.

말과 함께 일하면 겸손해집니다. 경청하게 되고, 주변 환경과 조화를 이루려 노력하게 되며, 사물을 다르게 보게 됩니다. 아무리 추천해도 지나치지 않을 정도예요."

베르나르 벨라센과 카시오페가 2000년 도멘 퐁테딕토에서 수확을 하고 있다.

누가: 아웃사이더들

"크나큰 실망감을 느낀다. 가장 순수하고, 가장 깨끗한 푸이 퓌메Pouilly Fumé[25]를 만들고자
그토록 노력했는데, 결국에는 공산품이 이겼다."

— 알렉상드르 뱅Alexandre Bain, 푸이 퓌메의 내추럴 와인 생산자, AOC 자격을 박탈당했을 당시

"우리 와인은 매번 같은 이유로 탈락해요. '결함이 있다'. '탁하다' …그야말로 악몽이죠. 우린 정말
고군분투 중입니다." 남아프리카공화국 스워틀랜드에 있는 테스탈롱가Testalonga의 내추럴 와인 생
산자. 크레이그 호킨스는 2013년 국경에서 그의 와인들이 저지당했을 때 어떻게 했냐는 내 질문

---

25 프랑스 루아르의 유명 화이트 와인 산지 및 그곳에서 만들어진 와인을 일컫는다.

에 이렇게 설명했다. "형식적으로 네모 칸에 체크하는 관료주의적 절차인데, 현재 내추럴 와인에 해당하는 칸이 없으니 그냥 '이건 가지고 나갈 수 없다'고 하는 겁니다. 일례로 한번은 내가 코르테즈Cortez를 병입하기 직전에 고운 입자들이 떠다니게 하려고 통을 휘저은 적이 있습니다. 병 속에 찌꺼기를 남겨 숙성시키려고 일부러 그랬던 거죠. 빛깔만 탁할 뿐 완벽하게 안정된 상태였습니다. 맙소사, 그 사람들은 그걸 싫어하더군요. 내 다른 2011년 와인, 엘 반디토El Bandito는 병에 넣기도 전에 완판이 됐는데 2013년 8월 현재까지도 그들은 그 와인이 국외로 나가는 걸 막고 있습니다."

크레이그의 와인들은 미슐랭 별을 받은 유럽의 레스토랑들에서 큰 인기를 얻었는데도, 수년간 남아프리카공화국의 수출 담당 테이스터들에게 자주 퇴짜를 맞았다. "어떤 때에는 세 패널들에게 거절당하기도 합니다. 기술 위원회, 심지어는 '고리타분' 위원회라 할 만한 와인 및 주류 위원회Wine & Spirits Board 최종 테이스팅 패널에게도요." 크레이그는 말을 이었다. "그들은 내 와인의 수출을 허가하는 것은 곧 '남아프리카공화국' 브랜드에 해를 끼치는 것이라고 말했습니다. 결국 소수의 사람들이 전체 와인 업계를 대신해 와인이 어떤 맛을 내야 하는지를 결정하고 있는 거죠. 누굴 비난하거나 반역자가 되고 싶지는 않지만, 젊은이들이 비난이 두려워 병입 시 무균여과나 청징을 포기하지 못하게 되므로 창의적인 젊은이들을 그러한 궁지로 내몰지 않기 위해서라도 내부적으로 긍정적인 변화를 이루었으면 합니다. 어쨌든 일반적인 방식이 훨씬 쉬운 건 사실입니다. 무균여과를 하고, 5시

남아프리카공화국 스워틀랜드에 있는 건조 농법 포도밭의 멋진 광경. 스워틀랜드는 남아프리카공화국에서 가장 전위적인 생산자들이 살며 일하는 곳이다.

도멘 에티엔 에 세바스티앙 히포의
세바스티앙 히포는 프랑스 루아르에
있는 상세르에서 포도를 재배한다.

30분에 일을 마치고 귀가하고, 친구와 맥주도 한잔할 수 있겠죠. 더 이상 걱정할 게 없으니까요."

수년간 거절을 당하고 제도의 벽에 부딪친 크레이그는 결국 해결책을 찾았지만, 다른 대부분의 사람들에게는 그런 운이 따르지 않는다. 예를 들어 유럽에서는 많은 생산자들이 포도 재배나 와인의 맛에 대해 현대식 관습들에 바탕을 둔 일반적이고 정형화된 규칙들을 따르지 않았다는 이유로 AOC 자격을 박탈당했다. 상세르의 내추럴 와인 생산자 세바스티앙 히포는 포도밭에서 자라는 다른 풀들 때문에 자주 공식 경고를 받고, 생물 다양성을 증대시키기 위해 자신의 포도밭에 복숭아나무를 심은 이탈리아 피에몬테의 스테파노 벨로티는 공무원들로부터 징계를 받았다. 그들은 스테파노의 행동이 그의 땅을 '오염시켰기' 때문에, 그곳은 더 이상 포도밭이라고 할 수 없으며 그곳에서 생산되는 것은 더 이상 와인으로 볼 수 없다고 했다. 말도 안 되는 소리로 들릴지 모르나, 스테파노는 그 땅에서 생산한 것을 와인이라는 이름으로 판매하지 못하도록 금지당했다.

널리 알려진 내추럴 와인 생산자들도 때로는 불쾌한 상황을 맞닥뜨리곤 한다. 부르고뉴에서는 2008년, 까다로운 빈티지와 적은 수확량으로 나온 도멘 프리외레 호크Domaine Prieuré-Roch의 뉘생 조르주Nuits-Saint-Georges가 처음으로 AOC 자격을 받을 수 없게 되었다. 다른 많은 이웃 도멘들과 달리 이곳의 와인들은 설탕을 첨가하지chaptalized 않아 알코올 도수가 현저히 낮다는 이유 때문이었다. "우리 땅은 비록 천년까지는 아니어도 수백 년간 독보적이라고 인정받아왔습니다." 도멘의 공동 운영자인 야니크 샹Yannick Champ은 말한다. "20년 경력을 가진 도멘이 그 전통을 완전히 뒤엎어버린다고 생각하는 게 정말 합당한가요?"

"나는 다 큰 남자들이 AOC 자격을 잃었다고 엉엉 우는 모습을 봤습니다. 말 그대로 동네 사람들 모두가 그들에게 등을 돌린 거나 마찬가지니까요." 프랑스의 와인 기자이자 내추럴 와인을 지지하는 내 동료 실비 오쥬로Sylvie Augereau는 설명한다. 그도 그럴 것이 관계 당국의 박해는 생계와 직결된다. 예를 들어 2013년 가을, 프랑스 부르고뉴의 바이오다이내믹 생산자인 에마뉘엘 지불로 Emmanuel Giboulot는 사용이 의무화된 살충제를 포도나무에 살포하지 않았다는 이유로 기소되어 거액의 벌금을 내고 징역형을 받았다. 박해에 못 이겨 수년간 와이너리의 문을 닫아야 했던 생산자들도 있다.

이러한 마녀사냥에 지친 많은 생산자들은 '뱅 드 타블vin de table', '뱅 드 페이vin de pays', '뱅 드 프랑스vin de France'[26] 같은 카테고리들을 만들어(각 나라마다 나름의 분류법이 있다). 현재로서는 지극히 틀에 박힌 AOC의 제약에서 벗어나고자 한다. 하지만 이제는 이런 제도조차 일부 와인들을 팔지 못하도록 위협하고 있는 상황이다. "내 웹사이트에 내 주소를 올렸다가 문제가 생기고 말았습니다." 프랑스 도멘 드 라 보엠Domaine de la Bohème의 내추럴 와인 생산자 파트릭 부쥐Patrick Bouju는 말한다. "'뱅 드 타블' 규정상 그 어떤 지리적 언급도 허용되지 않는다는 이유로 말입니다."

대세를 거스른다는 건 힘든 일이다. 내추럴 와인 생산자들은 온갖 위험을 감수하며 항상 자연과 일반 와인 생산자들, 시장 사이에서 불안한 줄타기를 한다. 솔직히 말해 용감하고 비범한 사람들만이 자신의 신념에 충실할 수 있는 것이다. 이는 우리가 사는 현대 사회에서 아주 대단한 일이다. 그러므로 다음번에 와인을 집어 들게 되면 잠시 멈춰 서서, 그 와인이 그 선반에 놓이기까지 어떤 일들을 거쳤을지 생각해보라. 외관은 똑같을지 몰라도 일반 와인과 내추럴 와인은 전혀 다른 종류며, 내추럴 와인을 탄생시키는 데에 들어간 헌신과 노력은 굳이 과장이 필요 없을 정도이다.

푸이 퓌메의 스타나 다름없는 생산자, 알렉상드르 뱅(그의 포도밭 이름은 그의 이름에서 따왔다)은 '전형적이지 않은' 와인을 생산했다는 이유로 AOC 지위를 잃을 위기를 수도 없이 맞았다. 2015년 9월 그는 결국 AOC 자격을 박탈당했으나, 이의를 제기하여 후에 다시 회복했다.

---

26 모두 프랑스의 와인 등급으로 '뱅 드 타블'은 정부의 규제를 받지 않고 생산되는 와인을, '뱅 드 페이'는 포도의 생산지와 품종 등 기본적 규제만 거쳐 생산되는 와인을 가리키며, '뱅 드 프랑스'는 2010년부터 뱅 드 타블을 대체해 쓰이는 용어다.

"내추럴 와인 생산자들은 온갖 위험을 감수하며
항상 자연과 일반 와인 생산자들, 시장 사이에서
불안한 줄타기를 한다."

관찰
디디에 바랄 Didier Barral

"자연을 이해하려면 주변에서 일어나는 일에 민감해야 합니다. 관찰이 가장 중요해요.

자연 세계에서 일어나는 모든 일들에는 이유가 있습니다. 자연이 자기 방식대로 진화하는 데는 수백만 년이라는 세월이 걸렸습니다. 자연의 방식대로 일이 되어간다면, 그건 다 그럴 만한 이유가 있기 때문입니다. 우연히 혹은 아무렇게나 되는 것이 아니죠. 여기에 개입해서 문제를 일으켜 균형을 깨뜨려놓는 건 바로 사람입니다. 사람이 마음먹기에 따라 자연이 일하는 방식에 의문을 갖는 대신 자신의 방식을 재고해볼 수도 있어요. 관찰이 그토록 중요한 이유가 바로 이겁니다. 이미 마련되어 있는 것에 우리가 어떻게 맞출 수 있는지, 어떻게 함께 일할 수 있는지를 깨닫도록 도와주는 거죠.

큰 비가 내린 뒤 들판이나 포도밭을 지나다 보면, 사람의 손이 닿지 않은 숲속에서는 보기 힘든 물웅덩이들을 흔히 볼 수 있습니다. 우리가 포도밭을 비롯한 농지에서 생명체들을 없애버렸기 때문입니다. 땅에 굴을 파서 흙 속에 공기가 통하도록 해주는 벌레들, 곤충들, 다른 살아 있는 것들이 더 이상 없다는 말입니다. 이는 대부분 우리가 사용하는 수많은 화학 약품들 때문이지만, 밭 갈기 같은 몇몇 방식들도 흙의 균형을 파괴합니다. 바로 이 흙의 균형과 생명체들이 흙을 숨 쉬게 하는데 말이죠. 따라서 숲에 존재하는 것과 같은 균형을 회복하도록 노력하는 것이 무엇보다 중요합니다.

우리는 더 이상 밭을 갈지 않습니다. 그 대신 브라질리언 롤러를 이용해 포도나무들 사이에 난 풀과 잡초를 납작하게 만들죠. 이

디디에 바랄은 프랑스 랑그독 지역의 포제르Faugères에서 30만 제곱미터 규모의 다종 재배 농장을 운영한다. 이 중 절반이 포도밭인데 테레 블랑, 테레 그리terret gris 같은 토종 품종들도 재배한다.

렇게 하면 흙이 햇빛에 노출되지 않아서, 수분이 증발하지 않고 촉촉한 상태가 되는 데 도움이 됩니다. 풀이 없으면 해는 땅을 뜨겁게 데워 땅의 상태를 나쁘게, 그리고 연약하게 만듭니다. 그러면 비나 바람에 의해 귀중한 점토와 부식질이 쓸려갈 수 있고, 결국에는 모래밖에 남지 않죠. 따라서 햇빛이 잘 들고 물이 다소 부족한 환경이라도 풀을 그대로 놔두는 편이 좋습니다.

게다가 풀은 곤충들의 서식지가 되며, 이 곤충들은 또다시 들쥐를 비롯한 쥐들, 새들, 그 밖의 여러 동물들을 불러오는 역할을 합니다. 이 모든 것들은 죽으면 다시 흙으로 돌아가 식물에 균형 잡힌 영양분을 공급하게 되죠.

경작된, 더 심하게는 제초제를 뿌린 포도밭에 사는 포도나무들은 사람이 제공하는 도움과 양분에 전적으로 의지합니다. 사서 쓰는 비료의 성분이란 대체로 양의 분뇨와 짚이 섞인 단순한 혼합물 정도인 반면, 포도나무들 사이에 야생식물들이 자라게 두면 복잡한 생명의 망이 형성됩니다. 이는 곧 포도나무들이 더 복합적인 영양분을 공급받는다는 것을 의미합니다.

전에는 나도 거름을 사서 쓰곤 했는데, 매번 그걸 포도나무에 줄 때마다 흙을 들어올려 보면 그 밑에는 별게 없었습니다. 반대로 내 말들이 싼 똥을 들어올렸을 때는 지렁이, 애지렁이, 온갖 곤

위: 디디에가 재배한 테레 포도. 테레는 랑그독에서 가장 오래된 품종에 속한다.

왼쪽: 50마리에 달하는 디디에의 소 떼에는 저지Jersey(사진), 살레Salers, 희귀한 오록스Aurochs 종 등이 포함되어 있다.

충들이 우글거렸죠. 말똥은 생물들을 끌어들였지만 거름은 그러지 않았던 겁니다. 그때는 왜 그런지 이해가 안 갔죠. 해답은 정말 간단했습니다. 짚을 깔아 만든 사육장에서 만들어진 거름은 오줌과 똥이 혼합된 것인데, 이 두 가지 배설물은 자연적으로는 동시에 나올 수가 없어요. 벌레들과 곤충들은 그 거름이 너무 강해서 피하는 겁니다. 우리는 바로 그 점을 보고 우리 포도밭을 과거에 했던 것과 같이 다시 방목지화해야겠다고 결심했죠. 그래서 말 두 마리와 소 50마리를 포도나무들 사이에 풀어놓았습니다. 결과는 아주 유익했습니다. 겨울에는 따뜻하고 여름에는 시원한 소똥이 계절에 관계없이 지렁이들을 흙 표면으로 유인해, 먹고 번식하게 했으니까요. 반대로 헐벗은, 차가운, 건조한 흙에서는 지렁이들이 땅 위로 올라오지 않겠죠.

만약 다시 처음으로 돌아간다면 젊은 디디에 바랄에게 무슨 말을 해주겠느냐고요? 관찰해라. 네 주변에서 일어나는 일들을 이해하려고 노력하되, 가장 중요한 건 절대로 자연을 거스르지 않는 것이다. 인내심을 갖고 예리한 눈으로 관찰해라. 비행기를 타고 세계를 돌아다니기보다는 가능한 한 많은 시간을 네 포도밭에서 보내라. 항상 한쪽 발은 네 땅에 꼭 붙이고 있어라."

누가: 운동의 기원

"내 세대는 35년여 전 전투 전방에 서 있던
몇몇 생산자들에게서 시작된 파동을 이어받았다."

– 에티엔 쿠흐투아, 프랑스 루아르의 내추럴 와인 생산자

위와 옆 페이지: **1세대 내추럴 와인 아이콘들이 물러나기 시작하면서, 그 자식들이 그 역할을 이어받고 있다. 에티엔 쿠흐투아는 레 카이유 뒤 파라디에서 그의 아버지, 클로드와 함께 일한다**(위). **현재 도멘 마르셀 라피에르**Domaine Marcel Lapierre**의 운영을 책임지고 있는 마티유 라피에르**Matthieu Lapierre**가 어머니, 여형제들과 함께 일하고 있다**(옆 페이지).

8천 년 전 와인이 처음 만들어졌을 때에는 봉투에 든 이스트나 비타민, 효소, 메가 퍼플Mega Purple, 타닌 분말 등을 쓰지 않고 자연적으로 양조되었다. 아무것도 첨가하거나 제거하지 않았다. 와인은 내추럴했다. 이것이 '와인'이란 단어 앞에 '내추럴'이라는 형용사를 붙임으로써 하나의 자격이 된 건 1980년대였는데, 현대의 와인이 첨가물 칵테일로 변해가면서 진짜 와인을 구별해낼 필요성이 생겨났기 때문이다.

녹색혁명의 결과로 녹색운동의 존재가 굳건해졌듯이, 포도 재배의 증대와 개입주의적 와인 양조의 증가가 기본으로 돌아가자는 내추럴 와인 운동을 태동시켰다. 동료들이 채택한 '진전' 방식에 의문을 가진 생산자들은 주류에서 갈라져 나와 자기 선조들이 쓰던 방식을 실험해보기 시작했다. 개중에는 처음부터 끝까지 내추럴만을 고집한 사람들도 있고, 일반 와인 생산자가 되었다가 몇 년 뒤 되돌아온 사람들도 있다.

현대화 추세에 저항했던 이들이 전 세계에 퍼져 있는 것으로 볼 때, 이러한 운동을 주도한 것은 어느 개인이 아니다. 이들은 세계 다른 지역에서, 심지어는 자기 주변에서 내추럴 와인 네트워크가 급성장하고 있음을 전혀 알지 못한 채 그저 끈기를 갖고 신념에 따라 와인을 만들었다. 포도밭은 종종 훼손됐고, 와인 전체가 못쓰게 되기도 했으며, 이들의 방법론이 이웃들의 비웃음을 사기도 했으니, 대부분은 삶이 아주 힘들었다(그리고 일부는 여전히 그렇다). "아버지 때보다는 훨씬 쉬워진 겁니다." 아버지 클로드(루아르 지역 내추럴 와인의 전설적인 인물들 중 한 명)와 함께 일하는 에티엔 쿠흐투아는 말한다. "기반을 닦아놓은 건 바로 아버지 세대였어요. …요즘 사람들은 이런 종류의 와인을 환영하고, 경청하며, 이해하려고 노력합니다. 농산물 직판장과 유기농 상점들이 없던 20년 전만 해도 이렇지 않았어요. 그 당시 생산자들의 삶은 훨씬 더 힘들었죠." 이렇게 신념에 따라 고립되어 살았던 생산자의 훌륭한 예가 바로 고 조제프 아케Joseph Hacquet다. 내추럴 와인계의 선지자 격이었던 그는 여형제들인 안느, 프랑수아즈와 함께 루아르의 볼리유 쉬르레이용Beaulieu-sur-Layon 마을에 살았다. 그는 유기농법을 적용했을 뿐 아니라 와인 양조 시 어떤 첨가제도 사용하지 않았으며, 1959년 이후 약 50 빈티지의 이산화황 무첨가 와인들을 생산했다.

위: 이탈리아 베네토에 있는 라 비앙카라는 이탈리아 내추럴 와인 운동을 추진했던 이들 중 한 명인 안지올리노 마울레의 집이다. 그의 아들들인 프란체스코, 알레산드로, 토마소가 곁에서 그의 일을 돕는다.

오른쪽 위: 라 비앙카라의 저장고 내부.

"전쟁 이후, 내추럴 와인은 반체제적일 뿐 아니라 망국적인 것으로 여겨졌습니다." 루아르에 있는 레 그리오트Les Griottes 포도밭의 파트 데스플라Pat Desplats는 말한다. 그는 아케가 더 이상 자신의 포도나무들을 돌볼 수 없게 되었을 때 친구 바바스Babass와 함께 그것들을 인수했다. "조제프와 그의 형제들은 정말로 자신들을 이 세상의 외톨이라고 생각했습니다."

그러나 다행히도 내추럴 와인 운동이 확산되면서, 대부분의 생산자들은 외톨이가 아니게 되었다. 생산자들이 서로 영감을 주고받는 사이 이웃들도 점차 관심을 갖게 되었다. 이들이 똘똘 뭉쳐 이룬 거대한 뿌리는 지역적으로, 국가적으로 뻗어 나가더니 오늘날 국제적으로까지 확장되기도 한다. (안지올리노 마울레, 스탄코 라디콘, 지암피에로 베아Giampiero Bea 같은 이들로부터 시작된) 이탈리아—슬로베니아 집단과 (고 마르셀 라피에르의 주도 하에 장 폴 테브네Jean-Paul Thévenet, 장 푸와야흐, 기 브르통Guy Breton, 조제프 샤모나Joseph Chamonard 등이 함께한) 보졸레 집단이 그 예다. 이 프랑스 집단은 피에르 오베르누아(쥐라), 다르 에 리보Dard et Ribo와 그라므농Gramenon(론) 같은 다른 지역 생산자들과도 관계를 맺었는데, 이는 변화의 주역으로 인정받는 주목할 만한 두 사람, 쥘 쇼베Jules Chauvet(1907~1989)와 그의 제자이자 내추럴 와인 컨설턴트인 자크 네오포흐Jacques Néauport(다음 장의 '부르고뉴의 드루이드' 참조)의 남모를 노력 덕분에 가능했다고 해도 과언이 아니다.

부르고뉴의 포도 생산자 겸 와인 생산자로서 사회에 첫걸음을 내디딘 쇼베는 와인의 화학과 생물학에 푹 빠져, 얼마 지나지 않아 (리옹의 화학연구소, 베를린의 카이저 빌헬름 연구소(현재의 막스 플랑크 연구소), 파리의 파스퇴르 연구소를 포함해) 유럽 전역의 연구 기관들과 함께 일하게 되었다. 그는 내추럴 와인 양조 시 제기되는 문제들에 과학적 방법을 적용하며 부단히 노력했다. 효모의 기능, 알코올 발효와 유산 발효 시 산도와 온도의 역할, 탄산 침용carbonic maceration[27] 중 말산의 분해와 같은 주제들에 관한 그의 탐구는 내추럴 와인 생산자의 길을 선택한 이들에게 귀중한 지식을 제공했다. "나는 나의 할아버지가 했던 방식으로 와인을 만들되, 거기에 쇼베의 과학적 지식을 접목하고 싶었습니다"라고 마르셀 라피에르는 말했다. 그는 '독특한' 와인들로 1980년대 파리의 내추럴 와인 바들에서 돌풍을 일으켰던 초기 생산자들 중 한 명이다.

"1985년에 나는 쇼베 한 병을. 얼마 지나지 않아 라피에르 한 병을 맛보았고. 그게 나에게는 도화선이 되었습니다." 루아르의 내추럴 와인 생산자인 장 피에르 호비노Jean-Pierre Robinot는 회상한다. 레 비뉴 드 랑주뱅Les Vignes de l'Angevin을 운영하는 그는 1983년에 잡지 《르 루즈 에 르 블랑Le Rouge et Le Blanc》을 공동 창간함으로써 처음에는 작가로 와인 업계에 뛰어들었으며, 1988년에는 파리에 랑주 뱅L'Ange Vin이라는 와인 바를 열었다. "우리는 그때 네다섯 명쯤 됐는데, 가게를 연 건 내가 마지막이었습니다." 장 피에르는 말을 잇는다. "사람들은 우리더러 정신이 나갔다고 했죠. 우리는 일부러 내추럴 와인이라는 말을 썼는데 유기농을 넘어서는, 그것과 구별되는 말이 필요했기 때문이었어요. 비록 그때는 팔 수 있는 아황산염 무첨가 와인이 극소수에 불과했지만요."

이제는 상황이 완전히 달라졌다. 파리에 내추럴 와인을 판매하는 바, 상점, 레스토랑들이 넘쳐나고 뉴욕, 런던, 도쿄 등도 크게 뒤지지 않는다. 미국의 와인 작가 앨리스 페링Alice Feiring은 내게 "오스틴, 뉴욕, 시카고, 샌프란시스코, LA를 포함해 미국의 주요 와인 도시들의 거의 모든 레스토랑들에서는 내추럴 와인의 수요가 엄청납니다"라고 말했다.

비록 세계적인 현상이긴 하나. 아직도 대부분의 내추럴 와인 생산자들은 구세계 와인 중심지인 프랑스와 이탈리아에 모여 있다. 하지만 상황은 계속 변하여, 남아프리카공화국과 칠레에서도 개별 생산자들이 속속 등장하고 있고 호주와 미국(특히 캘리포니아)에는 생산자 집단이 생겨나고 있다.

---

27 으깨지 않은 포도를 통에 넣고 이산화탄소를 넣어 발효시키는 것.

프랑스 쥐라에 있는 피에르 오베르 누아의 포도밭.

부르고뉴의 드루이드

자크 네오포흐 Jacques Néauport

질 쇼베(116쪽 참조)는 내추럴 와인계에서 흔히 현대 프랑스 내추럴 와인의 아버지라 불린다. 사람들이 잘 모르는 사실은, 그가 주목받는 걸 그다지 즐기지 않았다는 것이다. 실제로 그는 일하는 시간의 대부분을 이 실험실 저 실험실에 처박혀 연구를 하며 보냈다. 그 때문에 화가 나 있던 기득권층의 멸시를 피해 유럽에서 홀로, 혹은 선별된 그룹과 함께 일했다. 그가 세상을 떠난 뒤에야 사람들은 그의 업적에 열띤 관심을 보이기 시작했고, 여기에는 신의 있는 한 친구의 역할이 컸다. 그 친구는 쇼베의 가르침을 받고, 쇼베와 함께 일하고, 두터운 우정을 나누고, 쇼베의 사후에 그의 업적을 책으로 출판함으로써 대중들에게 쇼베에 대한 인식을 뚜렷이 심어주었을 뿐 아니라 쇼베의 가르침을 세상에 전파하고 실용화하여 세계 어디에서나 내추럴 와인의 중추 역할을 할 수 있게끔 기반을 닦았다. 이 그림자 같은 익명의 존재는 프랑스의 일부 가장 악명 높은 내추럴 와인 '개종자'들의 근원이 되었다. 별다른 인정은 받지 못했지만, 내추럴 와인 현대사의 유일한 거물이라 할 수 있을 것이다. 그는 바로 자크 네오포흐, 부르고뉴의 드루이드druid[28]다.

"1989년 쇼베가 세상을 떠날 때까지 그와 가깝게 지냈던 나는, 그의 평생의 업적을 쥐들이 갉아먹어버리길 원치 않았습니다. 조금만 더 지났으면 정말 그렇게 될 뻔했죠." 65살인 그가 설명한다. "인류가 낳은 천재의 순간순간, 즉 쇼베의 삶이 잊히는 걸 원치 않았기에 그의 유산을 그대로 남기기로 결심했습니다. 그의 연구를 책으로 출판하고, 그의 삶에 관해 쓰고, 또 내가 가는 곳마다 그에 관해 이야기하려고 노력했어요. 요즘에는 와인 업계가 더 이상 그의 어마어마한 공헌을 무시하지 않게 되어서, 그걸로 나는 성공했다고 생각합니다."

"하지만 사람들은 당신의 공을, 당신이 와인을 위해 어떤 일들을 했는지를 알지 못합니다. 그 점이 실망스럽지는 않나요?" 나는 물어보았다.

"우리는 보이는 것의 시대에 살고 있습니다. 보이는 것은 존재하고, 그렇지 않은 것은 존재하지 않는 거나 마찬가지죠. 이건 현대 사회의 연극성에 불과합니다. 하지만 아시다시피 본질적인 것은 언제나 한 번도 들어보지 못한 것들에 의해 이루어지는 법이죠." 자크는 설명한다.

여기, 오늘날 우리가 알고 있는 운동이 태동하는 계기를 만드는 데 막대한 영향력을 끼친 한 남자가 있다. 그는 어떤 면에서는 내추럴 와인계의 미셸 롤랑(와인 양조 전문가enologist)이라 할 수 있을 정도로 유명 인사들을 고객으로 두고 있다. 저 유명한 (고 마르셀 라피에르, 장 푸와야흐, 샤모나, 기 브르통과 이봉 메트라Yvon Métras를 포함한) 보졸레 집단. 피에르 오베르누아, 피에르 브르통Pierre Breton, 티에리 퓌즐라Thierry Puzelat, 제랄드 우스트릭Gérald Oustric, 그라므농, 샤토 생트 앤Château Sainte Anne과 장 모페르튀Jean Maupertuis 등 다수가 그의 고객이다. 실제로 자크는 1985년과 1987년에 제라르 샤브를 위해 아황산염 무첨가 화이트 에르미타주Hermitage 퀴베를 만들었으며, 샤브는 이들을 개인 저장고에 보관했다. 자크는 이러한 생산자들과 수십 년간 함께 일하며 매년 와인을 생산했으며(예를 들면 라피에르와 19년, 푸와야흐와 11년, 오베르누아와 17년), 1981년에는 마르셀 라피에르를 그의 친구인 쥘 쇼베에게 소개했다.

"나는 한 번에 열 명 이상의 생산자들과는 일하지 않으려고 합니다. 그러고 나면 일이 너무 복잡해지거든요." 자크는 말한다. 그럼에도 불구하고 1996년 등 일부 해에는(그의 말에 따르면 '쉬운 해'에는) 그가 생산에 관여한 아황산염 무첨가 와인이 약 42만 병에 달했다. 이는 지금도 그렇지만 당시에는 정말 대단한 일이었다.

처음에 영국에서 프랑스어를 가르쳤던 자크는 봉급의 대부분을 그가 온 마음을 다해 사랑하는 와인에 투자했다. 교사 일을 하는 틈틈이 여행을 하여 약 7년 후, 풀타임으로 와인 일에만 몰두하기 시작했을 때쯤에는 프랑스 인근의 생산자들을 방문한 횟수가 2천 번에 달할 정도였다. "나는 항상 와인을 위해 살아왔지만, 내 포도밭을 갖고 싶었던 적은 한 번도 없습니다. 그저 여행하고, 모든 다양한 테루아들과 포도 품종들을 접하며 일하고 싶었어요."

"나는 1978년 봄에 쥘을 처음 만났습니다. 그는 와인의 향을 사랑했고, 1950년대 초 푸이 퓌세Pouilly-Fuissé[29]의 한 친구와 실험을 한 뒤 아황산염 무첨가 와인들의 복합미가 더 낫다는 걸 발견했죠. 그 이후로 그는 아황산염을 넣지 않고 와인을 만들기 시작했지만, 다른 생산자들이 그를 열외로 취급했기에 외톨이로 있을 수밖에 없었어요." 자크는 설명한다. "나는 그의 친척과도 알고 있었고, 1970년대 중반부터 아황산염을 쓰지 않았기 때문에 (수많은 파티와 숙취를 경험하고, 또 영국의 리얼 에일real Ale 운동[30]의 발발을 목격한 덕분에) 쥘이 하는 일에 대해 알게 되는 건 시간문제였습니다. 우리는 처음에는 그다지 잘 맞지 않았어요. 내가 어느 날 밤 불쑥 찾아가 건방을 떨었으니 그럴 만도 했죠. 당시 나는 68혁명 때 바리케이드 위에 올라섰던 반항아였고, 쥘이 얼마나 뛰어나며 다른 사람들보다 앞선 사람인지도 알지 못했어요."

"내추럴 와인 양조는 정밀함을 요구합니다. 그건 일종의 체인과 같아서, 가장 약한 부분이 끊어지면 전부 못쓰게 되어버리죠. 그러므로 엄격해야 하고, 빨리 가서도 안 됩니다. 시간적인 여유를 두어야 해요. 어떤 면에서 내 역할은 생산자들을 안심시키는 것이었습니다. 어떤 레시피도 없어요. 나는 내추럴 와인 양조 공식을 써보려고 세 번의 겨울 동안 고민했지만, 가망 없는 시도였습니다. 저장고에 도착한 포도를 보고 결정을 내리는 게 바로 기술이죠. 가장 중요한 건 포도밭에 유기농법이나, 그보다 더 이상적인 바이오다이내믹농법을 적용하는 것입니다. 그러면 토종 효모의 수가 훨씬 더 많아지기 때문이죠. 나는 매 빈티지마다 그 수를 체계적으로 세어봅니다."

"나는 상상도 할 수 없는 것들을 목격해왔습니다." 자크는 말을 잇는다. "유기농법을 시행하지 않는 생산자들, 혹은 유기농법을 시행하지만 이웃의 살균제 분사로 효모가 다 죽은 환경에서 일하는 생산자들 사이에서 나는 어떻게든 와인 양조에 성공했던 겁니다. 가끔은 정말 곤란할 때도 있었죠. 아무도 포도즙을 발효시키지 못했는데, 나는 항상 되게 했으니까요. 누군가는 마술이라고 했고 누군가는 타고났다고 했지만, 그게 뭐든 간에 내가 '드루이드'라고 불리게 된 이유겠죠."

---

28 고대 켈트족의 현자를 일컫는다.
29 프랑스 부르고뉴 지역의 와인 산지.
30 리얼 에일은 여과나 저온살균 과정을 거치지 않고 전통적인 방법으로 만든 맥주를 말한다.
31 프랑스의 시인 겸 소설가.

"행복하게 살려면, 숨어서 살아라."

– 클라리 드 플로리앙Claris de Florian[31]의 우화, 「귀뚜라미The Cricket」 중

어디서 그리고 언제: 생산자 협회

> "나는 언제나 자연주의자였고, 그래서 2000년에는
> 나와 같은 마음인 사람들을 내 주위에 두기로 결심했다."
>
> – 안지올리노 마울레, 빈나투르 창립자

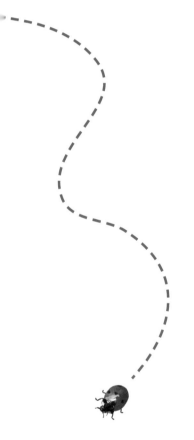

생산자 협회는 내추럴 와인 업계에서 중요한 부분을 차지한다. 유럽에만도 여섯 개가 넘는 생산자 협회가 있다. 대부분은 소규모지만, 현대 내추럴 와인 운동의 주역인 비교적 큰 규모의 협회들도 있다. 수백까지는 아니어도 수십 명의 회원들이 모인 이 단체들은, 생산자와 소비자 모두를 위한 정보를 제공한다.

최근 와인 과학 분야의 발전은 대기업의 자금 지원을 통해 이루어진 경우가 대부분이다. 따라서 그 결과는 주로 일반 공장 와인에 도움이 되도록 초점이 맞추어져 있으며, 내추럴 와인 생산자들에게는 별로 도움이 안 될 때가 많다. 같은 철학을 공유하는 생산자 집단에 의해 형성된 민중의 조직인 생산자 협회는 아이디어, 경험, 지식을 공유하는 좋은 방법이 된다. 다수의 생산자 협회는 바로 이러한 목적으로 결성되었다.

생산자 협회는 또한 시음회와 회의 등을 통해 생산자들에게 정보를 공유하고 의식을 고취하는 기회를 제공하며, 생산자들은 이 자리에서 업체나 일반 대중들과 소통할 수 있다. 특히 새로운 와인들을 찾는 수입업체들은 생산자 협회들과 그들이 개최하는 시음회에 크게 의지하며, 이는 일반 와인 소비자들도 마찬가지다. 현재는 관련 법규가 없기 때문에 대부분의 협회가 각자의 품질 규정을 갖고 있으며, 이는 해당 협회의 철학을 소개하는 설명서인 동시에 소비자들에게는 기본적인 품질 헌장 같은 역할을 한다. 이러한 협회들 몇 군데를 소개한다.

S.A.I.N.S.는 2012년에 생겨났으며 비록 규모는 작지만(현재 회원은 단 12명) 모든 생산자 협회들 중 가장 자연적이기 때문에 기대 이상의 영향력을 보여주고 있다. 그 어떤 첨가물도 넣지 않은 와인만을 만드는 생산자들만 회원으로 받아들인다.

빈나투르VinNatur는 대학이나 연구소들과 혁신적인 협업을 해나가는 선구적인 협회다. 협업의 목적은 내추럴 와인의 재배와 생산뿐만 아니라 마시는 사람의 건강에 미치는 영향도 이해하는 것이다. 유기농 인증을 받지 않은 생산자들도 빈나투르의 일원이 될 수는 있지만, 대신 협회는 각 회원의 샘플들을 모아 잔류 농약 검사를 시행한다. 빈나투르는 또한 오염된 샘플을 들고 온 생산자라도 자신감을 얻고 내추럴 와인을 생산할 수 있도록 돕기도 하나, 빈나투르의 창립자인 안지올리

노 마울레의 말처럼, "스트라이크 세 번이면 아웃이다". (안지올리노 마울레에 대한 더 자세한 내용은 62~63쪽 '빵' 참조.)

프랑스의 **내추럴 와인 협회**Association des Vins Naturels는 S.A.I.N.S.를 제외하고는 총 아황산염 함량을 엄격히 제한하는 유일한 생산자 협회다. 이 협회의 회원이 되려면 생산한 와인의 80퍼센트는 이산화황이 전혀 첨가되지 않아야 하고, 나머지 20퍼센트도 스타일이나 잔당에 관계없이 이산화황 함량이 레드 와인의 경우 리터당 20밀리그램, 화이트 와인의 경우 30밀리그램 이하여야 한다.

회원수가 200명에 달하는 프랑스의 **라 르네상스 데 자펠라시옹**La Renaissance des Appellations은 규모가 가장 큰 주요 생산자 협회다. 바이오다이내믹농법 챔피언인 니콜라 졸리(이 내추럴 와인 강력 지지자에 대한 더 자세한 내용은 44~45쪽 '계절성과 자작나무 수액' 참조)에 의해 창립되었다. 엄격한 내추럴 와인 생산자들만의 협회는 아니지만(일부 회원이 생산한 와인들의 아황산염 함량은 꽤 높다), 대다수가 내추럴 와인을 생산한다. 유기농이나 바이오다이내믹 인증을 받아야만 회원 자격이 주어지는 유일한 협회이기도 하다.

S.A.I.N.S는 완전한 내추럴 와인, 즉 그 어떤 첨가물도 넣지 않은 100퍼센트 발효 포도즙을 만드는 생산자들의 협회다.

'로 와인RAW WINE(내가 2012년 창설한 장인들의 와인 박람회)'은 아황산염의 총 함량을 포함해 생산자들이 와인 양조 시 사용한 첨가물이나 개입 방식들을 완전히 공개해야 하는 세계 유일의 박람회이다.

어디서 그리고 언제: 와인 박람회

내추럴 와인에 대한 인식이 높아지면서 소비자들이 와인 병 뒤에 숨은 주역을 만날 수 있는 박람회도 세계적으로 늘어나고 있다. 이런 박람회들의 대부분은 프랑스와 이탈리아에서 열리며, 주로 회원들의 와인을 소개하려는 생산자 협회(120~121쪽 참조)나 자신들이 보유한 와인을 자랑하려는 수입업체들이 주최한다. 하지만 최근 몇 년간, 수많은 독립적인 박람회들이 세계 이곳저곳에서 열리고 있다. 도쿄, 시드니, 자그레브, 런던 등지에서는 적어도 하나 이상의 박람회가 열리고 있으며, 이곳에서 업체 그리고/또는 대중들은 생산자들을 만나고 다양한 와인들을 한 자리에서 시음할 수 있다.

'라 디브 부테이유La Dive Bouteille'는 와인 전문가들만 입장 가능한 박람회로, 2014년에 15회를 맞았다. 최초의 저개입low-intervention 와인 박람회이며 참가하는 프랑스의 생산자 수로 볼 때 그 어떤 박람회보다 확고히 자리매김을 했다고 할 수 있다. 1990년대 말 피에르Pierre와 카트린 브르통Catherine Breton이 스무 명의 유별난 친구들과 함께 창설했으며, 결국에는 와인 기자 겸 작가인 실비 오쥬로가 운영을 맡아 150명의 생산자들이 함께하는 박람회로 성장했다. 실비는 말한다. "나는 투지에 불타올랐고 그 일을 하나의 임무로 받아들였습니다. 대대로 전해오는 방식대로 와인을 만들고, 오늘날에는 드물게 생명과 공동체에 대한 의식을 가지고 성실하게 일하는 이들이 소외당하지 않도록 하는 임무요. 나는 그들의 생각을 지지하고 그들이 한 일이 인정받도록 돕고 싶었습니다. 당시에는 그런 생산자들과 말을 해보면 그들이 항상 소외당했다는 걸 알 수 있었고, 그래서 '라 디브'가 그들에게 함께 모일 수 있는 장을 제공해주었던 겁니다."

'라 디브'에서 영감을 받은 나는 2011년 영국을 기반으로 하는 다섯 군데 수입업체들의 도움으로 '내추럴 와인 박람회The Natural Wine Fair'를 창설했다. 비록 단기 프로젝트였지만, 다음 해에 사람들(생산자, 협회, 업체, 일반인들 모두)이 모여 아이디어를 교환하고 좋은 와인을 시음하도록 하는 '로 와인RAW WINE'을 창설하는 기틀을 마련했다. 매년 런던, 뉴욕, 베를린에서 열리는 시음회들을 통해 로 와인은 이제 세계 최대의 저개입 유기농, 바이오다이내믹, 내추럴 와인 박람회가 되었으며, 마치 캠페인처럼 정보의 완전 공개를 기본으로 하고 있어 가장 전위적인 박람회가 아닐까 싶다. 로

"처음에는 사람들이 우리를 마치 다른 행성에서 온 생물처럼 취급했다. 요즘에는 전 세계의 구매자들이 우리를 찾아온다."

– 실비 오쥬로, '라 디브 부테이유' 와인 박람회

와인은 투명성을 고수해 내추럴 와인 관련 논쟁의 단계를 격상시키고자 한다. 로 와인은 생산자들에게 와인 양조 시 사용했던 첨가물이나 처리법들을 모두 기입하도록 하는 유일한 박람회로, 이러한 정보들은 대중에 공개된다. 참가 조건이 엄격하며, 생산자들이 주장하는 이력을 보장하기 위해 노력한다. 이는 꽤나 까다로운 일이다. 아직까지 내추럴 와인의 정의가 명확하게 확립되어 있지 않은 데다 인기는 높아지고 있기 때문이다(생산자들로서는 내추럴 와인의 유행에 편승하고자 하는 유혹도 덩달아 높아진다). 하지만 확실한 품질 규정들을 가지고 세심하게 운영되어온 박람회에 참가하는 이상, 예외가 전혀 없다고는 할 수 없겠지만 대부분의 생산자들이 그 규정에 부합함을 의미할 것이다. 다른 주요 내추럴 와인 박람회들로는 이탈리아의 빌라 파보리타Villa Favorita(빈나투르가 운영), 비니 베리Vini Veri, 비니 디 비냐이올리Vini di Vignaioli, 프랑스의 그르니에 생장Greniers Saint-Jean(루아르에서 열리는 라 르네상스 데 자펠라시옹의 시음회), 뷔봉 나튀르Buvons Nature, 살롱 데 뱅 자노님므Salon des Vins Anonymes, 레 디 뱅 코송Les 10 Vins Cochons, 아 캉 르 뱅À Caen le Vin, 비니 시르퀴스Vini Circus, 일본의 페스티뱅Festivin, 호주의 루트스톡Rootstock 등이 있다.

로 와인 2013에 참가하는 S.A.I.N.S. 소속 생산자들의 샘플들이 요트에 실려 런던 도심까지 배달되었다.

왼쪽: 브렛 레드먼Brett Redman(사진)은 런던브릿지 인근 엘리엇츠 Elliot's의 오너셰프다. "셰프들은 내추럴 와인을 쉽게 이해합니다. …우리는 품질과 흥미로운 풍미에 관심을 가지니까요."

오른쪽: 내추럴 와인은 스타일과 가격대가 다양하다. 덕분에 오늘날에는 런던의 '앤티도트Antidote'(사진)를 비롯한 술집과 캐주얼 레스토랑들, 전에 나와 함께 일했던 몰디브의 친환경 리조트 '소네바 푸시Soneva Fushi'처럼 멀리 떨어진 장소들에서도 내추럴 와인을 만나볼 수 있다.

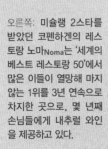

오른쪽: 미슐랭 2스타를 받았던 코펜하겐의 레스토랑 노마Noma는 '세계의 베스트 레스토랑 50'에서 많은 이들이 열망해 마지 않는 1위를 3년 연속으로 차지한 곳으로, 몇 년째 손님들에게 내추럴 와인을 제공하고 있다.

어디서 그리고 언제: 내추럴 와인 시음과 구매

"처음에는 그것 때문에 말도 안 되는 일들이 많았습니다. 상상하기도 힘들 정도로요." 르네 레드제피René Redzepi는 설명한다. 르네는 수년 전부터 내추럴 와인을 판매하기 시작한 레스토랑 '노마'의 오너셰프다. "우리는 덴마크에서 최초로 내추럴 와인이라는 아이디어를 채택한 곳이에요. 내추럴이나 바이오다이내믹, 유기농 라벨이 붙었다고 해서 꼭 맛있는 건 아니지만요. 하지만 정말 제대로 만드는 사람들은, 음……." 르네는 말끝을 흐렸다. "그런 와인을 마시기 시작한 이상, 되돌아가기란 쉽지 않습니다."

요즘 들어 점점 더 많은 레스토랑들이 정밀함과 맛의 순수함을 이유로 내추럴 와인 판매를 선택하고 있다. 2년 전쯤 '엘리엇츠'(런던 버로우 마켓에 있는, 계절별 현지 메뉴를 선보이는 레스토랑)의 브렛 레드먼은 내 도움을 받아 와인 리스트 전체를 내추럴 와인들로 바꾸었다. "셰프들은 내추럴 와인을 쉽게 이해합니다." 브렛은 말한다. "우리는 농작물을 가지고 일하기 때문에 품질과 흥미로운 풍미에 관심을 가지니까요. 문제는 대부분의 셰프가 와인 양조 과정을 잘 모른다는 겁니다. 예를 들어 우리가 와인 리스트를 내추럴 와인들로 바꾸기 전에, 나는 생산 과정에서 와인 양조자가 제일 중요하다고 생각했습니다. 이제는 포도 생산자가 가장 중요하다는 걸 알게 됐죠." 르네와 마찬가지로 브렛도 한 번 내추럴 와인을 마신 이상 되돌아갈 수 없다고 생각한다. "주방에서 일하는 셰프들 대부분이 레스토랑에서 일한 지 석 달 안에 내추럴 와인만을 마시게 됩니다."

내추럴 와인이 전 세계로 수출되는 요즘에는, 어디에 살든지 내추럴 와인을 구할 수 있는 확률이 높다. 수출되는 내추럴 와인 중 최고인 것들은 주로 시음과 그 와인이 왜 그토록 다르고 특별한지에 대한 설명을 제공하는 레스토랑들에서 찾아볼 수 있다. 세계 최고 레스토랑들로 손꼽히는 런던의 페라 앳 클라리지스Fera at Claridges, 코펜하겐의 노마, 뉴욕의 루즈 토마트Rouge Tomate, 오스트리아의 타우벤코벨Taubenkobel 등은 와인 리스트에 여러 종류의 내추럴 와인들을 포함하고 있다. 하지만 캐주얼한 음식점들도 많은데, 런던의 엘리엇츠, 40 몰트비 스트리트40 Maltby St, 앤티도트, 덕 수프Duck Soup, 브릴리언트 코너스Brilliant Corners, p. 프랑코p. franco, 너티 피글렛Naughty Piglets, 브론Brawn, 테루아Terroirs(그리고 자매 레스토랑인 수아프Soif), 파리의 비방Vivant과 베르 볼레Verre Volé,

클로드 보시는 자신의 테이스팅 메뉴에 주로 내추럴 와인들을 곁들인다. 복합미와 순수함이 느껴지는 내추럴 와인의 맛이 자신의 음식과 가장 잘 어울린다고 생각하기 때문이다.

옆 페이지: **프랑스 남부 베지에에 있는 파 콤 레 오트르**Pas Commes Les Autres 는 200개가 넘는 와인 상자에 좋은 내추럴 와인들을 구비하고 있다.

위: **샌프란시스코의 '더 펀치다운'은** 한 번쯤 가볼 만한 내추럴 와인 집합소이다.

뉴욕의 더 텐 벨스The Ten Bells, 베니스의 에노테카 마스카레타Enoteca Mascareta 등이 있다.

파리의 전유물이었던 내추럴 와인 바들 역시 이제는 세계 각지로 퍼지고 있다. 샌프란시스코의 더 펀치다운The Punchdown, 오디네어Ordinaire, 테루아Terroir, 몬트리올의 레 트루아 프티 부숑Les Trois Petits Bouchons, 도쿄의 숀즈이Shonzui를 예로 들 수 있다. 일본은 내추럴 와인 최대 수입국이다.

소매업계에서는 많은 와인 판매상들이 대부분은 의도치 않게 독특한 와인을 보유하고 있다. 어쩌다 대형 마트에서 내추럴 와인을 우연히 발견할 수도 있지만 이는 드문 일로, 대형 마트들은 보통 생산량이 적은 물건을 꺼리기 때문이다(영국의 홀푸드는 눈에 띄는 예외다). 게다가 현재로서는 라벨만 보고 내추럴 와인을 구분하기가 힘든 만큼, 가장 좋은 방법은 (적어도 영국에서는) 온라인상에서 찾아보는 것이다. 프랑스의 경우에는 상황이 훨씬 나아서, 파리의 라 카브 데 파피유La Cave des Papilles와 브장송의 레 장장 뒤 뱅Les zinzin du Vin과 같은 전문 와인 숍들이 대다수 주요 도시들마다 운영되고 있다. 뉴욕도 이에 못지않다. 체임버스 스트리트 와인스Chambers Street Wines, 서스트 와인 머천트Thirst Wine Merchants, 디스커버리 와인스Discovery Wines, 프랭클리 와인스Frankly Wines, 헨리스 와인 앤드 스피리츠Henry's Wines & Spirits, 스미스 앤드 바인Smith & Vine, 우바Uva 같은 상점들은 내추럴 와인의 열기를 널리 전파하고 있다.

사과와 포도
토니 코투리Tony Coturri

"소노마와 나파 같은 곳들은 줄곧 포도만 재배했던 지역이라 생각하기 쉽지만 그렇지 않습니다. 예를 들어 소노마 서쪽의 세바스토폴Sebastopol은 전에는 사과 재배 지역이었습니다. 하지만 1960년대 초, 모든 게 바뀌었죠. 사과 값이 너무 싸서 1톤이 25달러에 팔릴 정도였으니까요. 이는 금전적으로 가치가 전혀 없는 것이었기에 정부는 계획을 세워 그라벤슈타인Grabenstein 사과가 세바스토폴의 미래라고 선전하기 시작했습니다. 뱅크오브아메리카가 그라벤슈타인 종을 선택한 농부들에게 돈을 빌려주자 대규모 재배 운동이 일어났습니다.

하지만 그라벤슈타인은 소스나 주스용으로나 적합한 부드러운 사과입니다. 단단한 사과의 장점 중 하나가 냉장고에 보관했다가 나중에 필요할 때 쓰면 되는 것인 반면, 부드러운 사과는 보관이 쉽지 않아 일단 따고 나면 빨리 가공해야 하는 문제가 있죠. 결국 모든 일이 실패로 돌아가고 '포도의 시대'가 열리게 되었습니다.

1960년대 말(1967년과 1968년), 캘리포니아 북부 지역에서 포도를 심는 것이 크게 유행하기 시작했습니다. 1972년에는 카베르네 1톤이 1천 달러였는데, 당시로서는 큰돈이었죠. (오늘날에는 나파의 포도들이 톤당 2만6천 달러에 팔린답니다!) 그래서 농부들은 사과도 버리고, 호두도 버리고, 배도 버리고, 전부 다 버렸어요. 사과가 빠지고 포도가 들어오자, 풍경이 바뀌었습니다.

모든 곳이 포도밭이었죠. 가능한 곳은 모두 다 말입니다. 가내수공업은 거의 하루아침에 모든 설비를 다 갖춘 양조 공장처럼 바뀌었어요. 대형 탱크를 갖춘 농장들이 나타나기 시작했고 많은

토니 코투리는 캘리포니아 소노마 카운티 글렌 엘런Glen Ellen 마을에 2만 제곱미터 규모의 오래된 비관개unirrigated 진판델zinfandel[32] 농장을 소유하고 있다. 인근 유기농 포도밭들로부터 포도를 구입하기도 하는 그는, 미국 내추럴 와인계의 선구자들 중 한 명이다. 1960년 이래로 유기농법을 고수하며 첨가물을 넣지 않은 와인을 생산하고 있다.

돈이 유입되었습니다. 그러더니 어느 순간, 포도밭과 와이너리는 소유자가 아닌 사람들이 운영하게 되었어요. 그 사람들은 뉴욕이나 LA에 사는 누군가가 고용한 사람들이었죠. 단 한 곳의 와이너리에 와인 양조자 다섯 명이 있어 서로 다른 포도 품종을 맡는 식의 작업 분담도 생겼습니다. 엄청난 변화였죠. 그것이 바로 오늘날 우리가 알고 있는 소노마와 나파의 탄생입니다. 지금은 그보다 훨씬 더 심해졌지만요.

그건 단일 재배 속의 단일 재배입니다. 포도만, 그것도 하나 또는 두 개의 품종만 심고, 또 똑같은 복제물을 이식하는 거죠. 다들 진판델을 비롯한 여러 다른 품종들에 관해 말은 하지만, 막상 실제로 심을 때는 전체의 90퍼센트가 카베르네와 샤르도네를 선택합니다. 카베르네로 더 많은 돈을 벌 수 있는데 왜 굳이 메를로를 만들겠어요? 과숙된 다음 물로 희석되고 산성화되고 '수정된' 것들이 프리미엄 나파 와인이라는 이름으로 한 병에 100달

---

32 캘리포니아산 포도 품종.

러에 팔립니다.

그러나 이러한 포도의 완전한 장악이 좋은 결과를 불러오기도
했는데, 그건 특히 카운티의 서부 지역에 버려진 수많은 사과나
무들 때문이었습니다. 농부들이 따다 흘린 사과 몇 개를 두고 얘
기하는 게 아닙니다. 사과가 몇 톤은 되거든요. 트로이 사이다
Troy Cider의 트로이 카터와 나는 작년에 만나 내 양조장에서 함
께 사과주를 만들었죠. 우리가 만든 사과주의 90퍼센트는 땅에
떨어진 사과들을 가지고 만든 것이었습니다. 우리는 그저 그것
들을 주워서 즙을 짜고, 그 즙을 통에 넣었을 뿐이에요. 천연 효
모 등의 덕분에 사과주는 저절로 만들어졌습니다. 트로이가 그
걸 샌프란시스코로 가져가자 사람들은 열광했죠.

하지만 포도와 비교할 때 사과는 쉽습니다. 사과주에 대해서는
편견이 없거든요. 와인의 경우처럼 '꼭 이래야 한다'는 것도 없고
요. 사람들은 사과주를 있는 그대로(사과주 또는 발효된 사과즙으
로) 봅니다. 즉 탄산이 있어도 되고, 탁해도 되고, 와인이었다면
허용되지 않았을 모든 것들이 허용되죠. '이 남자가 잘 아니까
이 남자 말을 들어야지, 이 남자가 마시라고 했으니까 마실 거야'
같은 건 없습니다. 와인 전문 잡지에서 사과주를 리뷰하는 경우
도 없고요."

오른쪽: 토니와 비슷한 옷을 입고 비
슷하게 수염을 기른 셀러 핸드cellar
hand(와인 양조를 돕는 사람)가 포도의
발효 상태를 확인하고 있다.

아래: 토니의 바이오다이내믹에 가
까운 유기농 포도밭은 소노마와 나
파의 전체적인 분위기에서 보면 하
나의 독특한 예외라 할 수 있다.

PART 3

내추럴 와인 저장고

내추럴 와인 찾기: 서론

이 장은 여러분들 스스로 내추럴 와인을 발견하도록 돕는 장이다. 내추럴 와인에 처음 입문하는 여러분을 위해 맛있고 좋은 와인들을 한데 모았다. 이 장을 미니 와인 저장고나 DIY 키트 정도로 생각해주시길. 이것은 결코 최종적인 목록이 아니며, 여기에 있는 와인들이 세계 최고의 내추럴 와인이라고 말하는 것도 아니다. 나는 그저 맛의 다양성을 고려해서, 또 현재 출시된 와인의 훌륭한 단면을 제공해준다고 생각했기에 이 와인들을 선택한 것이다.

나는 여러분이 최대한 많은 생산자들을 알 수 있도록 대부분 생산자당 한 가지 와인만을 골랐다. 그러나 각 생산자는 다른 와인들도 만들고 있으니, 부디 더 알아보길 바란다. 여러분이 땅에 대한 대단한 신념과 헌신을 지닌 생산자들을 지지할 뿐 아니라 빈티지에 따른 차이가 만들어낸 묘미와 위대함까지 인정하게 된다면, 분명 그에 따르는 덕을 누리게 될 것이다.

나에게 맞는 와인 찾기

나는 와인들을 스파클링, 화이트, 오렌지, 로제, 레드, 오프드라이&스위트라는 여섯 카테고리로 나눴다. 프랑스와 이탈리아 와인들이 불균형적으로 많은 이유는 단지 그들이 생산자 수로 볼 때 세계에서 내추럴 와인을 가장 많이 생산하는 나라들이기 때문이다. 각 카테고리는 다시 세 가지 색상으로 나뉜다. 이 시각적 부호화는 와인의 무게감 또는 바디body를 표시하기 위한 것이다. 즉 '라이트한' 와인은 옅은 색, (가볍지도 무겁지도 않은) 중간 정도의 식감인 '미디엄바디'는 중간 색, (묵직한) '풀바디' 와인은 어두운 색으로 나타냈다. 화이트와 레드는 다시 나라별로 나눈다. 프랑스, 이탈리아, 기타 유럽 국가들, 신세계.

나는 또한 여러분이 적합한 와인을 찾는 걸 돕기 위해(아무 와인이나 마셔보는 게 아니라 특정 음식에 곁들여 마시길 원하는 경우) 아로마, 질감, 맛에 관한 테이스팅 노트도 수록했다. 그러나 이 역시 결정적인 것은 아니다. 내추럴 와인들은 살아 있기 때문에 이랬다저랬다 하고 / 열렸다 닫혔다 하고 / 이리저리 비틀리는 것이 꼭 아이들의 움직임을 연상시킨다. 아로마가 시시각각 바뀌는, 대체적으로 꽤 변덕스러운 와인들이다. 따라서 여기 소개한 테이스팅 노트는 해당 와인을 대략적으로 알 수 있게 해주는 일반적인 묘사라 하겠다.

어떤 와인은 열릴 때까지 시간이 걸리는 반면, 어떤 와인은 꽤나 단순해서 덜 어렵다. 모두가 아주 흥미롭지만 어떤 것들은 마치 실험적인 재즈 음악처럼 좀 반항적일 수도 있다.

마지막으로 나는 점수가 매겨진 와인들을 믿지 않는 사람이기 때문에(시간이 지남에 따라 얼마나 더 진화할지 모르는 내추럴 와인의 경우에는 특히 더) 와인들에 점수를 매기지는 않았다. 100점 만점 제

대부분의 내추럴 와인은 병을 따고 나서도 오래가므로 냉장고에 몇 병 넣어두어도 된다. 때때로 한 잔씩 마시되, 치즈를 고를 때처럼 신중하라. 점차 진화되는 와인을 맛볼 수 있음은 물론, 어쩌면 그중 일부는 딴 지 이틀 뒤에 아름답게 열리는 걸 경험하게 될 것이다!

도를 예견했음이 틀림없는 대大플리니우스는 2천 년 전 『박물지』에 다음과 같은 지혜로운 말을 남겼다. '무엇이 탁월함이 되는가에 관해서는 각자 스스로의 심판관이 되어 심판하도록 하라.'

선택된 와인들

'내추럴 와인 저장고'에서 소개한 모든 와인은 내가 아는 한, 다음과 같은 면에서 내추럴하다:

- 유기농 그리고/또는 바이오다이내믹(혹은 그와 동등한 방식)으로 재배한다.
- 손으로 수확한다.
- 자연에 존재하는 효모만으로 발효한다.
- 유산 발효를 차단하지 않는다.
- 청징을 거치지 않는다(따라서 여기 실린 와인들은 엄격한 채식주의자들이 마시기에도 적합하다).
- 여과를 거치지 않는다(파리 같은 굵은 입자를 제거하기 위한 여과는 제외). 미세 여과를 거친 경우에는 따로 명시해두었다.
- 와인 양조 시 그 어떤 첨가물도 넣지 않는다. 단 빈나투르(94~95쪽 참조)가 설정한 아황산염 최대 허용치에 따라 아황산염 함량이 리터당 50밀리그램(화이트, 스파클링, 오프드라이&스위트), 30밀리그램(레드, 로제)을 넘지 않는 경우는 예외적으로 포함했는데, 이는 가능한 한 다양한 와인을 소개하기 위함이다. 그러나 대부분의 와인은 첨가물이 전혀 들어 있지 않다.

비고: 시음한 전체 빈티지들을 보려면 www.isabellelegeron.com을 방문해보라. 각 와인들의 총 아황산염 함량도 확인할 수 있다.

생산 관행에 관하여

여기 실린 모든 와인은 유기농법이나 바이오다이내믹농법, 혹은 둘을 조합한 농법을 적용하는 포도밭들에서 생산된다. 인증을 받은 것도 있고 아닌 것도 있지만(90~91쪽 '결론: 와인 인증' 참조) 어쨌든 재배 시에는 내가 아는 한 제초제, 살충제, 살균제 같은 것들이 사용되지 않는다. 여러 모로 볼 때 이 와인들은 '유기농 이상'이라 할 수 있는데, 생산자들이 유기농 혹은 바이오다이내믹 규제상 최소한의 기준보다 훨씬 더 엄격하게 하기 때문이다.

하지만, 특히 신세계 국가들의 일부 생산자들은 포도를 직접 재배하지 않고 유기농으로 재배하지 않은 포도를 대량으로 구입해서 쓰는 경우가 있다. 좀 복잡하지만 이런 포도로 만들어진 퀴베는 저장 단계에서 저개입 방식을 적용한다고 해도 내추럴 와인으로 볼 수 없다. 이 '내추럴 와인 저장고'에는 유기농 포도로 만든 와인들만 있으므로 다른 와인들을 찾을 때 위 내용을 참고하길 바란다.

스파클링

화이트

오렌지

로제

레드

오프드라이
&스위트

테이스팅 노트와 아로마 프로필

생산자와 그들의 철학은 배제하고, 주어진 시점과 맥락에서 특정 와인에 관한 짤막한 정보만을 잡아내는 테이스팅 노트는 내추럴 와인들의 경우 특히 더 문제가 된다. 요컨대 '내추럴 와인 저장고'에 실린 모든 테이스팅 노트들도 회의적인 관점으로 보아야 한다.

예를 들어 아로마 프로필은 해당 와인에서 콕 집어낼 수 있는 향들을 결정적으로 나열했다기보다는, 그 와인에 기대할 수 있는 맛들과 신선함. 스파이시함 등의 느낌에 대한 아이디어를 주기 위한 것이다. 여기에는 여러 가지 이유가 있다. 우선 (산미, 타닌, 알코올 향 대비 과일 향이 부각됨 등) 와인의 구조와 균형에 관한 특징은 객관적인 반면. 향과 맛은 대단히 주관적이며 문화의존적이기 때문이다. 일례로 구스베리를 먹어본 적이 없거나 갓 구워 버터를 바른 토스트의 냄새를 맡아보거나 맛본 적이 없다면, 와인에서 이런 맛을 느낄 일은 결코 없을 것이다. 그러나 다른 인생 경험을 통해서도 그와 같은 느낌 혹은 같은 맛의 표현을 포착해낼 수 있다(버터 바른 토스트의 경우에는 '부드럽고 맥아 향malty이 나며 살짝 짭짤한 맛'). 이 책의 테이스팅 노트는 참고만 할 것. 즉 내가 느낀 맛을 못 느꼈다고 해도 신경 쓸 것 없다. 만약 똑같이 느꼈다면 좋은 것이고.

우리의 와인 경험은 또한 특정 테이스팅 노트나 점수보다도 마시는 순간의 감정들. 장소. 함께 마시는 친구들과 연관되어 있다. 그러므로 나는 여러분이 이 와인을 훌륭한 치즈나 순도 높은 초콜릿. 또는 은은한 향이 나는 커피처럼 즐기기를 권한다. 와인을 마시는 동안 향과 맛이 어떻게 발전하는지, 입에 닿을 때 그리고 입안 전체에 머금었을 때 느낌이 어떤지. 각 와인의 질감은 어떻게 다른지, 무엇보다도 어떤 기분이 드는지를 보라. '안심이 되는가 아니면 불안한가?' '불쾌한가 아니면 행복한가?'처럼 말이다. 건강에 좋은 내추럴 와인을 마시는 것은 하나의 감정적 경험이다. 그러니 머리보다는 가슴으로 접근해보자.

나쁜 빈티지도, 좋은 빈티지도 없다. 단지 생산자에게 어려운가, 수월한가의 차이가 있을 뿐. 풍작인 해도 있지만 그렇지 않은 해도 있고, 해가 잘 들고 땅이 기름진 해도 있지만 비가 많고 덜 비옥한 해도 있다. 내추럴 와인은 기술을 통한 수정을 하지 않기 때문에, 빈티지에 따른 차이가 더 크고 뚜렷하다.

"와인에 대해 안다고 생각하는 것들은 잊고 일단 한번 마셔보라.
내 생각에 너무 연연하지 말고 여러분 마음대로 고르라."

– 이자벨 르쥬롱, MW

와인 테이스팅 노트 이용법

오른쪽의 와인 설명서 예시는 '내추럴 와인 저장고'에 수록된 와인 설명서들의 각 항목을 설명하기 위한 것이다. 각 설명서는 해당 와인 도멘의 이름, 원산지 국가, 사용된 포도 품종 등에 관한 주요 정보를 제공한다.

❶ 도멘 이름

생산자의 이름을 알려준다. 이 책에 나오는 생산자들 대부분이 다른 퀴베도 만드는 만큼, 이 이름으로 다른 와인들도 찾아볼 수 있다. 전부 훌륭한 생산자들이니 어느 와인을 선택해도 믿을 수 있다.

❷ 와인 이름

모든 와인에 이름이 있는 것은 아니므로 이 항목은 생략할 수도 있다(병 라벨을 참조했다).

❸ 와인 원산지

포도밭 그리고/또는 양조장의 지리적 위치를 말한다. 많은 내추럴 와인이 '테이블 와인' 카테고리(혹은 그와 동등한 카테고리)로 분류된다는 사실을 알아둘 것. 보통은 생산자의 선택에 따른 것이나, 때로는 아펠라시옹 문제 때문이기도 하다. 따라서 여기 적힌 와인 원산지는 해당 와인의 AOC, IGP, DOCG, 혹은 다른 지역 소속 여부와는 아무런 관련이 없다.

❹ 국가

여기 실린 대부분의 와인은 프랑스와 이탈리아에서 생산된 것들이다. 이 두 나라에는 전통적으로, 옛날 방식 그대로 만든 와인이 가장 많이 모여 있기 때문이다. 물론 남북 아메리카, 오스트리아, 호주, 남아프리카공화국, 조지아 등 세계 각국의 와인들도 있다. 여러분이 사는 곳 근처의 포도밭에서 내추럴 와인을 발견할 수도 있을 것이다.

❺ 포도 품종

여기 와인들에 쓰인 포도 대부분은 여러분이 아는 품종일 것이나, 내추럴 와인 생산자들 중 다수가 대대로 재배해온 포도 품종을 사용하기 때문에 일부는 생소할 수도 있다. 그렇다고 해서 그 와인을 멀리하지는 말자. 포도가 전부는 아니니까.

❻ 색깔

스파클링과 오프드라이&스위트 와인 카테고리에서 와인의 색깔(레드, 화이트, 오렌지, 핑크 등)을 말한다.

❼ 아로마 프로필

와인을 맛볼 때 염두에 두면 도움이 될 만한 와인의 아로마와 맛을 말한다. 다소 주관적일 수 있으며 개인차가 존재한다는 걸 명심하라(자세한 내용은 옆 페이지의 '테이스팅 노트와 아로마 프로필' 참조).

❽ 약간의 배경 지식

해당 와인에 관한 일화나 특별히 눈에 띄는 특징 같은 좀 더 자세한 정보를 제공한다. 예를 들면 매력적인 질감이나 자꾸만 마시고 싶게 만드는 아주 기분 좋은 경쾌함 등이다. 또 더 알아볼 만한 비슷한 와인이나 생산자가 있다면 그에 관한 소개도 포함된다.

❾ 아황산염 함량

이 책에는 아황산염 함량이 리터당 50밀리그램을 넘는 와인은 없다. 사실 대부분의 와인에는 아황산염이 전혀 첨가되지 않았다. 아황산염이 첨가된 와인들의 경우, 각 와인의 아황산염 함량은 www.isabellelegeron.com에 나와 있으니 특히 이에 민감한 사람들은 확인해보길 바란다. 하지만 이 정도 함량은 대부분의 일반 와인에 비하면 굉장히 적은 것임을 알아둘 것.

비고: 테이스팅 노트에 특정 빈티지가 없는 게 눈에 띌 것이다. 일반적인 기준으로는 절대 안 될 일이지만, 나는 특정 연도만을 강조하지 않기 위해 일부러 그렇게 했다. 좋은 포도를 재배하여 사용하는 훌륭한 생산자가 있는 이상, '좋은' 또는 '나쁜' 빈티지라는 건 없다(풍작인지 아닌지, 혹은 생산자에게 힘든지 수월한지의 차이만 있을 뿐). 더 정확히 말하면 빈티지의 차이는 그저 차이일 뿐이다. 그 대신 나는 해당 생산자나 생산지를 대표하는 와인을 따로 소개하고자 노력했다. 어느 해에 생산된 것을 선택해도 분명 흥미로울 것이다. 하지만 그래도 내가 시음한 특정 빈티지를 알고 싶다면 www.isabellelegeron.com을 방문해보라.

---

❶ **졸리페리올**Jolly-Ferriol. ❷ **펫낫**Pet 'Nat

❸ **루시용**Roussillon. ❹ **프랑스**France

❺ **뮈스카 아 프티 그랭**Muscat a petit grain. **알렉산드리아**Alexandria ❻ (화이트)

❼ **백합꽃 | 오렌지 꽃 | 오렌지 속껍질 맛**

❽ 프랑스 남부의 편암질 이회토에서 재배한 포도로 만든 이 스파클링 와인은 아황산염 무첨가 와인에 속하며, 이글리 밸리Agly Valley에서 가장 오래된 포도밭들 중 한 곳을 물려받은 이자벨 졸리Isabelle Jolly와 장뤼크 쇼사흐Jean-Luc Chossart 부부가 생산한다. 이들이 만드는 뱅 두 나튀렐Vins Doux Naturels 역시 품질이 뛰어나며, 이 지역을 대표하는 달콤한 강화 와인이다.

❾ * 아황산염 무첨가

LIGHT-BODIED WINES

MEDIUM-BODIED WINES

FULL-BODIED WINES

요즘 세상에는 굉장한 피즈fizz[33]들이 넘쳐나고, 점점 더 많은 생산자들이 내추럴 스파클링 와인을 만들어내기 시작하면서 증가 추세에 있는 걸로 보인다. 병 속에 거품을 주입하는 방법에는 여러 가지가 있는데 '자전거 펌프 방식'(와인에 이산화탄소를 주입해 탄산을 머금도록 하는 방식)이나 '샤르마 방식Charmat method'(병이 아니라 큰 탱크 속에서 거품이 생성되는 방식으로, 오늘날 프로세코 양조를 비롯해 널리 사용된다)과 같은 현대식 기술들도 포함된다. 하지만 여기 소개한 와인들은 모두 전통적 방식 혹은 옛날 방식ancestral method을 통해 병에서 발효된 것들이다.

BUBBLES
스파클링

전통적 방식

이는 아마도 가장 잘 알려진 피즈 양조 방식(예를 들어 샴페인에도 이용된다)으로, 때로는 가장 질 좋은 스파클링 와인 생산법이라는 찬사를 받지만 훌륭한 스파클링 와인을 만드는 방법은 여러 가지가 있으므로 이는 어불성설이다. 일례로 샴페인은 애초에 다른 스파클링 와인들에 비해 널리 알려졌기 때문에 따로 샴페인이라고 하는 것뿐이다.

'전통적 방식'의 스파클링 와인은 업계에서 '베이스 와인'이라 부르는 거품이 없는 상태의 와인을 효모와 당분과 함께 병입(내추럴 와인의 경우에는 토종 효모와 천연 당분이 든 포도즙을 병입)하여 병 속에서 2차 발효를 시키는 것이다(이산화탄소 생성). 법에 따르면 이 방식으로 만든 스파클링 와인은 배출disgorge, 즉 죽은 효모 세포들lees을 제거하는 과정을 거쳐야 한다.

전통적 방식으로 양조한 스파클링 와인 중 가장 유명한 것은 샴페인이지만 이 책에 포함하지 않은 이유는, 진정한 내추럴 샴페인을 만드는 것이 현재로서는 불법이기 때문이다. 법에 따르면 병 속에서 2차 발효를 시키려면 효모를 첨가하게 되어 있다. 황당하게 들릴지 모르지만 생산자는 (같은 해, 같은 포도밭에서 난, 심지어 같은 포도로 만든 것이라도) 갓 압착한 머스트must를 사용할 수 없다. "이러한 방식은 유럽의 문서들에서 법적으로 인가됨에도 불구하고, 샴페인에서는 법적으로 금지됩니다. 샴페인의 경우 '리쾨르 드 티라주liqueur de tirage' 즉 2차 발효를 위한 효모의 양분 역할을 하도록 첨가하는 당분에 사카로스saccharose[34]나, 농축 또는 정류된rectified 포도 머스트는 들어가도 됩니다. 머스트 그 자체는 안 되고요." 2013년 가을, 런던 샴페인국Champagne Bureau 관계자가

---

33 거품이 이는 음료.
34 설탕.

내게 말했다. 따라서 효모와 당분의 첨가 없이 만들어진 와인들만 선별한 이 책에는 샴페인이 포함되지 않았다. 하지만 앙셀므 셀로스와 같이 머스트를 연구하는 생산자도 있으며, 또 프랑크 파스칼Frank Pascal, 다비드 레클라파David Léclapart, 세드릭 부샤르 Cédric Bouchard처럼 자연에 순응하며 일하는 훌륭한 생산자들의 와인은 꼭 한 번 찾아 마셔볼 만하다.

옛날 방식

'시골 방식Rural Method'으로도 알려진 옛날 방식은 가장 오래된 스파클링 와인 양조법으로 여겨진다. 발효 중인 포도즙을 바로 병에 담아. 효모가 당분을 알코올로 변화시키는 과정에서 배출되는 이산화탄소를 병 안에 가두는 것이다. 지극히 단순하지만 실은 제대로 하기가 아주 어렵다. 병입이 늦으면 김이 빠져버리고. 병입이 너무 빠르면 터질 위험이 있기 때문이다. 이는 정밀함을 요하는 기술이다. 생산자는 적당한 압력, 알코올, 그리고 당도를 달성할 수 있는 적당한 밀도에서 포도즙을 병입한다. 와인마

다 맛이 조금씩 다르며, 발달 단계에 따라 일부는 잔당을 함유할 수도 있다. 하지만 이렇게 병 속에서 진화하는 와인을 맛보는 것도 하나의 즐거움이다.

많은 경우 침전물이 남아 있으며, 그 정도는 생산자의 처리 방식에 따라 다르다. 대부분은 병입 단계 혹은 출하에 앞선 배출 단계에서 가벼운 여과를 거친다.

아주 마시기에 좋은 펫낫Pet nat(정확한 명칭은 '페티앙 나튀렐')은 내추럴 와인계에 등장한 가장 흥미로운 와인에 속한다. 이 와인들은 품질, 가격, 마시는 즐거움의 측면에서 아주 훌륭한 가치가 있다. 많은 생산자들이 자기 나름의 페티앙을 주로 3~4천 병 정도의 소량으로 만들고 있다. 어떤 색깔(화이트, 핑크, 오렌지, 레드)로도 만들 수 있으며, 각각의 와인들은 목록에서 만나볼 수 있다.

라이트바디 스파클링
LIGHT-BODIED BUBBLES

콰르티첼로Quarticello, 데스피나 말바시아Despina Malvasia
에밀리아 로마냐Emilia-Romagna, 이탈리아Italy
말바시아Malvasia (화이트)

허니서클(인동) | 리치 | 영국 배

142쪽 '친퀘 캄피'처럼 콰르티첼로의 소유주인 로베르토 마에스트리Roberto Maestri는 현재 에밀리아 로마냐 지역을 휩쓸고 있는 람브루스코lambrusco[35] 르네상스에 일조하고 있다. 약한 탄산감, 꽃향기와 살구 향이 느껴지는 강렬한 아로마의 결정체이다. 극도로 정교하고 직선적이다.

* 아황산염 소량 첨가

라 가라기스타La Garagista, 치 콘폰데Ci Confonde
버몬트Vermont, 미국USA
브리애나Brianna (화이트)

꽃가루 | 생대추야자 | 복숭아

디어드리 히킨Deirdre Heekin과 캘럽 바버Caleb Barber 부부는 댄서 생활을 뒤로하고 이제는 바이오다이내믹 농부이자 레스토랑 운영자, 작가, 제빵사, 또 와인 생산자로서 살아가고 있다! 이들은 주로 교배종으로 와인을 만듦으로써 와인에 대한 일반적인 통념을 완전히 뒤집어 놓았다. 라 크레센트La Crescent, 마르케트marquette, 프롱트낙 그리frontenac gris, 프롱트낙 블랑frontenac blanc, 프롱트낙, 브리애나, 생 크루아St. Croix 등은 비니페라vinifera(유럽의 전통적인 와인 포도 품종)와 이보다 좀 더 강인하고 야생에 가까운 (리파리아riparia와 람브루스카와 같은) 아메리카 토종 품종들을 포함한 다양한 포도 품종들을 교배한 것들이다. 교배종들은 본래 특정 기후에 맞도록 길러지기 때문에 와인 전문가들 대다수가 교배종 와인은 맛조차 보지 않는 등, 아직까지 일반 와인계에서 선호하지 않

는다. 교배종 와인은 아주 독특한 맛과 질감을 갖고 있으며, 디어드리와 캘럽 부부의 와인은 그 맛이 아주 독특하고 기분 좋게 신선하며 또 너무 좋아서, 분명 아주 색다른 경험을 하게 될 것이다.

* 아황산염 무첨가

라 그랑주 티펜La Grange Tiphaine, 누보 네Nouveau Nez
몽루이Montlouis, 루아르Loire, 프랑스France
슈냉 블랑Chenin blanc (화이트)

퀸스Quince[36] | 워터애플Water apple[37] | 미라벨 자두

1800년대 말 알폰소 델레쉐노가 만든 10만 제곱미터 규모의 포도밭을 그의 증손자인 다미앙과 그의 아내, 코랄리Coralie가 물려받아 운영 중이다. 이들은 소비뇽 블랑, 카베르네 프랑, 몽루이 지역에서 가장 유명한 품종인 슈냉 블랑 등으로 훌륭한 와인들을 만든다. 이들이 만든 위험하리만치 술술 넘어가는 페티앙 나튀렐은 내가 가장 좋아하는 와인이다. 정교하면서도 절제된, 충만한 기쁨을 주는, 우아한 와인이다.

* 아황산염 소량 첨가

미디엄바디 스파클링
MEDIUM-BODIED BUBBLES

코스타딜라Costadilà, 280 slm
베네토Veneto, 이탈리아Italy
글레라Glera, 베르디소verdiso, 비앙케타 트레비지아나bianchetta trevigiana (오렌지)

으깬 쌀 | 복숭아 | 생강

오렌지 빛깔의 향긋한 스파클링 와인으로, 온도 제어 없이 20~25일간 껍질과 과즙을 접촉시킨 결과 부드러운 타닌이 형성된다. 2차 발효는 같은 기간에 수확한 포도를 건조해 으깬 신선한 머스트(야생 효모가 함유된 것)를 넣고 병 속에서 진행한다. 첨가물은 전혀 들어가지 않는다.

* 아황산염 무첨가

---

35 이탈리아 레드 품종으로 에밀리아 로마냐 지역에서 주로 재배된다.
36 마르멜로 열매로 모과와 비슷하다.
37 동남아시아 지역이 원산지인 수분이 많은 과일로 단맛과 신맛이 약하게 나며 아삭한 질감이 특징이다.

도멘 브르통Domaine Breton,
부브레 페티앙 나튀렐Vouvray Pétillant Naturel, 무스티앙Moustillant
루아르Loire, **프랑스**France

슈냉 블랑Chenin blanc (화이트)

프로폴리스 | 계피 | 구운 사과

카트린과 피에르 브르통('라 디브 부테이유' 창설자)은 기가 막히게 좋은 스파클링을 만든다. (거품 없는 와인도 좋다.) 그중에서도 내가 가장 좋아하는 이 와인은 구운 사과와 계피 향, 아주 부드러운 무스 맛이 난다.

* 아황산염 무첨가

레 비뉴 드 바바스Les Vignes de Babass, *라 뉘에 뷜뢰즈 La Nuée Bulleuse*
루아르Loire, **프랑스**France

슈냉 블랑Chenin blanc (화이트)

미모사 | 꿀 | 잘 익은 윌리엄 배Williams pear

레 그리오트 포도밭에서 파트 데스플라와 함께 일했던 세바스티앙 데르비외Sébastien Dervieux(일명 바바스)는 이후 자신의 도멘을 차렸다. 이제는 그가 고 조제프 아케의 옛 포도밭을 돌보고 있다(114쪽 '누가: 운동의 기원' 참조). 잔당이 살짝 느껴지는 짙은 노란색 스파클링 와인으로, 꿀 향과 크림 같은 질감이 느껴진다. 농축미가 뛰어나며 짙은 빛깔의 향신료 같은 면은 잘 관리된 포도밭의 와인에서 자주 볼 수 있다.

* 아황산염 무첨가

고차Gotsa, 파트 나트Pat' Nat'
조지아Georgia

*타브크베리*Tavkveri (로제)

야생 딸기 | 루바브 | 카카오 빈

전직 건축가였던 베카 고차제Beka Gotsadze는 수년간의 조사 끝에 수도 남쪽, 트빌리시와 아르메니아를 연결하는 도로에서 조금 떨어진 (조지아의 고대 포도 재배 지역들 중 한 곳이었던) 지역에 포도나무를 심기로 결정했다. 구소련이 조지아를 장악했을 당시 포도나무를 재배하던 주민들은 다들 양을 치는 것으로 바꾸었기에, 베카는 그 인근에서 유일한 포도 생산자다. 조지아 동부 지역은 땅이 기름지니 풍부한 수확량을 기대할 수 있다고 본 것이다. 그는 큰 항아리 '크베브리'에서 와인을 발효, 숙성시키며(유네스코 인류무형문화유산으로 지정된 와인 '기술'), 중력을 이용해 언덕 위에 있는 저장고로 옮긴다. 약한 타닌감이 느껴지는 이 생동감 있고 풍미 좋은 진분홍색 펫낫은 껍질과의 접촉 과정skin contact 없이

양조되며(조지아에서는 드문 일이다) 아주 훌륭하다. 이는 베카가 처음 만든 내추럴 스파클링인 걸 감안하면 굉장한 성과이다. 세세한 부분까지 꼼꼼히 신경 쓰는 걸 보면 그가 얼마나 수완이 좋고 정확한 사람인지를 알 수 있다. 찾아서라도 마셔볼 가치가 충분하다.

* 아황산염 무첨가

뱅 달자스 리취 Vins d'Alsace Rietsch,
크레망 엑스트라 브뤼Crémant Extra Brut
알자스Alsace, **프랑스**France

피노 오세루아Pinot auxerrois, 피노 블랑Pinot blanc, 피노 그리Pinot gris, 샤르도네Chardonnay (화이트)

진저브레드 | 잘 익은 감 | 바닐라 빈

다수의 알자스의 생산자들과 마찬가지로, 장 피에르 리취 역시 여러 종류의 와인을 만든다. 수줍은 듯하면서도 장난기 많은 그가 만든 와인들은 맛이 좋다(일부는 아황산염을 소량 첨가하며, 일부는 첨가하지 않는다). 나는 특히 이 크레망 달자스(이 지역에서 전통 방식으로 만든 스파클링 와인을 일컫는 말)를 좋아한다. 크리미하고 풍부한 느낌의 이 와인은 도자쥬dosage[38]나 아황산염 첨가 없이 양조되며, 2차 발효를 위해서 2014년 포도의 머스트를 넣었다. 게뷔르츠트라미너와 피노 그리 품종으로 만든 그의 오렌지 와인들 역시 꼭 마셔보라. 둘 다 껍질과 접촉시켜 다소 지나칠 수 있는 두 품종의 맛과 향을 잡고 감칠맛을 더했다.

* 아황산염 무첨가

풀바디 스파클링
FULL-BODIED BUBBLES

카사 카테리나Casa Caterina, 퀴베 60Cuvée 60, 브뤼 나튀르Brut Nature
프란치아코르타Franciacorta, **이탈리아**Italy

샤르도네Chardonnay (화이트)

골든 딜리셔스(사과) | 브리오슈 | 참깨

12세기부터 이 지역에서 농사를 지으며 살았던 델 보노Del Bono가문이 운영하는 이 7만 제곱미터 규모의 포도밭에서는 10여 가지의 서로 다른 포도 품종들이 자라며 여러 가지 퀴베들이 각 1천 병 정도씩 생산된

---

[38] 배출 후 손실된 와인과 당분 등을 첨가하는 것.

다. 60개월 가까이 찌꺼기를 거르지 않은 채 숙성한 '퀴베 60'은 효모의 자가분해 과정을 통해 복합미가 느껴지는 빵의 풍미와 레몬밤 같은 기분 좋은 상쾌함을 낸다. 부드러운 질감과 잘 익은 과일 맛을 느낄 수 있다. 달콤함이 감도는 둥글고 풍부한 느낌의 와인이다.

* 아황산염 무첨가

레 비뉴 드 랑주뱅Les Vignes de l'Angevin, 페템뷜Fêtembulles
루아르Loire, **프랑스**France

슈냉 블랑Chenin blanc (화이트)

빵 | 서양 모과 | 그린게이지 자두

프랑스의 초기 내추럴 와인 지지자들 중 한 명인 장 피에르 호비노는 와인 작가로 사회에 첫 발을 내디뎠다. 그는 프랑스의 와인 잡지 《르 루즈 에 르 블랑》을 공동 창간한 이후 1980년대에 파리 최초의 내추럴 와인 바들 중 하나를 열었으며, 결국에는 시골로 내려가 직접 포도를 재배하기로 마음먹었다. 깊고, 복합적이며, 효모에서 나오는 브리오슈의 풍미와 금속성의 미네랄감이 느껴지는 아주 드라이한 와인이다. 비록 드라이하긴 하나 버베나의 풍미가 느껴진다.

* 아황산염 무첨가

카밀로 도나티Camillo Donati, 말바시아 세코Malvasia Secco
에밀리아 로마냐 Emilia-Romagna, **이탈리아**Italy

말바시아Malvasia (오렌지)

다마스크 장미 | 리치 | 마저럼

카밀로의 와인은 대담하고 자극적인데, 이 스파클링 역시 예외가 아니다. 아주 강렬하다. 48시간 동안 껍질과 접촉시킨 덕분에 '씹는 듯한' 질감과 말바시아의 향긋한 아로마가 부각되었다. 내가 이 와인을 마셨을 당시, 딴 지 이틀 뒤에도 훌륭했다. 정말 단순한 (올리브오일, 세이지, 바삭한 파르메산 치즈를 넣은) 스파게티에 곁들이니 맛이 좋았다.

* 아황산염 무첨가

졸리 페리올Jolly Ferriol, 펫낫Pet'Nat
루시용Roussillon, **프랑스**France

뮈스카 아 프티 그랭Muscat à petit grain, 알렉산드리아Alexandria (화이트)

백합꽃 | 오렌지꽃 | 오렌지 속껍질 맛

프랑스 남부의 편암질 이회토에서 재배한 포도로 만든 이 스파클링 와인은 아황산염 무첨가 와인에 속하며, 아글리 밸리에서 가장 오래된 포

도밭들 중 한 곳을 물려받은 이자벨 졸리와 장뤼크 소사흐 부부가 생산한다. 이들이 만드는 뱅 두 나튀렐 역시 품질이 뛰어나며 이 지역을 대표하는 달콤한 강화 와인이다.

* 아황산염 무첨가

카프리아드Capriades, 페펭 라 뷜Pepin La Bulle
투렌Touraine, **루아르**Loire, **프랑스**France

샤르도네Chardonnay, 슈냉 블랑Chenin blanc, 므뉘 피노Menu pineau, 프티 멜리에Petit meslier (화이트)

잘 익은 멜론 | 브리오슈 | 카람볼라carambola[39]

파스칼 포테흐Pascal Potaire와 모즈 가두슈Moses Gaddouche는 펫낫 방식의 '두목들'이라고 말할 수 있다. 그들은 그저 옛날 방식méthode ancestral대로 할 뿐이지만, 완벽하게 한다. 프랑스의 펫낫 생산자들에게 누굴 가장 존경하느냐고 물으면 대개는 파스칼과 모즈의 이름을 댈 것이다. 3년간의 숙성을 거쳐 출하되는 이 퀴베는 이들의 와인들 중 더 심도 있는 것에 속한다. 풍부하고 숙성된 풍미를 지니며, 대단한 중량감과 농축미가 느껴진다. 이들은 다른 와인들도 생산하는데, 피에주 아 피이유 Piège à Filles 같은 경우는 훨씬 가벼운 스타일이라 식전주로 좋다. 아주 맛있는 와인들이다.

* 아황산염 무첨가

친퀘 캄피Cinque Campi, 로소 델레밀리아 IGPRosso dell'Emilia IGP
에밀리아 로마냐 Emilia-Romagna, **이탈리아**Italy

람브루스코 그라스파로사Lambrusco grasparossa, 말보 젠틸레Malbo gentile, 마르제미노Marzemino (레드)

카시스 | 블랙 올리브 | 제비꽃

레드 스파클링 와인은 (불행히도) 꽤 드물지만, 에밀리아 로마냐 지역에서는 이것을 포함해 몇 가지 훌륭한 레드 스파클링들을 생산하고 있다. 떫은맛이 느껴지는 강한 향의 와인으로, 신선하고 경쾌한 산미는 짙은 색 품종인 람브루스코의 전형적인 특징을 보여준다. 고기 맛에 가까운 감칠맛이 나며 기름진 음식들과 아주 잘 어울린다. 3천 병밖에 생산되지 않았다. 친퀘 캄피의 모든 와인들은 아황산염 무첨가다.

* 아황산염 무첨가

---

[39] '스타프루트'라고도 부르는 별 모양의 열대 과일.

옆 페이지: 병을 비스듬히 세우고 한번씩 돌려주는 과정riddling을 거치면 찌꺼기(죽은 효모 세포)가 병목 부분에 모여 배출이 잘 된다.

LIGHT-BODIED WINES

MEDIUM-BODIED WINES

FULL-BODIED WINES

일반 화이트 와인을 마시는 사람이라면 이 카테고리가 아마 가장 놀라울 것이다. 내추럴 화이트 와인은 일반 화이트 와인에 비해 스타일이 강하고 더 개성적이기(독특하기) 때문이다. 이들은 훨씬 더 다양한 맛을 내지만, 일부 일반 화이트 와인의 특징인 톡 쏘는 맛은 한결 덜하다.

WHITE WINES
화이트 와인

화이트 와인 만들기

화이트 와인은 보통 '직접 압착pressurage direct(포도를 압착해서 나온 즙을 껍질과 씨 없이, 또는 몇 시간 동안만 껍질과 씨를 접촉시켜 발효하는 것)' 방식으로 만들어진다. 이는 화이트 와인의 경우 포도 껍질, 씨, 줄기가 함께 발효될 때 추출되어 포도즙을 보호하는 역할을 하는 천연 타닌과 (스틸벤 같은) 항산화 물질의 혜택을 보지 못한다는 뜻이다. 그 결과 화이트 와인은 양조 시 레드나 오렌지 와인에 비해 훨씬 더 손상되기 쉽고 더 많은 주의가 필요하다.

내추럴 와인 생산자들은 일반 와인 생산자들이 흔히 사용하는 아황산염과 라이소자임 같은 무기에 의존하지 않기 때문에, 머스트나 와인이 산소에 노출되는 것을 두려워할 수도 있다. 어떤 면에서는 와인 생산자들이 자연의 힘에 대해 가장 큰 믿음을 가져야 하는 때가 바로 이 발효 시작 단계가 아닐까 싶다. 건강한, 미생물이 풍부한 포도를 수확한 이상 믿어야 한다. 두려워할 건 없다고, 포도즙이 갈변되었어도 시간이 지나면 다시 화이트 와인의 색을 되찾을 거라고, 효모와 박테리아가 끝까지 제 몫을 다할 거라고, 또 시간이 지나면 와인은 자연적으로 정화될 거라고 말이다.

내추럴 화이트 와인의 맛은 왜 다른가?

그러나 산소에 대한 개방성은 와인의 맛과 질감에 영향을 미치며, 바로 이러한 차이가 일반 와인을 마시는 사람들 사이에서 큰 논란을 불러일으키고 있다. 실제로 내추럴 와인과 그 맛에 대한 비판들은 대부분 화이트 와인을 향한 것들이다. 예를 들어 사람들이 내추럴 화이트 와인을 보고 사과주 같다거나 산화되었다고 말할 때, 가끔은 숙성 향이 나는 와인을 그렇게 (잘못) 표현하는 경우가 있다. 일부 내추럴 와인들은 정말 산화되기도 하고 사과주 맛이 나기도 하지만, 사람들이 그런 말로 와인의 여러 가지 풍미를 싸잡아 표현하는 일이 얼마나 빈번한지 알면 놀랄 것이다.

특히 아황산염이 전혀 첨가되지 않은 내추럴 화이트 와인은 온도가 제어되는 환경에서 효모 첨가, 무균여과 등을 거쳐 만들어진 일반 화이트 와인과는 질감의 조합, 숙성도, 맛의 폭 측면에서 아주 대조적인 것이 사실이다. 소비뇽 블랑을 예로 들어보자. 활기차고 뚜렷한 시트러스와 구스베리

프랑스 랑그독의 쥘리앙 페라Julien Peyras는 장래가 아주 유망한 젊은 생산자다. 175쪽에 그의 로제 와인을 소개한다.

향, 톡 쏘는 산미 덕분에 전 세계적으로 널리 사랑받는 아주 인기 있는 와인. 대부분의 사람들이 이 품종으로 만든 와인의 특징을 이렇게 정의할 것이다. 그런데 이와는 다른 소비뇽 블랑도 있다고 상상해보자. 이 한없이 가볍고 얇아 보이는 품종에 더 짙고 깊은 면이 있다고 말이다. 유기농으로 재배된 포도나무에서 수확량의 균형을 지켜 수확한, 완전히 숙성된 소비뇽 블랑은 감미로운 아카시아 꿀 향과 둥글고 부드러운 질감을 지닌다. 이렇듯 예상치 못한 폭넓은 풍미에 충격을 받은 나머지, 평소 마셨던 강하고 톡 쏘는 묽은 소비뇽 블랑과 비교하면 산화된 것 같을 수도 있을 것이다. 내 말을 더 잘 이해하려면, 덜 익은 수경 재배 겨울 토마토와 여름휴가 때 시칠리아의 시장에서 산 토마토의 차이를 생각해보라. 평생 수경 재배 토마토만 먹다가, 어느 날 갑자기 제대로 재배한 잘 익은 토마토를 먹었다고 상상해보자. 그런 상황이라면 그 맛을 이해할 수도 있을 것이다. 그 압도적으로 강렬한 풍미는, 로테르담의 온실에서 재배한 별 특징 없는 시큼한 토마토와 비교하면 더 '산화됐다'거나 좀 더 선드라이드토마토 맛에 가깝게 느껴질 수 있다. 이는 두 가지가 각각 전혀 다른 맛 스펙트럼에 속하기 때문이다. 내추럴 와인은 산화되는 경우가 결코 없다는 게 아니라, 사람들이 생각하는 만큼 빈번하지 않다는 말이다.

복합성을 형성하는 또 다른 요인은 유산 발효(57~61쪽 '저장고: 발효' 참조)다. 발효 시 아황산염을 첨가하지 않으면, 와인들은 색깔에 관계없이 보통 유산 발효를 거친다. 주로 알코올 발효 후에 일어나는 이 2차 발효 때에는 박테리아(나쁜 균이 아닌 이로운 균들)가 포도즙에 자연적으로 함유된 말산을 젖산으로 바꾼다. 젖산은 말산보다 부드럽고 폭넓은 형태의 산이기 때문에 이러한 변화는 와인의 질감과 풍미를 완전히 바꾸어놓는다. 게다가 유산 발효를 책임지는 박테리아는 환경에 자연적으로 서식하는 것이기 때문에, 어떤 해에 어떤 박테리아가 있는지는 전적으로 해당 빈티지의 상황에 달려 있다. 그래서 샤토 르 퓌의 장 피에르 아모로는 2013년 9월 내게 이렇게 말했다. "유산 발효를 막고서는 테루아에 대해 논할 수 없습니다."

일반 와인 생산자 측은 대개 화이트 와인의 유산 발효를 달갑지 않은 과정으로 보고, 특정 스타일의 와인(특히 생생한 산미가 나는 와인)을 만들기 위해 일부러 유산 발효를 제지한다. 와인을 차갑게 해서 유산 발효를 책임지는 박테리아를 파괴하거나, 여과를 통해 걸러 내거나, 상당한 양의 아황산염을 첨가하는 등의 방법으로 말이다. 유산 발효를 반대하는 사람들은 소비자들이 어떤 경우든 신선하고 풍미가 강한 와인을 원한다고 주장한다. 독일과 오스트리아에서는 유산 발효를 인위적으로 막는 일이 매우 흔하다.

나는 개인적으로 유산 발효를 막는 것이 와인의 발달을 방해하여, 마시는 이들이 그 와인에 내재된 완전한 풍미와 질감을 느끼지 못하게 한다고 생각한다. 유산 발효를 거친 와인은 의도적으로 유산 발효를 제한한 와인에 비해 풍미가 훨씬 더 잘 표현된다. 유산 발효가 자연스럽게 일어나도록 두는 것은, 내 생각에는 내추럴 와인 양조의 기본이다. 그 해에 유산 발효가 일어난다면 그대로 두고, 그렇지 않다고 해도 신경 쓰지 말라.

덧붙임: 여기 수록된 모든 화이트 와인은 드라이 와인이다.

왼쪽 아래: 론에 있는 라 페름 데 세트 륀 포도밭은 다종 재배의 모든 걸 볼 수 있는 곳이다. 이곳의 포도나무들은 살구나무, 동물들, 곡식들과 함께 자란다. 여러 훌륭한 와인들이 만들어지는데, 스파이시한 생 조제프Saint-Joseph 화이트 와인은 찾아 마셔볼 가치가 충분하다.

오른쪽 아래: 하디스티Hardesty의 '리슬링'에 대한 더 자세한 내용은 157쪽 참조.

FRANCE

라이트바디 화이트
FRENCH LIGHT-BODIED WHITES

르크뤼 데 상스 Recrue des Sens. *러브 앤드 피프*Love and Pif

오트 코트 드 뉘 Hautes Côtes de Nuit. **부르고뉴**Burgundy

알리고테Aligoté

굴 껍데기 | 백후추 | 배즙

얀 뒤리유는 최근 부르고뉴가 낳은 가장 흥미로운 젊은 생산자로 꼽힌다. 도멘 드 라 로마네 콩티와 마찬가지로 유서 깊은 부르고뉴의 내추럴 와인 포도밭인 프리외레 호크에서 10년간 일한 뒤, 자신의 포도밭을 차렸다. 그는 주목할 만한 생산자임이 분명하며, 과소평가된 알리고테 품종으로 만든 그의 '러브 앤드 피프'를 맛보고 나면 소위 '귀하다'는 포도 품종이 왜 다른 품종들보다 낫다고들 하는지 의아해질 것이다. …놀라울 정도의 깊이와 디테일이 있는 와인이다.

* 아황산염 무첨가

도멘 쥘리앙 메이에 Domaine Julien Meyer, *나튀르*Nature

알자스Alsace

실바너Sylvaner, 피노 블랑Pinot blanc

재스민 | 키위 | 아니스

알자스에는 유기농 및 바이오다이내믹 농장들이 다수 있지만, 여전히 아황산염을 많이 사용하는 지역이기 때문에 파트릭 메이에Patrick Meyer 같은 생산자는 그리 흔치 않다. 파트릭은 도멘을 물려받으면서 효소, 효모 등을 배제하기 시작했는데, 그의 설명에 따르면 그냥 이치에 맞지 않기 때문이다. 오늘날 그는 겨울에도 온기를 유지할 만큼 살아 있는 땅을 일구는 고무적인 생산자이다. '나튀르'는 가장 무리 없는 가격의 내추럴 화이트 와인에 속한다. 가볍고 향긋하며, 꿀 같은 질감이 느껴지지만 아주 드라이하다.

* 아황산염 무첨가, 여과됨

피에르 부와야 Pierre Boyat. *생 베랑*St-Véran

부르고뉴Burgundy

샤르도네Chardonnay

사과 | 달콤한 건초 | 샤프란

수줍음이 많은 피에르가 만드는 '생 베랑'은 좋은 내추럴 와인 양조의 특성을 아주 잘 보여주는, 더할 나위 없이 훌륭한 와인이다. 수십 년간 집안 내대로 불려받은 도멘을 운영하던 피에르는 일반 생산자들이 와인을 다른 방식으로 재배하고 양조해보고자 결성한 생산자 모임에 가입했다. 그러다 필립 장봉Philippe Jambon(보졸레 북부 지역의 유명한 저개입 생산자로, 현재 피에르와 긴밀히 협력하고 있다)에게 영감을 받은 피에르는 도멘을 팔고 가메gamay와 샤르도네를 심은 작은 땅을 사서 유기농법으로 재배하기 시작했다. 그는 테루아가 충분히 표현될 수 있도록 최소한의 개입만으로 포도를 손질하며, 그 결과 아주 뛰어난 와인을 만들고 있다.

* 아황산염 무첨가

미디엄바디 화이트
FRENCH MEDIUM-BODIED WHITES

안드레아 칼렉Andrea Calek, 르 블랑Le Blanc
아르데슈Ardèche, 론Rhône

비오니에Viognier, 샤르도네Chardonnay

향기로운 꽃 | 돌 | 밀랍

아름답고 조용한. 한편으로는 사람들에게서 잊힌 듯했던 아르데슈 지역은 최근 몇 년 사이에 질Gilles과 앙토닝 아조니Antonin Azzoni, 제랄드 우스트릭, 로랑 펠Laurent Fell, 그레고리 기욤Grégory Guillaume, 오질Ozil 형제 등 뛰어난 내추럴 와인 생산자 및 생산자들의 집결지가 되었다. 본래 체코 태생인 안드레아 칼렉은 우연히 와인 업계에 발을 들였는데 그러길 정말 다행이다. 그의 와인들은 심오하고 타협하지 않으며, 절제미와 복합미를 보여준다. 화이트 와인은 소량만 생산한다.

* 아황산염 무첨가

쥘리앙 쿠흐투아Julien Courtois, 오리지넬Originel
솔로뉴Sologne, 루아르Loire

므뉘 피노Menu pineau, 호모랑탕Romorantin

스모키 | 생호두 | 민트

저 유명한 클로드 쿠흐투아의의 아들인 쥘리앙 쿠흐투아와 그의 아름다운 병 레이블들을 제작한. 마오리족인 그의 아내 하이디 쿠카Heidi Kuka는 파리에서 남쪽으로 약 두 시간 떨어진 곳에 있는 4만5천 제곱미터 규모의 포도밭에서 일곱 가지 포도 품종들을 재배한다. 쥘리앙의 와인들은 항상 뛰어난 순도, 절제미, 미네랄감을 보여주며, '오리지넬'도 예외가 아니다.

* 아황산염 소량 첨가

도멘 우이용Domaine Houillon, 사바냥 우이에Savagnin Ouillé
푸피양Pupillin, 쥐라Jura

사바냥Savagnin

생호두 | 겨자씨 | 아카시아 꽃

내추럴 와인의 충실한 지지자인 피에르 오베르누아가 30년 넘게 운영해온 도멘을 이제는 그의 아들이나 다름없는 에마뉘엘 우이용이 아주 유능한 솜씨로 운영 중이다. 통에서 8년간 숙성한 뒤 2012년 6월에 병

입한 이 사바냥은 심오하고, 다층적이며, 굉장히 긴 여운을 남긴다.

* 아황산염 무첨가

마타사Matassa,
뱅 드 페이 데 코트 카탈란 블랑Vin de Pays des Côtes Catalanes Blanc
루시용Roussillon

그르나슈 그리Grenache gris, 마카뵈Macabeu

세이지 | 구운 아몬드 | 멘톨

톰 루베는 칼스Calce에 마타사를 열기 전, 이제는 크게 인기를 끌고 있는 남아프리카공화국 스워틀랜드에서 첫 프로젝트(디 옵저버토리The Observatory)를 시작했다. 그 프로젝트는 재배나 숙성 방식의 측면에서 시대에 훨씬 앞섰던 것이다. 톰에게는 다행이게도, 마타사 역시 그 족적을 따르고 있다. 로마니사 포도밭 꼭대기에 서면 눈부시게 광활한, 아프리카를 연상시키는 풍경이 펼쳐진다. 편암질 토양에서 탄생한 이 우아하고 가벼운 바디감의 화이트 와인은 갖가지 말린 허브들의 풍미를 내며, 짭짜름한 맛과 갈증을 풀어주는 듯한 멘톨 향이 느껴진다.

* 아황산염 소량 첨가

카트린과 질 베르제Catherine and Gilles Vergé, 레카르L'Ecart
부르고뉴Burgundy

샤르도네Chardonnay

스모키 | 허니서클(인동) | 미네랄

내가 작년에 우연히 알게 된 베르제 부부는 놀라울 정도로 잘 알려지지 않은 생산자들이다. 정말 기적 같은 일을 해내는 그들의 와인은 심지어 아황산염 무첨가를 열렬히 비판하는 이들조차 쓰러뜨릴 정도이다. '레카르'는 89년된 포도밭에서 재배한 포도로 만들며, 5년간의 엘르바주는 예외라기보다는 규칙에 가깝다. 그 결과 병을 따고 나서도 몇 주 동안이나 맛이 유지되는 안정적인 와인이 탄생한다. 이 책을 쓰는 동안, 나는 와인이 오래가는지 알아보는 실험을 했다. 2013년 10월에 병을 따서 2014년 1월 중순에 마지막 잔을 마실 때까지, 마시는 중간중간에는 코르크 마개를 아무렇게나 다시 끼워 빅토리아 시대의 석탄 활송로와 비슷한 축축한 내 저장고에 두었다. 3개월 동안이나. 심지어 와인이 병 바닥을 겨우 덮을 만큼 소량만 남아 있었을 때에도 와인의 맛은 흠 잡을 데가 없었다. 나는 아연실색했다.

타협을 허용하지 않는 이 샤르도네는 그랑 크뤼의 모든 특징을 다 가지고 있다. 긴장감 있고 구조적으로 잘 짜여진 아주 신선한 와인으로, 금속 같은 맛과 씹히는 듯한 미네랄 감이 느껴지며 훌륭한 농축미와 다층적인 아로마(달콤하고 신선한 버터, 약한 짠맛과 스모키함, 자극적인 꽃향기

와인을 저장하는 가장 좋은 방법은 옆으로 눕혀 코르크가 항상 젖어 있도록 하는 것이다.

등)를 지닌다. 정말 대단한 발견이자 꼭 마셔봐야 할 와인이다.

* 아황산염 무첨가

풀바디 화이트
FRENCH FULL-BODIED WHITES

마리 에 뱅상 트리코 Marie & Vincent Tricot**, 에스카르고**Escargot

오베르뉴Auvergne

샤르도네Chardonnay

허니듀 멜론 | 미네랄 | 왁스 같음

기원전 50년경 카이사르와 함께 오베르뉴 지역에 들어온 포도나무들은 20세기 초 필록세라phylloxera[40]가 창궐해 포도밭을 전멸시킬 때까지 번성했다. 그러나 최근 오베르뉴는 와인 재배지로서의 명성을 다시 회복 중이며 굉장히 많은 내추럴 와인들이 생산되는 곳이기도 하다. 내

추럴 와인 생산자들이 가장 많이 모여 있는 곳이라고 해도 과언이 아닐 것이다. 화산토를 기본으로 하는 축복받은 테루아 덕분에 이 지역의 내추럴 와인은 훌륭한 미네랄감이 느껴지는 순수한 맛을 지닌다. '에스카르고'는 대다수의 부르고뉴 크뤼들과 견주어도 빠지지 않는 와인이나, 훨씬 적은 비용으로 즐길 수 있다. 이 지역의 다른 주목할 만한 생산자들로는 파트릭 부쥐, 모페르튀, 르 피카티에Le Picatier, 프랑수아 뒴François Dhumes, 뱅상 마리 등이 있다.

* 아황산염 무첨가

르 프티 도멘 드 지미오 Le Petit Domaine de Gimios**, 뮈스카 섹 데 루마니스**Muscat Sec des Roumanis

생장 드 미네르부아 St-Jean de Minervois**, 랑그독**Languedoc

뮈스카Muscat

말린 장미꽃잎 | 리치 | 타임

안 마리 라베스와 그녀의 아들 피에르는 야생 갸리그로 둘러싸인, 석회암이 노출된 지역에서 재배한 포도로 가장 순수한 드라이 뮈스카 와인들을 만든다. 인근의 다른 생산자들이 스위트, 강화 와인을 생산하는 반면 안 마리는 드라이 와인을 고집하며, 극소량만 생산하는 그녀의 와인들은 그야말로 아름답다. 르 프티 도멘 드 지미오의 '뮈스카 섹 데 루마니스'는 진하고, 향기롭고, 아로마가 풍부하며 페놀감이 느껴지는 phenolic[41] 강렬하고도 인상적인 와인이다(라베스에 관한 더 자세한 내용은 52~53쪽 '포도밭의 약용식물들' 참조).

* 아황산염 무첨가

도멘 에티엔 에 세바스티앙 히포 Domaine Etienne & Sébastien Riffault**, 옥시니**Auksinis

상세르Sancerre**, 루아르**Loire

소비뇽 블랑Sauvignon blanc

로즈메리 | 버베나 | 훈연 향이 나게 익힌 아스파라거스

이제껏 마셔본 상세르 와인들과는 좀 다를지 모르지만, 단연코 최고다. 세바스티앙의 와인들은 우리가 소비뇽 블랑에 기대하는 맛을 재정의해놓았다. 이 품종의 대표 생산자들 중 한 명인 그는 현존하는 소비뇽 블랑 와인들 가운데 가장 심오한 표현을 탄생시켰으며 이는 산미가 강한.

---

40 포도나무 뿌리의 진액을 빨아먹고 사는 진딧물.

41 페놀은 와인의 맛, 향, 바디감 등에 영향을 미치는 화학 성분으로 타닌도 여기에 속한다.

전부 비슷하게 표준화된 오늘날의 대다수 상세르 와인들과는 현저히 다르다. 명상적인, 풍부한 느낌의 와인으로 상세르 언덕의 백악질 토양 깊은 곳에 기인하는 미네랄감 또한 내재되어 있다.

* 아황산염 무첨가

도멘 레옹 바랄Domaine Léon Barral,
뱅 드 페이드 레로Vin de Pays de l'Hérault
랑그독Languedoc

테레(그리고 약간의 비오니에와 루산느)Terret with a little viognier and roussanne

백도 복숭아 | 후추 향 | 레몬 필

조부의 이름을 딴 디디에의 도멘은 AOC 지역인 포제르에 있으며 다종 재배 업계에서는 대단한 성과를 거둔 롤모델이 되고 있다. 30만 제곱미터 규모의 포도밭 외에도 들판, 목초지, 휴한지, 나무숲, 소, 돼지, 말 등의 생활공간을 합친 규모가 또 30만 제곱미터가량 된다. 유질감과 묵직한 바디감이 있는 이 빈티지는 특히 향긋하고 기분 좋은 느낌을 준다. 디디에의 레드 와인들, 특히 자디스Jadis와 발리니에르Valinière는 뛰어난 숙성 능력을 지닌다(디디에에 관한 더 자세한 내용은 112~113쪽 '관찰' 참조).

* 아황산염 무첨가

도멘 알렉상드르 뱅Domaine Alexandre Bain,
마드모아젤 MMademoiselle M
푸이 퓌메Pouilly-Fumé, 루아르Loire
소비뇽 블랑Sauvignon blanc

아카시아 꿀 | 약간의 훈연 향 | 소금

알렉상드르가 이 유명한 AOC 지역의 괴짜라는 건 확실하다. 그는 유기 농법을 채택하고 있으며 말을 이용해 땅을 갈 뿐 아니라 효모 첨가를 거부하고 아황산염 역시 멀리하기 때문에, 그의 와인은 오늘날 푸이 퓌메에서 가장 질 좋고 흥미로운 와인임이 틀림없다. 그가 만든 소비뇽 블랑 퀴베들은 전부 찾아 마셔볼 만하며, 감미롭고 매력적인 마드모아젤 M도 그중 하나다.

* 아황산염 무첨가

르 카조 데 마욜Le Casot des Mailloles, 르 블랑Le Blanc
바뉼스Banyuls, 루시용Roussillon
그르나슈 블랑Grenache blanc, 그르나슈 그리Grenache gris

아몬드 꽃 | 소금물 | 꿀

추앙받는 내추럴 와인 생산자들인 알랭 카스텍스와 길렌 마니에가 설립한 르 카조는 오늘날 알랭의 젊은 제자인 조르디 페레스Jordi Perez가 혼자 운영하고 있다. 르 카조는 스페인 접경 지역 인근의 바뉼스에 있는 예전 차고 건물에서 아황산염 무첨가 와인들을 만들며, 거기에 사용되는 포도는 지중해에서부터 피레네로 이어지는 계곡들로 둘러싸인 편암질의 계단식 밭에서 수확한 것이다. 잔에 담긴 폭풍 같은 르 블랑은 놀라울 정도로 복합적일 뿐만 아니라 숙성될수록 더 직선적이면서도 절제된 느낌을 주는 멋진 와인이다.

* 아황산염 무첨가

ITALY

라이트바디 화이트
ITALIAN LIGHT-BODIED

카시나 델리 울리비 Cascina degli Ulivi,
셈플리체멘테 벨로티 비앙코 Semplicemente Belloti Bianco

피에몬테Piedmont

*코르테제*Cortese

그린게이지 자두 | 아니스 열매 | 시트러스

활력이 넘치는 피에몬테 출신 스테파노 벨로티(자신의 포도밭에 복숭아
나무를 심은 일로 이탈리아 당국과 문제가 있었던 생산자. 110쪽 '누가: 아웃
사이더들' 참조)는 마시기 좋은 와인에 초점을 맞추어 이 단순하고도 맛
있는 코르테제를 만들었다. 가볍고, 향기롭고, 마시기 좋은 스테파노의
와인들은 전부 아황산염 첨가 없이 생산된다.

* 아황산염 무첨가. 여과됨

발리 우니테 Valli Unite, *치아페*Ciapè

피에몬테Piedmont

*코르테제*Cortese

아몬드 | 펜넬 | 멜론

발리 우니테는 피에몬테의 언덕에 자리 잡은 고무적인 협동 농장이다.
1981년 진취적인 세 명의 젊은 농부들이 결성한 이 유기농 협동조합은
지방이 외면당하는 세태에 맞서는 것이 목적이었다. 이 조합을 통해 그
들을 비롯한 주민들은 돈이 주가 되지 않는 대안적인 삶의 방식을 따름
으로써 그 땅에 계속 머물 수 있게 되었다. 삶에 대한 관점이 비슷한 이
들이 조합에 가입하여 많은 기술이 축적되었다. 그 결과 오늘날 발리 우
니테는 35명의 주민이 모여 사는 공동체가 되었다. 그들은 1제곱킬로미
터 규모의 땅과 숲에서 포도나무, 곡식, 닭, 돼지, 벌, 각종 채소 등을 기
르며 방문객들을 위한 레스토랑과 B&B도 운영한다. 와인은 이 공동체
의 주요 수입원으로, 이들은 이 '치아페' 외에도 토종 품종인 티모라소
timorasso로 만든 흥미로운 퀴베를 포함한 여러 가지 와인들을 만든다.

* 아황산염 무첨가

미디엄바디 화이트
ITALIAN MEDIUM- BODIED WHITES

다니엘레 피치닌 Daniele Piccinin, *비앙코 데이 무니*Bianco dei Muni

베네토Veneto

*샤르도네*Chardonnay. *두렐라*Durella

골든 애플 | 부싯돌 | 허니서클(인동)

다니엘레, 카밀라, 태어난 지 얼마 안된 그들의 딸 라비니아는 베로나
북동쪽, 알포네 계곡에 살고 있다. 그곳에서 다니엘레는 대부분의 에너
지를 토종 품종인 두렐라 포도를 기르는 데 집중하고 있다. 그는 자신이
기른 허브들을 증류한 혼합제를 이용해 포도나무들의 저항력을 높인다
(76~77쪽 '오일과 팅크처' 참조). 이 새로 출하된 빈티지는 지금까지의 '비
앙코 데이 무니'들 중 가장 부드럽고 매력적인 와인이 아닐까 싶다.

* 아황산염 소량 첨가

니노 바라코Nino Barraco, 비냐마레Vignammare

마르살라Marsala

*그릴로*Grillo

해초 | 금귤 | 요오드

니노는 특이하게도 마르살라 지역에서 비발포성, 비강화 와인을 만든다(마르살라는 주로 강화 와인으로 유명하다). 이 '비냐마레'는 이름처럼 포도나무를 모래 언덕에 심어 '바다를 잔에 담고자' 했다. 비냐마레는 아황산염을 첨가하지 않지만, 니노의 다른 와인들에는 보통 리터당 20~35밀리그램을 첨가한다. 그의 와인들 중 더 찾아 마셔볼 만한 것으로는 특별한 '알토 그라도Alto Grado 2009'가 있다. 이것은 늦게 딴 그릴로 포도로 만든 와인을 밤나무 통에 넣어 플로르flor 아래에서 6년간 숙성시킨 '구식' 마르살라다.

* 아황산염 무첨가 .

일 카발리노Il Cavallino, 비앙코 그란셀바Bianco Granselva

베네토Veneto

*가르가네가*Garganega, *소비뇽 블랑*Sauvignon blanc

레몬그라스 | 비터 아몬드 | 고추

사우로 마울레Sauro Maule가 운영하는 일 카발리노는 본래 비첸차 인근 베리치 언덕의 소 목장이었으며, 사우로의 아버지가 말을 좋아했기에 그러한 이름을 갖게 되었다.[42] 스모키함이 깔려 있는 레몬그라스의 향. 고추와 비터 아몬드의 풍미가 느껴진다. (비고: 이 와인은 열리는 데 하루 정도 걸린다.)

* 아황산염 소량 첨가

라 비앙카라La Biancara, 피코Pico

감벨라라Gambellara, **베네토**Veneto

*가르가네가*Garganega

약간의 토피 맛 | 비터 아몬드 | 소금물에 절인 그린올리브

이탈리아 내추럴 와인계의 거장인 안지올리노 마울레(62~63쪽 '빵' 참조)와 그의 가족은 아주 저렴하고도 절제된 가격대로 놀랄 만한 품질의 와인들을 만든다. 그 와인들을 맛보면 정말 제값을 한다는 생각이 들 것이다. 화산토에서 재배된 마울레의 밝은 금빛 '피코'는 훈연 향. 그린 올리브 향이 느껴지는 약간 탁한 와인으로, 맛이 길게 남으며 달지 않은 풍미가 있다.

* 아황산염 무첨가

레 코스테Le Coste, 비앙코Bianco

라치오Lazio

주로 *프로카니코*procanico이며, *말바시아 디 칸디아*malvasia di candia, *말바시아 푼티나타*malvasia puntinata, *베르멘티노*vermentino, *그레코 안티코*greco antico, *안소니카*ansonica, *베르델로*verdella, *로스체토*roscetto를 섞음

퀸스 | 견과 맛 | 미네랄(화산토)

2004년, 잔마르코 안토누치Gian-Marco Antonuzi는 로마에서 150킬로미터 떨어진 비테르보 지역의 버려진 산비탈에(토스카나 주 경계 인근 지대로 그 지역에서는 '레 코스테'라고 부른다) 약 3만 제곱미터 규모의 부지를 매입했다. 이름은 그대로지만 도멘의 규모는 넓어져서 오늘날 올리브 과수원, 과실수들, 40년 이상된 (임대된) 포도나무들, 잔마르코와 그의 아내, 클레망틴 부브롱Clementine Bouveron이 동물을 기르는 곳으로 쓰기로 한 고대의 계단식 농지를 포함한다. 프로카니코가 주(85퍼센트)를 이루는 블렌드 와인인 레 코스테의 '비앙코'는 푸드르foudre에서 약 1년간 발효되며, 이후 병입 전까지 또 1년간 숙성된다.

* 아황산염 무첨가

라미디아Lammidia, 안포라 비앙코Anfora Bianco

아브루초Abruzzo

*트레비아노*Trebbiano

짠맛 | 백후추 | 아몬드

다비데Davide와 마르코의 와인들은 병에 적인 글귀 '100% uve e basta'[43] 그대로다. 세 살 때부터 친구 사이였던 모험심 많고 젊은 이 두 아브루초 청년들은, 아브루초 사투리로 '악마의 눈'을 뜻하는 라미디아la'mmidia라는 이름으로 열정을 갖고 와인 양조업에 뛰어들었다. 이들은 이렇게 설명한다. "이 지역의 나이 든 지혜로운 여성들은 물, 기름, 마술을 이용한 고대 관습으로 '악의envy'와 '악마의 눈'을 쫓아버리곤 한다. 첫 수확 이후 발효가 갑자기 멈춰버렸을 당시, 우리는 그러한 의식을 하는 안토니아 할머니nonna Antoia한테 도움을 청했다. 기적적으로 발효는 다시 시작되었고, 이제 매년 수확 전에 할머니께서 '라미디아'를 쫓아내주고 있다." '안포라 비앙코'는 24시간 동안 껍질과 접촉한 뒤 암포라에 1년간 저장된다.

* 아황산염 무첨가

---

42 카발리노는 이탈리아어로 '말'을 뜻한다.
43 '100퍼센트 포도, 그거면 충분하다'라는 뜻이다.

REST OF EUROPE

라이트바디 화이트
REST OF EUROPE LIGHT-BODIED WHITES

프란추스카 비나리야 Francuska Vinarija, **이스티나**Istina

티모크Timok, **세르비아**Serbia

리슬링Riesling

월계수 잎 | 중국 배 | 약간의 라임 향

"프랑스 최고의 테루아들은 이미 다 발견되었다." 예전에 콩트 라퐁 Comets Lafon과 진트 훔브레히트Zind-Humbrecht를 비롯한 프랑스 전역의 200여 개 포도 재배 도멘들을 포함해 이탈리아, 스페인, 미국의 포도밭들까지 컨설팅했던 토양 전문가 시릴 봉지로Cyrille Bongiraud는 말한다. 그가 와인 생산자인 아내, 에스텔Estelle(그녀의 대고모는 오스피스 드 본 Hospices de Beaune⁴⁴의 수녀원장이었다)과 수년간 완벽한 부지를 찾아 유럽 내 다른 지역을 돌아다닌 것도 그런 이유 때문이었다. 그들은 결국 세르비아의 다뉴브 강 인근 백악질 계곡에서 그들이 찾던 곳을 발견했다. 절제미와 미네랄감이 있는 섬세한 '이스티나'는 석유 향이 나는 전형적인 리슬링 와인이지만, 내추럴 와인 특유의 원숙미도 느낄 수 있다. (비고: 이 와인은 딴 지 이틀 정도 지났을 때 가장 잘 표현된다.)

* 아황산염 소량 첨가

슈테판 페터 Stefan Vetter, **실바너**Sylvaner, CK

프랑켄Franken, **독일**Germany

실바너Sylvaner

셀러리 줄기 | 카피르 라임 | 크림 같음

2010년, 바이에른 주 북부의 60년된 포도밭이 슈테판의 눈을 사로잡았다. 그가 "첫눈에 반했다"고 말할 정도로. 프랑켄 지역 토종 품종인 실바너를 주로 재배하는 슈테판은 1만5천 제곱미터 규모의 포도밭(리슬링도 조금 있다)을 일구며 실바너, CK 같은 와인들을 생산한다. 이 와인은 처음에는 닫혀 있지만, 시간이 지나면서 열리면 멋지게 섬세하고 미묘한 향을 드러낸다.

* 아황산염 소량 첨가

---

44 과거 빈민 구호소였던 곳으로 현재는 매년 동명의 자선 와인 경매를 열어 그 수익금으로 자선병원을 운영한다.

미디엄바디 화이트
REST OF EUROPE MEDIUM-BODIED WHITES

더 컬렉티브 프레젠츠 The Collective presents.... **오스카 마우레르**Oszkár Maurer, **세레미 메제쉬 페헤르**Szerémi Mézes Fehér

세레미Szerémi, **세르비아**Serbia

메제쉬 페헤르Mézes fehér

아몬드 | 라임 | 코미스 배 Comice pear

생산자들에게 영감을 주고 자연적 방식으로 전환할 수 있게 돕자는 취지에서, 나와 헝가리 출신 친구들 몇 명은 '더 컬렉티브'를 결성. 고무적으로 농사를 짓고 천연 효모로 발효를 하지만 아황산염 함량이 높은 와인을 만드는 생산자들과 한정판 저개입 퀴베들을 만들기 시작했다. 나는 유럽 중부와 동부 지역을 두루 여행한 이후 대부분의 생산자가 아황산염 무첨가 와인이 싫어서가 아니라 소비자들이 이해하지 못할까 봐 두려워서 양조를 시도하지 못하고 있다는 걸 깨달았다. 그리하여 그들을 돕기로 마음먹었다. 컬렉티브는 파트너 생산자들이 컬렉티브를 위해 특별히 양조한 와인을 무슨 일이 있어도 구매한다. 즉 생산자들은 아황산염 무첨가/소량 첨가의 길을 홀로 걸을 필요가 없는 것이다. 우리에게는 현재 두 명의 자랑스러운 생산자들이 있다. 바로 세르비아의 오스카와, 토카이Tokaj의 유디트Judith와 요제프 보도József Bodó인데, 우리는 이들과 함께 최초의 내추럴 드라이 토카이를 생산했다! 특히 오스카와 함께 만든 이 섬세하고 직선적인 '메제쉬 페헤르'(혹은 '백밀honey white')는 멸종 직전인 헝가리 포도 품종으로 만들어 더욱 자랑스럽다. 오스카의 포도밭이 마지막 남은 포도밭들 중 한 곳이며, 그는 멸종을 막고자 헌신하고 있다(그리고 우리는 기꺼이 그를 돕고 있다). 역시 오스카가 만든 우리의 '카다르카Kadarka 1880'도 찾아보길. 전 세계 카다르카 포도나무 중 수령이 가장 오래된 것으로 만들었다.

* 아황산염 소량 첨가

구트 오가우 Gut Oggau, **테오도라**Theodora

부르겐란트Burgenland, **오스트리아**Austria

그뤼너 펠트리너Grüner veltliner, 벨쉬리슬링Welschriesling

커스터드 애플 | 백후추 | 카다멈

2007년, 슈테파니Stephanie와 에두아르트 체페 예젤뵉은 오가우에 있는 이 오랜 와인 양조 전통을 지닌 오래된 와이너리를 물려받았다. 실제로 전에는 '빔머Wimmer 포도밭'으로 불렸던 이곳의 벽들 중 일부는 17세기에 세워진 것이다. 구조감이 좋은 와인들을 만드는 것 외에도 슈테파니와 에두아르트는 각 와인의 개성에 맞는 얼굴과 배경 스토리를 부여해 '다세대 와인 가족'을 탄생시켰다. '테오도라'는 가족의 가장 젊은 구성원으로 시작되었으나, 이 편안한 느낌의 와인은 매 빈티지마다 점차 성숙하고 있다.

* 아황산염 무첨가

멘달Mendall, *아보라도르Abeurador*
테라 알타Terra Alta, 스페인Spain
마카뵈Macabeu

미라벨 자두 | 팔각Star anise | 겨자씨

타라고나Tarragona 주에 있는 포도밭인 멘달의 주인, 라우레아노 세레스Laureano Serres는 스페인에서는 드물게도, 아황산염을 전혀 첨가하지 않은 와인을 만드는 생산자들 중 한 명이다. IT업계에서 일했던 그는 업종을 완전히 전환하여 야외로 나갔고, 처음에는 지방의 협동조합 와이너리에서 일하다가(그는 그들이 더 자연적인 방식으로 일하도록 도우려 했다는 이유로 그곳에서 쫓겨났다) 자신의 와이너리를 차린 것이다. 얼마나 다행인지. 라우레아노는 스페인에서 가장 훌륭한 아황산염 무첨가 와인을 만든다. 그의 말처럼 와인은 "식물성 물vegetal water이 되어야지, 수프가 되어서는 안 된다".

* 아황산염 무첨가

2나투어킨더2Naturkinder, 플레더마우스Fledermaus
프랑켄Franken, 독일Germany
뮐러 투르가우Müller-thurgau, 실바너Sylvaner

스위트피Sweet pea 꽃 | 흙 | 으깬 쌀

런던에서 내추럴 와인을 처음 발견한 이후, 멜라니Melanie와 미하엘Michael은 하던 일을 그만두고 독일에 있는 미하엘의 부모님이 운영하는 포도밭 일을 돕기 시작했다. 그곳에서 그들은 프랑켄 지역 토종 품종인 실바너, 바쿠스, 뮐러 투르가우, 슈바르츠리슬링을 재배한다. '플레더마우스('박쥐'를 뜻한다)'를 생산하는 포도밭들에는 멜라니와 미하엘이 박쥐 보호를 위해 기증한 작은 집이 있다. 그들은 털이 복슬복슬한 박쥐들이 머물다 갈 수 있는 상자들을 포도밭 곳곳에 설치했고, 박쥐 떼는 배설물(훌륭한 비료)을 남김으로써 공생 관계가 생겨났다. 수익의 일부는 독일 조류보호협회Landesbund für Vogelschutz를 통해 박쥐들에게 되돌아간다. 멜라니와 미하엘은 박쥐가 그려진 자신들의 와인 라벨에 관해 이렇게 설명한다. "귀가 긴 회색 박쥐는 우리 지역에서 아주 희귀해졌습니다. 그 박쥐는 또 엄청 귀여워서, 우리는 그 박쥐가 계속 이곳에 살도록 돕고 싶습니다."

* 아황산염 무첨가

오스트리아의 12월, 쥐트슈타이어마르크(슈타이어마르크 남부)에 있는 바인구트 베를리취Weingut Werlitsch의 포도밭.

풀바디 화이트
REST OF EUROPE FULL-BODIED WHITES

바인구트 제프 무스터Weingut Sepp Muster, 스가미네그Sgaminegg
쥐트슈타이어마르크Südsteiermark, 오스트리아Austria
소비뇽 블랑Sauvignon blanc, 샤르도네Chardonnay

그린게이지 자두 | 사프란 향신료 | 생밤

1727년부터 있었던 이 포도밭은 제프의 부모님이 운영했다가 이제는 수년간 외국을 여행하고 돌아온 제프와 그의 아내 마리아가 물려받았다. 열린 마음과 대담함을 지닌 이 부부는 포도 재배와 와인 양조에서도 아주 진보적인 모습을 보여주고 있다. 마리아의 형제들인 에발트Ewald와 안드레아스 체페(156쪽 참조) 역시 인근에 살면서 내추럴 와인을 만들고 있기에, 이들은 오스트리아 남부의 막강한 와인 트리오가 되었다. 무스터 부부의 와인은 밭별로 분류하며, '스가미네그(전부 암석인 테루아)는 돌과 암석이 가장 많은 밭인 만큼 와인에서 우아함과 차분함이 느껴진다.

* 아황산염 무첨가

롤란트 타우스Roland Tauss, 호니히Honig
쥐트슈타이어마르크Südsteiermark, 오스트리아Austria

소비뇽 블랑Sauvignon blanc

구아바 | 패션프루트 | 고수

롤란트의 자연주의 철학은 그의 삶의 모든 면을 아우르고 있다. 그가 아내 앨리스Alice와 함께 운영하는 B&B에서도 직접 짠 신선한 포도즙과 이웃집의 유기농 꿀을 아침으로 낸다. 롤란트는 자신의 저장고에서 시멘트, 스테인리스스틸 등 자연적이지 않은 것들을 전부 없앴다. 2013년 12월 롤란트는 내게, 수년간 자란 나무들에는 굉장한 에너지가 담겨 있어서 나무통에 와인을 담으면 와인이 그 에너지를 흡수하는 반면 스테인리스스틸이나 다른 차가운 재료로 된 통은 오히려 와인의 에너지와 힘을 빼앗아간다고 설명했다. 그 나무통 샘플은 2013년 12월에 내가 시음했을 때까지는 아황산염을 전혀 첨가하지 않았다(그리고 롤란트는 병입 시에도 아황산염을 첨가할 계획이 없다). 찌꺼기를 거르지 않은 상태였던 그 와인은 마치 게뷔르츠트라미너처럼 무척 향기롭고, 이국적인 과일 향을 지녔다. 아름답도록 순수한, 입안에서 노래하는 것 같은 느낌의 와인이었다.

* 아황산염 무첨가

바인구트 베를리취 Weingut Werlitsch, 엑스베로 IIEx-Vero II
쥐트슈타이어마르크Südsteiermark, 오스트리아Austria

소비뇽 블랑Sauvignon blanc,
샤르도네Chardonnay (오스트리아에서는 모릴론morillon이라고 한다)

샤론 프루트Sharon fruit[45] | 부싯돌 | 어린 호두

마리아 무스터의 형제들 중 한 명인 에발트 체페(앞 페이지 참조)는 흙 다지기와 흙 속 생물에 특히 관심이 많다. 그의 포도밭을 함께 둘러보았을 때 그는 내게 흙을 만지고, 밭에 심은 여러 식물들의 뿌리 구조를 관찰함으로써 흙의 상태를 읽는 법을 가르쳐주었다. 흙을 조금만 파보면 어디서 식물이 잘 자라고 어디가 안 자라는지를 분명히 알 수 있으며, 인접한 땅이어도 결과는 다를 수 있다. 흙의 온도(흙 속 생물들은 온도 조절 능력이 있기 때문에 생물이 많이 사는 곳이 여름에는 더 시원하고, 겨울에는 더 따뜻하다), 색깔(생물이 많은 흙이 더 어둡다), 질감(건강한 흙은 더 보송보송한 느낌이 들며 죽고, 다져진 흙은 마치 시멘트 같은 느낌이 든다)도 현저히 다른 걸 알 수 있다(건강한 흙에 관한 더 자세한 내용은 25~28쪽 '포도밭: 살아 있는 흙' 참조). 오스트리아의 아름다운 슈타이어마르크 남부 지역에서 만들어진 이 와인은 부싯돌 향, 균형 잡힌 오크 향, 또 갓 깐 어린 호두의 향을 지닌다. 입안에서 강한 산미, 훌륭한 농축미와 긴장감이 느껴져 몇 년간은 더 숙성될 여지가 있어 보인다. 아직 병입 전이지만

에발트는 아황산염을 첨가하지 않을 것이라고 단언했다.

* 아황산염 무첨가

루돌프와 리타 트로센Rudolf & Rita Trossen, 쉬퍼골트 리슬링 푸루스Schiefergold Riesling Pur'us
모젤Mosel, 독일Germany

리슬링Riesling

생강 | 스모키한 미네랄감 | 밤 꿀

1978년부터 유기농법을 채택한 트로센 부부는 꽤나 보수적인 자국 시장과는 맞지 않게 (독일 내의) 대세에 반하는 길을 선택한 것이 분명하다. 그 결과 이들의 와인 대부분은 외국에서 팔린다. 주로 리슬링을 재배하는 이들은, 회청색 점판암 토양에서 자란 리슬링으로 만든 첫 내추럴 와인(아무것도 첨가하거나 제거하지 않은 것)을 2010년에 병입했는데, 그 내추럴 와인이 다른 아황산염 첨가 와인들과는 전혀 다르게 숨은 깊이와 기교를 드러내며 발전한다는 걸 발견했다. 그 이후 계속 내추럴 와인만을 생산한 끝에 '푸루스' 와인이 탄생하게 되었다. 이 시리즈의 와인들은 다 매우 좋지만 (아주 가파른 비탈에서 자란 100년 된, 접목하지 않은 포도나무를 이용한) '쉬퍼골트 리슬링'은 특히 더 주목할 만하다. 농축미, 복합미, 입안에서 길게 남는 맛이 아주 탁월하다.

* 아황산염 무첨가

테루아 알 리미트Terroir al Limit, 테라 데 쿠케스Terra de Cuques
프리오라트Priorat, 스페인Spain

페드로 히메네스Pedro ximénez, 뮈스카Muscat

잘 익은 퀸스 | 아이리스 | 아카시아 꽃

도미니크 후버Dominik Huber는 스페인에서 가장 질 좋은 와인을 만드는 이들 가운데 한 명이다. 스페인어도, 와인 양조 노하우도 전혀 모르고 시작했던 그가 약 10년 만에 이룬 결과는 실로 굉장하다. 당나귀를 이용해 밭을 갈고, 프리오라트의 대다수 밭들보다 일찍 수확을 하며, 각 밭에 맞는 퀴베들을 고수하고, 커다란 오크통에서 포도를 송이째 발효시킨다("우리는 추출하기를 원하는 게 아니다. 우러나길 원한다"). 그 결과 현대 프리오라트 와인이라고 하기에는 색다른, 섬세하면서도 단단한 와인이 탄생했다. '테라 데 쿠케스'에 들어가는 뮈스카는 12일간 껍질과 접촉시켜 와인에 훌륭한 맛의 울림과 풍부한 꿀 향을 더했다.

* 아황산염 소량 첨가

---

45 이스라엘산 감.

라이트바디 화이트
NEW WORLD LIGHT-BODIED WHITES

더티 앤드 라우디 Dirty and Rowdy, **스킨 앤드 콘크리트 에그 퍼멘티드 세미용**Skin and Concrete Egg Fermented Semillon

나파 밸리 Napa Valley, **캘리포니아**California, **미국**USA

세미용Sémillon

라임 꽃 | 그린 패션프루트 | 토탄 향

더티(하디Hardy와 케이트Kate)와 라우디(매트Matt와 에이미Amy) 가족은, 그들의 말에 따르면 "우리가 마시고 싶은 정직한 와인을 만든다. …무릎, 팔꿈치, 열린 마음으로"라는 취지로 뭉쳤다. 신세계에서 새 물결을 일으키고 있는 다른 내추럴 와인 생산자들과 마찬가지로, 이들은 포도를 재배하지는 않고 구입해서 와인을 만든다. '스킨 앤드 콘크리트 에그 퍼멘티드 세미용' 퀴베는 하나는 콘크리트 에그에서, 다른 하나는 발로 밟은 뒤 껍질과 함께 뚜껑이 없는 플라스틱 발효기에 넣어 서로 다르게 발효시킨 두 와인을 병입 직전에 섞어서 만든다.

* 아황산염 소량 첨가

하디스티Hardesty, **리슬링**Riesling

윌로 크리크 Willow Creek, **캘리포니아**California, **미국**USA

리슬링Riesling

그린 라임 | 자몽 | 마른 세이지

캘리포니아 남부 태생인 채드 하디스티Chad Hardesty는 고향을 사랑해서 캘리포니아를 떠나지 않고 북쪽으로 가서 일하다가 결국 자기 농장을 차렸다. 그는 유기농 과일과 채소를 길러 인근 레스토랑들과 농산물 직판장에 판매했다. 그러다가 캘리포니아의 선구자적 와인 생산자인 토니 코투리의 지도 및 감독 하에 와인으로 업종을 바꿔, 2008년 첫 판매용 빈티지를 내놓았다. 그는 젊은 생산자 겸 와인 생산자로, 특유의 신중함으로 절제미와 긴장감이 있는 미네랄에 중점을 둔 (화이트 및 레드) 와인들을 빚어낸다. 그의 2010년 리슬링은 신선함과 견고함 덕분에 감칠맛이 느껴진다. 나는 그의 '블랑 뒤 노르Blanc du Nord'도 아주 좋아한다. 주목해야 할 생산자다.

* 아황산염 무첨가

미디엄바디 화이트
NEW WORLD MEDIUM-BODIED WHITES

미국 핑거 레이크스에 있는 블루머 크리크 포도밭에서 리슬링과 게뷔르츠트라미너를 늦게 수확해 밤새 압착한, 블렌딩 전의 여러 빈티지 와인들.

블루머 크리크Bloomer Creek, 배로 빈야드Barrow Vineyard
핑거 레이크스Finger Lakes, 미국USA

리슬링Riesling

야생 복숭아 | 시트러스 | 말린 살구

킴 엥글Kim Engle과 그의 아내 데브라 버밍엄Debra Bermingham에게 와인이란 경험과 기억에 집중할 수 있는 일종의 예술적 표현이다. 블루머 크리크 포도밭이 완성되기까지는 30년이 걸렸다. 밭일은 전부 손으로 하고, 저장고에서의 발효는 아주 천천히 이루어진다(유산 발효가 수확 후 여름 내내 이루어지기도 한다). 이 리슬링을 처음 맛보았을 때 인근 지역의 서늘한 기후 때문에 훨씬 더 투박한 맛이 나리라는 예상을 깨고, (핑거 레이크스 지역의 온화한 기후 덕분에) 유연함과 풍부함을 발견하고는 깜짝 놀랐다. 나는 특히 크리미할 정도로 부드러운 질감과 씹는 듯한 미네랄감, 그리고 훌륭한 복합미의 대비가 좋았다.

* 아황산염 무첨가

사토 와인스Sato Wines, *리슬링Riesling*
센트럴 오타고Central Otago, 뉴질랜드New Zealand

리슬링Riesling

허니서클(인동) | 천도복숭아 | 올스파이스Allspice[46]

투자은행가였던 요시아키 사토는 45세 때 그의 아내 쿄코와 도시에서의 일을 버리고 와인 양조의 세계로 무턱대고 뛰어들어, 결국 뉴질랜드의 센트럴 오타고에서 사업을 시작하게 되었다. 그들은 기술 연마를 위해 수년간 남반구, 북반구를 돌며 일했고, 그들이 방문한 곳들 중에는 알자스에 있는 존경받는 피에르 프릭Pierre Frick의 도멘도 있다. 사토 부부의 와인은 아주 세심하게 공들여 만든 것이니만큼, 이들의 피노 누아도 꼭 찾아보도록.

* 아황산염 소량 첨가

시 빈트너스Si Vintners, 화이트 시White SI
마가렛 리버Margaret River, 호주Australia

세미용Sémillon, 샤르도네Chardonnay

그린 망고 | 구운 사과 | 생강 향

세라 모리스Sarah Morris와 이와 야키모비츠Iwao Jakimowicz(SI)는 2010년 고향으로 돌아가 정착하려고 마가렛 리버에 12만 제곱미터 규모의 부지(그중 8만 제곱미터가 포도밭이었다)를 매입하기 전까지 수년간 스페인 사라고사 주의 협동조합에서 일했다. 스페인의 색을 완전히 없애기는 싫었던 이들은, 친구들과 함께 스페인 라벨도 만들어 스페인과 호주를 오가며 일한다. 이 와인은 콘크리트 에그, 오크 푸드르, 스테인리스스틸 등에서 발효되며, 1천2백여 병이 양조된다. (80년 넘은 그르나슈 포도나무들을 기반으로 하는 이들의 칼라타유드Calatayud[47] 프로젝트, 파코 앤드 코Paco & Co를 주목할 것.)

* 아황산염 소량 첨가

---

46 자메이카가 원산지인 올스파이스 나무의 열매를 건조시켜 만든 향신료.
47 사라고사의 서쪽에 있는 지역.

라 클라린La Clarine, 잠발라이아 블랑Jambalaia Blanc
시에라 풋힐스 Sierra Foothills, **캘리포니아**California, **미국**USA

비오니에Viognier, 마르산느Marsanne, 알바리뇨Albariño, 프티 망상Petit manseng

살구 | 잘 익은 멜론 | 건초

후쿠오카 마사노부(36쪽 '포도밭: 자연적인 재배' 참조)의 글에 영감을 받은 행크 베크마이어Hank Beckmeyer는 농사의 기초가 되는 것들에 의문을 느껴, 만약 그가 적극적인 참여자가 아닌 관리인 역할만을 하여 결과를 (심지어 유기농으로도) 통제하려 들지 않는다면 어떻게 될지 궁금해했다. "편한 것, '이미 알고 있는 것'을 내려놓고… 아주 위험해 보일지도 모르는 자연적인 과정들을 믿으세요. …하지만", 행크가 자신의 웹사이트에 설명했듯이 정말 필요한 건 "헌신… (그리고) 기회를 받아들이는 것과, 실패의 가능성을 감안하는 것입니다."

현재 그의 4만 제곱미터 규모의 농장에는 포도나무가 자라고, 염소들 외에도 셀 수 없이 많은 개, 고양이, 벌, 닭, 새, 땅다람쥐, 꽃, 허브 등이 있다. 이 풍부하고 입안을 가득 메우면서도 상쾌한 느낌의 와인은 론 와인과 스타일이 매우 비슷하다(사실 그의 와인들 대부분이 그렇다). 행크의 레드 와인들 역시 찾아 마셔봐도 좋을 만큼 맛있는데, 특히 고도 9백 미터의 포도밭에서 자란 시라로 만든 '수무 커Sumu Kaw'가 좋다.

* 아황산염 소량 첨가

포퓰리스Populis, 포퓰리스 화이트Populis White
캘리포니아 북부 Northern California, **미국**USA

샤르도네Chardonnay, 콜롱바Colombard

그린게이지 자두 | 시트러스 | 배

미국의 젊은 저개입 와인 양조자들 다수는 포도를 사서 쓴다. 그래서 때로는 혼란이 야기되는데, 어떤 때에는 유기농 퀴베를 만들었다가 또 어떤 때에는 일반적인 방식으로 재배한 포도를 사용하게 되기 때문이다. 그러나 포퓰리스의 경우는 다르다. 포도를 사서 쓰는 건 맞지만, 오직 캘리포니아 북부에서 유기농으로 재배한, 오래된 나무의 포도만을 쓰는 것이다. 디에고 로이그Diego Roig, 샘 배런Sam Baron, 션트 온골리안Shaunt Oungoulian은 자신들의 가족, 친구, 동맹들을 위해 포퓰리스라는 라벨을 만들어 대중을 위한 깨끗하고, 맛있고, 가격이 적당한 와인을 제공한다. 함께 나눠 마실 수 있는 제대로 된, 합리적인 가격대의 와인이 없음을 깨달았기 때문이다. 양조장에서 그 어떤 첨가나 개입 없이 양조된 결과, 멋지게 발효된 포도즙이 완성되었다.

* 아황산염 소량 첨가

풀바디 화이트
FRENCH MEDIUM-BODIED WHITES

앰비스AmByth, 프리스쿠스Priscus
파소 로블스 Paso Robles, **캘리포니아**California, **미국**USA

그르나슈 블랑Grenache blanc, 루산느Roussanne, 마르산느Marsanne, 비오니에Viognier

백도 복숭아 | 리코리스 뿌리 | 스위트피

웨일스 출신인 필립 하트와 캘리포니아 출신인 그의 아내 메리 모우드 하트는 파소 로블스에 있는 그들의 농지 전체에서 건조 농법을 시행한다(38~39쪽 '건조 농법' 참조). 캘리포니아의 물 전쟁과 2013년 시간당 100밀리미터 이상의 폭우가 내렸던 걸 감안할 때, 이는 상당한 공적(그리고 매우 존경스러운 일)이 아닐 수 없다! 이들은 또한 아황산염을 전혀 첨가하지 않는다. 이 역시 캘리포니아에서는 거의 없는 일이다. '프리스쿠스'는 라틴어로 '유서 깊고 오래된'이란 의미를 지닌, 허브 향이 나는 몸에 좋은 와인으로 다른 프리스쿠스 와인들과 마찬가지로 아주 맛이 좋다.

* 아황산염 무첨가

도미니오 비카리Dominio Vicari, 말바시아 다 칸디아 에 프티 망상Malvasia da Cândia e Petit Manseng
산타 카타리나 Santa Catarina, **브라질**Brazil

말바시아 디 칸디아Malvasia di candia, 프티 망상Petit manseng

라임 필 | 패션프루트 | 아스파라거스

2008년 리제테 비카리Lizete Vicari(도예가)와 그녀의 아들 호세 아우구스토 파솔로José Augusto Fasolo(와인 양조자)의 집 차고에서 처음 시작된 도미니오 비카리는 오늘날 브라질의 추종받는 장인 생산자이자, 아직은 적지만 급증하고 있는 브라질의 내추럴 와인 생산자들 중 하나다. 히우 그란지두술Rio Grande do Sul 주의 몬치벨루두술Monte Belo do Sul에서 가족들이 재배한 포도를 사용하는, 저개입 와인 양조 기술을 너무도 사랑하는 리제테는 브라질에서 많이 자라는 품종인 리슬링 이탈리코 포도로 오렌지 와인을 만들어 유명해졌다. 현재 그녀와 그녀의 아들은 메를로, 카베르네, 소비뇽 블랑, 그레케토, 리볼라를 비롯한 다양한 품종들로 와인을 만든다. 모두 온도 제어, 청징이나 여과 없이 자연적으로 양조된다.

* 아황산염 무첨가

스콜리움 프로젝트Scholium Project, *더 실프스The Sylphs*

캘리포니아California, **미국**USA

*샤르도네*Chardonnay

그린 망고 | 짠맛 | 달콤한 오크

'주석' '주해'라는 의미의 그리스어('학교school'와 '장학금scholarship'이라는 단어도 여기서 파생되었다)를 따른 스콜리움은 창립자인 에이브 쉐너Abe Schoener의 말에 따르면 "배우고 이해하기 위한… 그리 대단하지 않은 프로젝트다". 그 결과는 바로 임대한 밭의 포도나무들에서 탄생한. 혼이 담긴 내추럴 와인들이다. '더 실프스'는 밀도가 높고 질감이 살아 있으며 오크 향이 나지만 균형이 잘 잡힌 과일 향도 느낄 수 있는 와인이다. 그의 와인들을 많이 마셔보지는 않았지만 또 마음에 드는 것은 껍질과 접촉시켜 만든 소비뇽 블랑 '프린스 인 히스 케이브스Prince in his Caves'였다.

* 아황산염 무첨가

캘럽 레저 와인스Caleb Leisure Wines, *키아스머스Chiasmus*

시에라 풋힐스 Sierra Foothills, **캘리포니아**California, **미국**USA

마르산느Marsanne, 루산느roussanne, 비오니에viognier

보리 | 살구 | 은방울꽃

사랑스러운 청년 캘럽은 캘리포니아 토박이로(이제 결혼을 통해 얻은 영국인의 면모도 좀 있다), 막 와인 양조라는 모험의 첫발을 내디뎠다. 이것이 첫 빈티지인데 (비오니에/마르산느/루산느 펫낫) 35상자와 1개의 와인통(바로 이 화이트 와인)이 어쩜 그리 다 근사한지! 모두가 풍부하면서도 과즙의 맛이 느껴진다.

나는 이 『내추럴 와인』 2쇄에 캘럽이 포함되었다는 사실이 특히 감격스럽다. 그가 책을 손에 들고 토니 코투리의 집 대문 앞에 불쑥 찾아가 "당신이 이 책에 나왔길래 찾아왔습니다"라고 말하도록 한 일등 공신이 바로 이 책의 1쇄였고, 이 사건은 삶이 돌고 돈다는 걸 여실히 보여주기 때문이다. 와인과 관련된 일을 한 번도 해본 적 없던 그가 토니와의 우정 관계를 시작하게 되었고, 토니를 위해 일하기 시작했으며, 이제는 토니의 저장고에서 자기만의 소규모 생산을 이뤄내고 있는 것이다. 부디 이 가슴 따뜻한 이야기가 와인 세계의 다른 사람들에게도 영감을 줄 수 있기를 바란다.

* 아황산염 무첨가

코투리Coturri, *샤르도네Chardonnay*

그레베니코프 포도밭 Grebennikiff Vineyards, **소노마 밸리**Sonoma Valley, **미국**USA

*샤르도네*Chardonnay

라임 | 구운 헤이즐넛 | 꿀 사탕

캘리포니아 출신인 토니 코투리(128~129쪽 '사과와 포도' 참조)는 미국의 내추럴 와인 전문가로, 이제는 충분히 인정을 받을 만한 때가 되었다. 과거 히피족이었던 토니는 1960년대에 소노마에 농장을 열어 아황산염을 첨가하지 않은 맛있는 유기농 와인들을 수십 년간 생산했다. 마음 맞는 사람이 없는 외로운 세계에서, 진정한 농부인 토니는 미친 사람 취급을 받기도 했다. "이 주변의 생산자들은 자신을 '농부'라고 부르지 않습니다. '농장주'라고 부르죠. 둘 사이에는 큰 차이가 있습니다. 그들의 마음속에서 농부는, 오버롤 차림으로 닭 같은 걸 기르며 빠듯한 살림을 사는 사람이란 부정적인 이미지예요. '우린 농장주예요'라고 그들은 말합니다. 모든 게 너무도 잘못됐어요. 그들은 심지어 비티컬처 혹은 포도 재배를 농사의 중점으로 생각하지도 않는답니다." 토니는 설명한다. 토니의 와인들은 아주 특별하다. 테루아에 중점을 둔 제대로 만든 그의 풀바디 퀴베는 깊이와 품질이 뛰어나다. 꽃의 꿀처럼 부드러운 그의 샤르도네는 80상자가 만들어졌다.

* 아황산염 무첨가

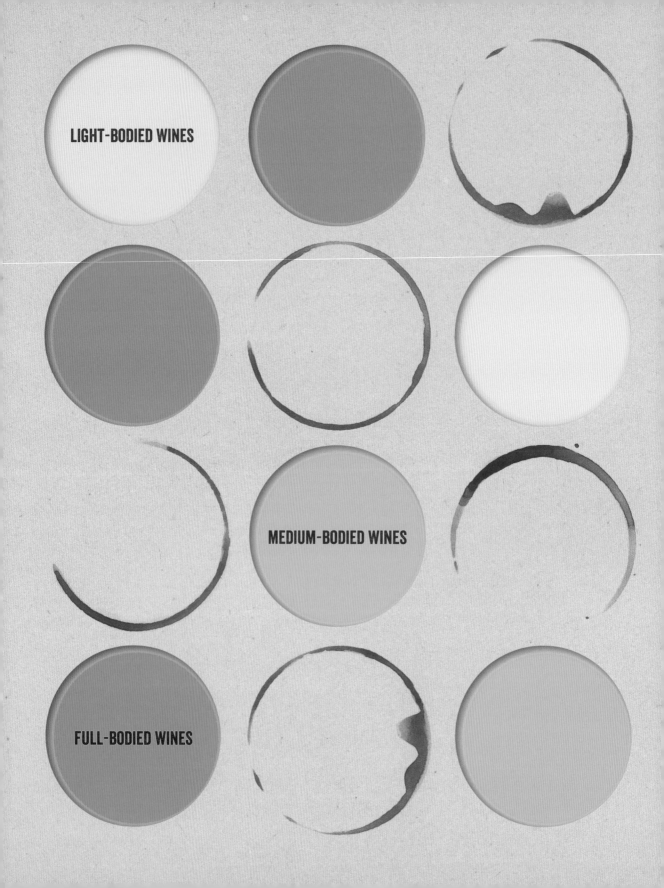

LIGHT-BODIED WINES

MEDIUM-BODIED WINES

FULL-BODIED WINES

르네상스 시대의 그림들에서 사람들의 잔에 담긴 화이트 와인이 왜 오늘날의 화이트 와인처럼 투명하지 않고 오렌지색으로 보이는지 의문을 가져본 적이 있는가? 빛 때문도, 그림이 오래됐기 때문도 아니라, 그 시대의 미켈란젤로와 같은 화가들은 정말로 오렌지 와인을 마셨기 때문이리라. 오늘날 대부분의 화이트 와인은 투명한 색을 내기 위해 포도를 착즙하여 껍질, 줄기, 씨는 버리고 즙만을 분리해서 사용하곤 한다. 만약 그러지 않고 즙을 껍질, 씨, 혹은 줄기 등과 접촉하여 발효시키면 오렌지색 와인을 얻을 수 있다(아니면 오랑지나orangina나 환타 같은 노란색에서부터 적갈색 계통까지 다양한 빛깔을 낼 수 있다). 그러한 접촉 과정은 짧게는 며칠부터 때로는 몇 달(169쪽, 이탈리아의 라디콘처럼) 또는 몇 년(169쪽, 남아프리카공화국 테스탈롱가의 경우처럼)간 계속되기도 한다.

오렌지 와인은 새로운 유행처럼 보이지만 그 역사가 오래되었다. 화이트 와인이 처음 생산되었을 당시에는 레드 와인과 마찬가지로 압착한 즙만이 아니라 포도 전체를 사용했었던 걸로 보이는데, 이는 화이트 와인의 산소에 대한 취약성을 감안하면 훨씬 성가시고 복잡한 작업이다. 실제로 펜실

ORANGE WINES

오렌지 와인

베이니아대학교의 패트릭 맥거번 박사는 다음과 같이 설명한다. "기원전 3150년경에 사용되었던 이집트 항아리에서 노란색 잔여물이 씨, 껍질과 함께 검출된 것을 보면 마세라시옹maceration이 이루어졌음을 추측할 수 있습니다." 마찬가지로, 껍질을 접촉시킨 화이트 와인은 정말 '옐로' 와인이 되기도 한다. "와인에는 네 가지 색이 있다. …화이트, 옐로, 레드, 블랙"이라는 플리니우스의 말처럼.

오렌지 와인은 어디서 만들어지나?

대중에게 알려지기 시작했다지만 오렌지 와인은 여전히 매우 드물다. 시칠리아, 스페인, 스위스 등 여러 곳에서 훌륭한 오렌지 와인들을 만나볼 수 있지만 주로 많이 생산되는 지역은 슬로베니아와 그에 인접한 이탈리아의 콜리오로, 여기서는 가장 심오한 오렌지 와인들을 만나볼 수 있다. 총생산량으로 보면 아마 코카서스의 조지아가 1위일 텐데, 많은 조지아인들이 집에서 와인을 만들기 때문이다.

요즘에는 오렌지 와인이 굉장히 유행이라 그에 편승하려는 이들도 많다. 단순히 오렌지 와인이라고 해서, 또 그렇게 불린다고 해서 다 진짜인 건 아니다. 오렌지 와인의 맛이 나야 한다. 유럽의 선구자적 생산자들 중 한 명인 사샤 라디콘에게 오렌지 와인은 "천연 효모로, 온도 제어 없이 마세라시옹되어야 한다. 그러면 껍질과 접촉한 지 닷새만 지나도 완벽한 오렌지색이 된다. 온도를 제어하면(20도로만 맞춰도) 한 달 내내 껍질을 담가두어도 온도가 너무 낮아서 색이 제대로 추출되지 않는다."

왼쪽: 백포도를 마세라시옹하면 아로마, 구조와 색 추출에 도움이 되며, 이렇게 만든 와인이 오렌지 와인이다.

옆 페이지: 오렌지 와인은 노란색부터 선명한 주황색이나 심지어는 짙은 호박색까지 다양한 빛깔이 조합되어 있다.

음식(유독 잘 어울린다)처럼 강한 풍미가 있는 음식들과 특히 잘 맞는다. 오렌지 와인은 또한 큰 잔에 마실 때 최고의 맛을 내는데, 이는 공기가 풍부해야 잘 열려서 고유의 특성을 완전히 드러내기 때문이다. 중요한 것은 화이트보다는 레드 와인처럼 다루되, 너무 차갑게 마시지 않는 것이다.

오렌지 와인에 대한 여러 비판들 중 하나는, 맛이 다 똑같다는 것이다. 오렌지 와인의 경우 마세라시옹된 즙과 '건더기들'이 와인의 맛, 색깔과 질감에 영향을 주는 건 사실이지만, 그렇다고 해도 각 와인의 색깔과 맛, 질감에는 사용된 포도 품종(산미가 높은 레불라든 묵직하고 스파이시한 피노 그리든)과 테루아(에트나의 화산토든, 스워틀랜드의 화강토든)의 특성이 잘 나타난다. 대체적으로 그렇게 비슷하지는 않다.

알고 있나요? '오렌지'라는 용어는 2004년 영국의 와인 무역 전문가인 데이비드 하비David Harvey가 처음 사용(그리고 처음 고안)했다. "당시에는 그에 관한 산업적 기준이 없었고, 생산자들조차 뭐라고 불러야 할지 몰랐습니다." 데이비드는 설명한다. "다른 와인들도 색깔로 이름을 붙이니, 오렌지색 와인을 오렌지라고 부르는 게 당연해 보였죠."

오렌지 와인의 맛은 어떤가?

오렌지 와인은 여러분이 마셔본 와인들 중 가장 독특한 맛일 것이다. 때로는 대립적이지만, 최상급 오렌지 와인은 감동적이고 복합적이며, 예상치 못했던 맛과 질감의 새로운 조합을 보여준다. 가장 특이한 점은 바로 타닌의 강도다. 껍질과 접촉한 동안 추출된 타닌(그리고 항산화 물질들)이 이 하이브리드 와인에 레드 와인의 질감을 부여하는 것이다. 눈을 감고, 혹은 짙은 색 잔에 담아 마시면 오렌지와 레드의 구별이 쉽지 않다.

음식과 함께 마시면 제 맛을 내는데, 아주 중독적이기까지 하다. 타닌감은 부드러워지거나 심지어는 사라지기도 하고, 그 묘한 맛의 다양성이 부각된다. 다양한 음식에 두루 잘 어울리지만 그중에서도 숙성된 경성 치즈, 매콤한 스튜, 또는 호두가 들어가는

라이트바디 오렌지
LIGHT-BODIED ORANGES

에스코다 사나우하 Escoda-Sanahuja, **엘스 바소츠**Els Bassots

콩카 디 바르베라 Conca di Barbera, **스페인**Spain

슈냉 블랑Chenin blanc

그을은 건초 | 마른 퀸스 | 호로파 Fenugreek[48]

스페인 북동쪽에 있는 석회암 노두에서 자란 이 스페인산 슈냉 블랑은 조금은 별종이다. 스페인산 슈냉 블랑(굉장히 이례적이다)이며 호안 라몬 에스코다Joan-Ramón Escoda가 8일간 껍질을 넣어 마세라시옹했다. 그 결과 타닌감이 살짝 느껴지는 아주 드라이라고 직선적인 와인이 탄생했다. 4천5백 병만 생산되었다.

* 아황산염 무첨가

섹스탕Sextant, **스킨 콘택트**Skin Contact

부르고뉴Burgundy, **프랑스**France

알리고테Aligoté

벌집 | 카피르 잎 | 용과

쥘리앙 알타베르Julien Altaber는 아주 촉망받는 포도 생산자 겸 와인 생산자로, 부르고뉴의 상징적인 생산자 도미니크 드랭Dominique Derain과 함께 일했다. 쥘리앙은 그 극도로 전통적이고 보수적인 와인 재배지에서 과감하게 색다른 와인들을 만드는, 흥미로운 신세대 와인 양조자에 속한다. 알리고테는 흔히 키르Kir[49]를 만들 때 카시스주의 들러리로 존재하는, 맛없고 시기만 한 와인들에 사용하는 2급 품종으로 여겨졌다. 그러나 쥘리앙의 와인은 결국 농사가 가장 중요하다는 사실을 증명한다. 즉 포도를 잘 재배하고 자연적인 방식으로 와인을 만들면, 어떤 포도 품종이라도 훌륭한 개성을 지닐 수 있다는 것이다. 쥘리앙의 '스킨 콘택트'는 12일간 (50퍼센트는 포도송이째, 50퍼센트는 줄기를 제거하고) 마세라시옹되며, 부드러운 순수함과 도드라지는 과일 맛이 특징이다. 그의 다른 퀴베와 스타일이 아주 비슷한 우아한 와인이다.

* 아황산염 소량 첨가

---

48 콩과 식물로 씨를 약이나 향신료로 이용한다.
49 화이트 와인에 카시스주를 섞어 만드는 칵테일.

미디엄바디 오렌지
MEDIUM-BODIED ORANGES

데나볼로Denavolo, **디나볼리노**Dinavolino

에밀리아 로마냐 Emilia-Romagna, **이탈리아**Italy

말바시아 디 칸디아 아로마티카Malvasia di candia aromatica,

마르산느marsanne, 오르트루고ortrugo 등

생펜넬 | 오렌지 껍질 | 고수 씨

라 스토파La Stoppa의 상주 와인 양조자인 줄리오 아르마니Giulio Armani는 3만 제곱미터 규모의 땅에서 데나볼로라는 개인 프로젝트를 열었다. 2주간 껍질과 함께 마세라시옹한 '디나볼리노'는 꽤 타이트한 스타일이긴 하나 충분한 과일 향이 타닌과 균형을 잘 잡고 있어서 오렌지 와인 입문용으로 훌륭하다. 수줍은 듯한 향을 지닌 반면, 입안에서는 활짝 열리며 아로마를 뽐낸다.

* 아황산염 무첨가

콜롬바이아Colombaia, **비앙코 토스카나**Bianco Toscana

토스카나Tuscany, **이탈리아**Italy

트레비아노Trebbiano, 말바시아Malvasia

헤이즐넛 | 짠 캐러멜 | 배

단테 로마치Dante Lomazzi와 그의 아내 헬레나Helena의 4만 제곱미터 규모의 포도밭은 석회질 점토 토양을 기반으로 하며, 이들 부부의 말에 따르면 이들은 이곳을 '넓은 정원'처럼 경작한다. 풍부하며 짠맛이 느껴지는 이 블렌드 와인은 훌륭한 농축미, 껍질과의 접촉을 통한 타닌감을 지닌다. 이들의 한정판 스파클링 '콜롬바이아 앙세스트랄' 화이트와 로제도 마셔보길.

* 아황산염 소량 첨가

믈레츠니크Mlečnik, **아나**Ana

비파브스카 돌리나 Vipavska Dolina, **슬로베니아**Slovenia

샤르도네Chardonnay, 토카이tocai

생담뱃잎 | 사프란 | 약간의 복숭아 향

발터 믈레츠니크Walter Mlečnik는 세련된 오렌지 와인들을 만든다. 최소 4~5년간의 마세라시옹을 거쳐 출하되는 그의 와인은 언제나 훌륭한 복합미와 숙성미를 보여준다. 우아하고 향신료 향이 살짝 느껴지는 '아나'는 오렌지 와인으로서는 드문 절제미를 지닌다.

* 아황산염 소량 첨가

코넬리센Cornelissen, 문제벨 비앙코 7Munjebel Bianco 7

시칠리아Sicily, **이탈리아**Italy

카리칸테Carricante, 그레카니코grecanico, 코다 디 볼페coda di volpe

금귤 | 그린 망고 | 약간의 라임 향

이제 시칠리아 사람이 된 벨기에 출신 프랑크 코넬리센은 다양한 삶을 살아왔다. 등산가, 카레이서, 와인 수입업자였으며 현재는 에트나 산의 용암레lava fields에서 내추럴 와인 생산자로 살아가고 있으니 말이다. 시칠리아 지역의 품종으로 만든 그의 '문제벨 비앙코 7'은 실험적 재즈 음악과 다소 비슷하게, 다루기 어려운 거친 느낌이 난다.

* 아황산염 무첨가

외콜로기셰스 바인구트 슈미트Ökologisches Weingut Schmitt, 오르페우스Orpheus

라인헤센Rheinessen, **독일**Germany

피노 블랑Pinot blanc

백도 복숭아 | 허니서클(인동) | 우엉

다니엘과 비앙카 슈미트가 운영하는 15만 제곱미터 규모의 와이너리는 75개밖에 안 되는 데메터 인증 와이너리들 중 하나다. 이들이 생산하는 와인들 중 약 절반이 껍질과의 접촉을 거쳐 청징 및 아황산염 첨가 없이 만들어진다. 유기농이나 바이오다이내믹 생산자들조차 아황산염에 크게 의지하는 독일에서는 드문 일이다. '오르페우스'의 경우 포도즙은 두 달간 껍질과 접촉시키며 조지아식 크베브리에서 1년간 숙성된다.

* 아황산염 무첨가

엘리자베타 포라도리Elisabetta Foradori, 노지올라Nosiola

트렌티노Trentino, **이탈리아**Italy

노지올라Nosiola

아카시아 꽃 | 마카다미아 너트 | 소금물

매력적인 엘리자베타는 이 와인을 스페인식 항아리인 티나하에 넣어 땅 위에서 만든다. 줄기를 제거한 포도는 껍질째 6~7개월간 마세라시옹되며, 그 이후 와인은 오래된 아카시아 나무통으로 옮겨 3개월 이상 보관한다. 그 결과 섬세하고 향긋한 (그리고 꽃향기도 살짝 나는) 부드러운 타닌감과 짭짜름한 맛이 나는 와인이 된다. 오렌지 와인의 느낌이 거

의 나지 않는 아주 아름다운 와인이다.

* 아황산염 소량 첨가

파토리아 라 말리오자Fattoria La Maliosa, 비앙코Bianco

토스카나Tuscany, **이탈리아**Italy

프로카니코Procanico, 그레코 피콜로greco piccola, 안소니카ansonica

커리 잎 | 라임 꿀 | 라임 껍질

마렘마 언덕에 있는 안토넬라 마눌리Antonella Manuli의 165만 제곱미터 규모의 농장은 지속 가능성의 보고다. 여러 경작지들이 오래된 포도 품종들, 70년 된 올리브 나무, 숲들과 어깨를 나란히 하고 있다. 여기서는 맛좋은 내추럴 와인, 엑스트라버진 올리브유, 감미로운 꿀 등이 생산된다. 지명한 농학자 로렌초 코리니Lorenzo Corino(188쪽 '카제 코리니' 참조. 로렌초는 안토넬라의 포도밭 운영에 도움을 주었다)가 만든 일련의 규칙들인 '메토도 코리노Metodo Corino'에 따라 경작한 라 말리오자는 유기농 인증을 받은 데다 채식주의자들에게도 알맞고, 탄소 배출량까지 추적하는 등 환경에도 공헌한다.

* 아황산염 무첨가

로렌초 코리노는 다재다능한 사람이다. 그는 파토리아 라 말리오자의 농사와 와인 양조를 도우면서, 이탈리아 피에몬테에 자신의 포도밭과 저장고(카제 코리니)도 운영하고 있다(자세한 내용은 188쪽 참조).

풀바디 오렌지
FULL-BODIED ORANGES

페전츠 티얼스Pheasant's Tears, 므츠바네Mtsvane
카헤티Kakheti, **조지아**Georgia

므츠바네Mtsvane

캐모마일 | 포멜로 | 아몬드

조지아에는 '최고의 와인만이 꿩을 기뻐서 울게 만들 수 있다'라는 말이 있는데, 페전츠 티얼스는 그 말에 딱 들어맞는다. 이들은 껍질, 씨, 줄기와 즙을 6개월간 크베브리(땅에 묻어두는 큰 항아리)에 함께 넣어두는 옛날식 레시피를 사용해 토종 포도 품종들(조지아는 수백 가지의 토종 품종들을 자랑한다)로 즐겁게 마실 수 있는 전통 조지아 와인들을 많이 생산한다. 꽃 향과 잘 융화된 섬세한 타닌이 느껴지는 '므츠바네'는 페전츠 티얼스가, 나아가 조지아가 제공할 수 있는 맛있는 와인의 좋은 예다.

* 아황산염 소량 첨가

조지아 동부에 있는 페전츠 티얼스에서, 땅에 묻기 전 안쪽 면을 밀랍으로 코팅한 크베브리들. 이 커다란 항아리는 조지아 전역에서 와인을 발효하고 숙성하는 데 쓰인다. 조지아에서 와인은 국가의 틀을 이루고 있다. 그도 그럴 것이 조지아는 와인의 발생지라 자처하는 국가들 중 하나며 세계에서 가장 오래된(적어도 8천 년 이상) 와인 양조 역사를 가지고 있기 때문이다.

로랑 반바르트Laurent Bannwarth, 피노 그리 크베브리Pinot Gris Qvevri
알자스Alsace, **프랑스**France

피노 그리Pinot gris

마른 살구 | 달콤한 타마린드 | 리코리스 뿌리

스테판 반바르트Stéphane Bannwarth는 지금보다 더 많은 주목을 받을 자격이 있는 생산자다. 산뜻한 어른용 망고 주스 같은 맛이 나는 기막힌 스파클링 게뷔르츠트라미너 '펩스 드 크베브리Pep's de Qvevri'처럼, 짜릿하고 멋진 다양한 와인을 만드는 그는 와인 업계의 레이더에 잡히지 않았다. 지금까지는 말이다. 그의 피노 그리는 포도를 송이째 8개월간 조지아식 크베브리에 마세라시옹해서 만든다. 이 멋진, 짙은 금색의 감미로운 와인은 신선하고 아주 드라이한 느낌을 주는 타닌 구조를 갖고 있으면서도 달콤함을 놓치지 않는다.

* 아황산염 무첨가

초타르Čotar, 비토브스카Vitovska
크라스Kras, **슬로베니아**Slovenia

비토브스카Vitovska

달콤한 퀸스 | 리코리스 | 레몬그라스 차

이탈리아 트리에스테 북쪽, 바다에서 5킬로미터 떨어진 곳에서 브란코Branko와 바스야Vasja 초타르 부자父子는 우아하고 직선적인 와인들을 만든다. '비토브스카'는 아주 드라이하지만 향긋한 단맛을 지니며, 침전물이 있기 때문에 나는 그 질감을 극대화시키기 위해 흔들어 마시는 걸 좋아한다.

* 아황산염 소량 첨가

칸티나 지아르디노Cantina Giardino, *가이아Gaia*

캄파니아Campania, 이탈리아Italy

피아노Fiano

그을은 건초 | 만다린 | 패션프루트

나흘 동안만 껍질과 접촉. 추출 시간이 짧아서 그야말로 오렌지와 화이트의 경계에 서 있는 와인이다. 하지만 껍질과 접촉한 그 짧은 시간이 이 와인의 질감(일례로 타닌감을 느껴보라)과 아로마에 선명한 흔적을 남겼다. '가이아'는 캄파니아의 언덕 고지대인 이르피니아의 화산토에서 자란 피아노라는 옛날 품종으로 만든다. 지아르디노의 와인은 생기가 넘치며 항상 강렬하고 신선하다.

* 아황산염 무첨가

세라기아Serragghia, *지비보Zibibbo*

판텔레리아Pantelleria, 이탈리아Italy

지비보Zibibbo

일랑일랑 | 패션프루트 | 바다 소금

가브리오 비니Gabrio Bini는 아프리카 대륙에서 가까운 이 화산성 토양에서 아주 개성 있는 와인들을 만든다. 그는 '뮈스카 오브 알렉산드리아'라고도 하는 지비보 품종을, 말을 이용해 경작하고 옛날식 암포라에 넣어 야외에 묻어 발효시킨다. 가브리오는 또한 최고로 질 좋은 케이퍼를 자연적으로 재배하여 피클로 만들기도 한다. 이 밝고 선명한 오렌지 와인은 진한 바다 냄새가 섞인 강력하고 이국적인 풍미가 폭발하는 듯한 느낌을 준다.

* 아황산염 무첨가

테스탈롱가Testalonga, *엘 반디토El Bandito*

스워틀랜드Swartland, 남아프리카공화국South Africa

슈냉 블랑Chenin blanc

신선한 건초 | 살구 | 말린 사과 껍질

남아프리카공화국의 과감한 생산자 크레이그 호킨스(그는 스워틀랜드 라머속Lammershoek을 위해 와인을 만든다)가 만든 테스탈롱가는 그의 단독 사업체다. 타협하지 않고, 건조 농법을 적용한 이 슈냉 블랑은 2년간 오크통에서 껍질과 함께 숙성된다. 맛있어서 술술 넘어가는 '엘 반디토'는 와인으로서는 유례가 없을 정도로 놀라운 과즙미가 느껴진다. 매력적인 따뜻한 향신료 향과 상쾌한 산미 덕분에 자꾸 마시고 싶어지는 와인이다.

* 아황산염 무첨가

라디콘Radikon, *리볼라 지알라Rivolla Gialla*

프리울리Friuli, 오슬라브예Oslavje, 이탈리아Italy

리볼라 지알라Ribolla gialla

마멀레이드 | 팔각 | 아몬드

가장 황홀한 오렌지 와인인 라디콘의 '리볼라 지알라'는 처음 따른 것과 한 시간 후 따른 것의 맛 차이가 극명하여 마치 여행을 하는 듯한 느낌을 준다. 몇 주간의 마세라시옹과 큰 오크통에서의 기나긴(3년 이상) 숙성 결과, 엄청난 복합미와 차갑고도 대담한 풍미의 깊이를 지닌, 거의 냉정하다 싶은 스타일의 와인이 탄생했다.

* 아황산염 무첨가

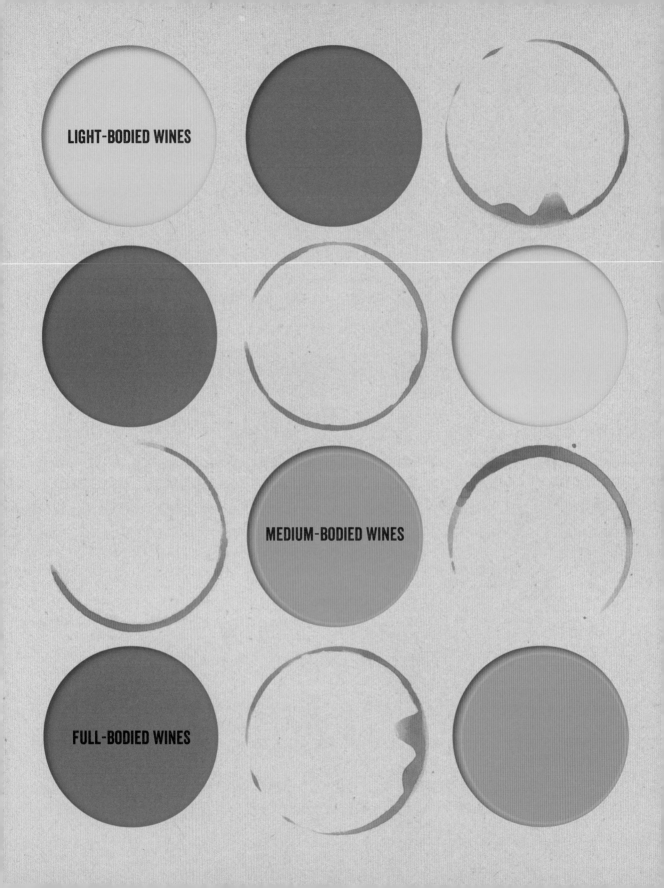

LIGHT-BODIED WINES

MEDIUM-BODIED WINES

FULL-BODIED WINES

로제, 블러시blush, 뱅 그리vin gris('회색' 와인) 등으로 불리는 핑크 와인(이 중 블러시와 뱅 그리는 아주 연한 핑크색 와인을 일컫는다)은 붉은색 껍질(그리고 때로는 붉은색 과육)을 가진 포도 품종을 사용해 그 색이 와인에 스며든 것이다. 이러한 접촉 결과 양파 껍질에서부터 연어나 구리, 밝은 핑크나 진한 자홍색에 이르기까지 다양한 핑크색 혹은 연보라색이 나온다. 사실 가장 어두운 범위에 드는 핑크 와인들은 거의 레드 와인처럼 보이기도 한다.

포도즙이 껍질과 접촉하는 시간의 길이나 포도 품종의 색소 강도 등 다양한 요인들에 따라 로제의 색이 달라진다. 품종이 다르면 와인의 구조뿐만 아니라 색의 농도도 달라지는 것이다. 예를 들어 껍질이 두껍고 안토시아닌이 풍부한 카베르네 소비뇽에 비해 피노 누아처럼 껍질이 얇은 품종을 사용할 때에는 어두운색의 풀바디 로제 와인을 만들기가 더 어렵다. 마찬가지로 알리칸테 부쉐alicante bouschet나 사페라비saperavi처럼 껍질과 과육이 검붉은 색인 텡튀리에teinturier 품종들로는 밝은색 로제를 만들기가 어렵다.

하지만 핑크 와인들의 색과 구조는 와인 양조 레시피에 따라 달라지기도 하는데, 예를 들면 생산자들은 다음과 같은 방식을 사용한다.

PINK WINES
핑크 와인

- 대부분의 핑크 샴페인을 만들 때처럼 레드와 화이트 섞기(사실 프랑스 AOC 규정에 따르면 오직 샴페인만이 이 방식을 쓸 수 있다)
- 마세라시옹을 짧게 하기
- '세녜 방식Saignée Methode'을 이용, 레드 와인 양조 시 발효 맨 첫 단계에서 즙을 빼냄으로써 로제는 물론 더 농축된 레드 와인을 얻기
- 더 낮은 (일반적인) 품질 군에서는, 활성탄 같은 첨가물이나 처리제를 사용해 레드 와인을 탈색하기

핑크 와인의 품질은 천차만별인데, 무엇보다도 로제 같은 경우 안타깝지만 와인 양조자가 나중에 추가적으로 만드는 경우가 많기 때문이다. 실제로 와인 양조자들은 보통 화이트와 레드 와인에 더 중점을 두어 최상의 포도를 써가며 노력하고, 그 이후 남은 것으로 로제를 만들려고 한다. 그러니까 로제는 레드 와인 생산 시 일종의 부산물이 되는 것이다. 그 결과 많은 로제들은 화이트와 레드 사이의 어중간한 위치에 놓여 무엇으로 분류해야 할지 알 수 없게 된다.

따라서 로제를 생산할 때 가장 중요한 요소는 바로 '의도'다. 로제를 위해 특별히 의도한 포도로 만들어야 최고의 로제 와인이 만들어진다는 사실은 의심할 여지가 없다.

최근 몇 년간 핑크 와인의 인기가 치솟아 양에 중점을 둔 브랜드들이 딱딱한 사탕 같은 느낌의 맛없는 오프 드라이 와인들을 마트 선반에 늘어놓는 바람에, 때때로 안목이 있는 소비자들이 로제 와인이라면 아예 쳐다보지도 않게 되었다는 사실은 참으로 유감스러운 일이다. 그러한 사람들에게 여기에서 소개하는 와인 리스트는 로제 와인의 부활이나 마찬가지일 것이다. 당연히 모두가 멋진 (드라이) 와인들이며, 이들 중 하나는 내가 무인도에 가져갈 만한 와인 리스트에 포함시킬까 말까 심각하게 고민하고 있을 정도로 훌륭하다.

프랑스 랑그독에 있는 르 플뤼Le Pelut 포도밭의 피에르 루스Pierre Rousse는 '피오리튀르Fioriture'라는 피노 누아 로제를 비롯한 많은 아황산염 무첨가 와인들을 만든다.

칼리 더 불Cali the Bull을 만나보자. 마마루타Mamaruta(랑그독에 있는 또 다른 포도밭)의 포도나무들 사이에서 겨울을 나며 땅을 기름지게 하는 데 도움을 주는 열두 마리의 하일랜드 소들 중 한 마리다. 병입 시 소량의 아황산염만을 첨가하는 마마루타의 '운 그랭 드 폴리Un Grain de Folie'를 찾아보길.

라이트바디 핑크
LIGHT-BODIED PINKS

마스 니코 Mas Nicot

랑그독Languedoc, **프랑스**France

*그르나슈*Grenache, *시라*Syrah

야생 딸기 | 라즈베리 | 카카오

프레데릭 포로Frédéric Porro와 스테파니 퐁송Stéphanie Ponson 부부가 만드는 와인은 가장 합리적인 가격대의 믿을 만한 와인에 속한다. 그르나슈와 시라로 만든 이 로제 블렌드는 그 투명도가 부드러운 붉은색 과일들을 연상시키며, 향신료와 타닌 맛이 살짝 더해져 더욱 진하고 진지한 맛을 낸다. 이 부부의 다른 포도밭, 마스 데 아그뤼넬Mas des Agrunelles과 라 마렐La Marele의 와인들도 찾아보길.

* 아황산염 소량 첨가

도멘 퐁 시프레 Fond Cyprès, **프르미에 쥐 로제**Premier Jus Rosé

랑그독Languedoc, **프랑스**France

*카리냥*Carignan, *그르나슈*grenache

생강 | 루바브 | 핑크 레이디

퐁 시프레를 운영하는 레티시아 우를리악Lætitia Ourliac과 로돌프 지아네시니Rodolphe Gianesini는 2004년에 부르고뉴의 유명 생산자인 프레드 코사르Fred Cossard를 만난 뒤 내추럴 와인을 만들기로 결심했다. 이들은 이렇게 설명한다. "우리는 그동안 내내 포도밭의 정체성을 찾고자 노력했습니다. 땅의 각 구역을 파악하고, 다양한 와인 양조 방법을 시도하고, 인근은 물론 먼 곳에서 생산되는 와인들을 맛보았죠. 그래서 여기까지 올 수 있었던 겁니다." 이렇게 좋아하는 일에 매진한 결과 이들은 놀라울 정도로 정직하고 아주 개성 있는 와인들을 만들게 되었다. 예를 들어 이 카리냥/그르나슈 블렌드는 매우 사교적이며 많이 마실 수밖에 없게 만드는 와인이다. 한 밭에 심어진 그르나슈 블랑, 루산느, 비오니에로 만든 이들의 '르 블랑 데 가렌'Le Blanc des Garennes'도 마셔보길.

* 아황산염 무첨가

미디엄바디 핑크
MEDIUM-BODIED PINKS

프란코 테르핀 Franco Terpin, **퀸토 콰르토**Quinto Quarto,
피노 그리지오 델레 베네치에 IGT Pinot Grigio delle Venezie IGT

프리울리Friuli, **이탈리아**Italy

*피노 그리지오*Pinot grigio

블러드 오렌지 | 펜넬 | 야생 라즈베리

프란코는 농축미 있는 진지한 오렌지 와인들로 더 유명하긴 하지만, 스파이시하며 사교적인 그의 피노 그리지오 역시 마시기에 아주 좋다. 달지 않은 맛, 아니스 열매 향이 균형을 잘 잡아주는 다소 자극적인 와인으로 재미있고 만족스러운 느낌을 선사한다. 탄력 있고 활기차며 표현력이 풍부한, 과즙미와 신선함이 느껴지는 와인이다.

* 아황산염 소량 첨가

마스 제니튀드 Mas Zenitude, **로즈**Roze

랑그독Languedoc, **프랑스**France

*그르나슈*Grenache, *생소*cinsault, *카리냥*carignan

빨간 자두 | 월계수 잎 | 바닐라

스웨덴 출신 변호사 겸 와인 생산자, 에릭 가브리엘손Erik Gabrielson이 만든 이 와인은 놀라울 정도로 진지하다. 위 프란코의 와인과 같은 에너지는 느껴지지 않지만, 훨씬 더 은은하고 무겁다(더 둥글고, 스파이시하고, 풍부하다). 질감이 느껴지고 크리미한 맛, 말린 허브 향이 나며 바닐라 캐러멜의 느낌이 코냑을 연상시키는 단맛을 더한다.

* 아황산염 무첨가

구트 오가우 Gut Oggau, **비니프레드**Winifred

부르겐란트Burgenland, **오스트리아**Austria

*블라우프랭키쉬*Blaufränkisch, *츠바이겔트*zweigelt

블루베리 | 레드 체리 | 계피

슈테파니와 에두아르트 체페 에젤뵉은 오스트리아 동부의 부르겐란트에서 탁월한 와인들을 만든다. 이 진지한 로제는 달지 않은 풍미가 있고, 성숙하며, 절제미가 있는 와인이다. 붉은색과 보라색 베리류, 짙은 빛깔 향신료들의 풍미와 기분 좋은 밀도(부분적으로는 소량의 타닌 덕분이다)가 느껴진다. 씹는 느낌과 서늘함이 있어 여러 다양한 음식에 곁들일 때 본연의 맛을 잃지 않는다.

* 아황산염 무첨가

도멘 리가스Domaine Ligas, 파타 트라바 그리스Pata Trava Gris
펠라Pella, **그리스**Greece
*시노마브로*Xinomavro

블러드 오렌지 | 소나무 | 야생 딸기

이 대단한 리가스가家가 그리스 최고의 (상업적) 내추럴 와인 생산자 겸 포도 재배자라는 사실은 추호도 의심할 여지가 없다. 마케도니아 알렉산더 대왕의 땅이었던 그리스 북부에 자리를 잡은 리가스의 포도밭은 영속농업과, 오래된 그리스 토종 포도 품종들의 부흥에 전념한다. 실제로 이들이 생산하는 와인들은 모두 그러한 품종들로 만든 것이며, 일부는 아주 소량(한 통 이하)만 생산되었다. 이 시노마브로는 흙냄새가 느껴지는 묵직한 와인으로, 눈을 감고 마시면 귀뚜라미 울음소리마저 들리는 듯하다. 진정한 지중해의 맛이다.

* 아황산염 소량 첨가

쥘리앙 페라Julien Peyras, 로제 보엠Rose Bohème
랑그독Languedoc, **프랑스**France
*그르나슈*Grenache, *무르베드르*mourvèdre

수박 | 오렌지 꽃 | 라즈베리

퐁테딕토의 베르나르 벨라센(106~107쪽 '말' 참조)을 멘토로 둔 이상, 일을 그르칠 일은 없다. 쥘리앙은 운 좋게도 내추럴 와인계를 떠받치는 여러 기둥과 같은 인물들 중 한 명인 그에게 일을 배워왔으며, 이러한 사실이 쥘리앙의 와인에서 잘 드러난다. 그의 와인은 살아 있으며 입에 침이 고일 만큼 훌륭하다. 70년 된 (현무암 토양에서 자란) 그르나슈와 10년 이상 된 (점토질 토양에서 자란) 무르베드르로 만든 이 와인은 소위 말하는 '로제 드 세니에'로, 짧은 마세라시옹(이 와인의 경우에는 24시간) 후 머스트에서 즙을 일부 빼낸 것이라 색이 짙고 풍미가 있다.

* 아황산염 무첨가

안 마리 라베스와 그녀의 아들 피에르는 프랑스 생장 드 미네르부아의 돌이 많은 토양에서 아황산염 무첨가 와인들을 생산한다.

풀바디 핑크
FULL-BODIED PINKS

슈트로마이어Strohmeier, **트라우벤**Trauben,
리베 운트 차이트 로제바인 Liebe und Zeit Rosewein
베스트슈타이어마르크Weststeiermark, **오스트리아**Austria

블라우어 빌트바허Blauer wildbacher

리코리스 | 빌베리Bilberry | 향긋한 장미 꽃잎

프란츠Franz 슈트로마이어는 굉장히 대담하고 재능 있는 와인 양조자이다. 그는 쉴허Schilcher(산미가 강한 로제 와인으로 보통 유산 발효를 인위적으로 차단한다. 내 의견으로는 밋밋하고 지루한 느낌이 들 때가 많다)로 유명한 지역에서 대세를 거스르는 생산자다. 그의 구릿빛 로제는 아주 풍부한 리코리스 향이 나고 입안에서 야생 블루베리와 향긋한 장미 꽃잎의 풍미가 느껴지며, 2차적으로 흙을 연상시키는 아로마들이 나타난다. 신선하며, 씹는 듯한 질감이 있는, 나이를 고려하면 놀라우리만치 영young한 와인이다.

* 아황산염 무첨가

레 뱅 뒤 카바농 Les Vins du Cabanon, **칸타 마냐나**Canta Mañana
루시용Roussillon, **프랑스**France

그르나슈 블랑Grenache blanc, 그르나슈 누아grenache noir, 카리냥carignan,
무르베드르mourvèdre, 뮈스카Muscat

장미 꽃잎 | 딸기 | 양귀비

알랭 카스텍스는 내추럴 와인계의 충신이다. 르 카조 데 마욜(151쪽 '화이트 와인' 참조)의 창립자인 그는 바뉠스에 있는 포도밭은 팔고 트뤼야에 있는 밭만 운영 중인데, 여기서 내가 최고로 아끼는 와인인 '칸타 마냐나'가 만들어진다. 해안가에서 어느 정도 들어간 곳, 피레네 산맥의 언덕 위에서 필드 블렌드field blend[50]로 재배한 레드와 화이트 품종으로 만든 이 로제는, 내가 아는 한 가장 표현력이 풍부한 로제다. 만약 로제는 특색이 없고 아무 생각 없이 마시기 위한 와인이라고 생각한다면 다시 생각해보길. '칸타 마냐나'는 존재감이 큰 와인이다. 풍성한 아로마와 포도 향, 둥글고 풍부한 바디감, 꽤 날카로운 산미를 지닌다.

* 아황산염 무첨가

---

50 하나의 와인을 만들기 위해 여러 품종을 재배하는 것.

도멘 루치 Domaine Lucci, **그리 드 플로레트**Gris de Florette
애들레이드 힐스 Adelaide Hills, **호주**Australia

피노 그리Pinot gris

리치 | 올스파이스 | 라임 껍질

과거 셰프였던 현실주의자, 안톤 폰 클로퍼Anton von Klopper는 2002년 아내 샐리Sally, 딸 루시Lucy와 함께 애들레이드 힐스에 있는 6만5천 제곱미터 규모의 체리 과수원을 매입. 다종 재배 농장과 와이너리로 탈바꿈시켜 오늘날 호주 와인을 회생시킨 테루아 중심의 와인 생산자들 중 한 명으로 평가받는다. 이 피노 그리는 그야말로 짜릿하다. 안톤의 와인들이 대부분 그렇듯 구속받지 않는 에너지를 지닌 거친 와인인데, 사실 안톤 본인도 별반 다르지 않다!

* 아황산염 무첨가

도멘 드 랑글로흐 Domaine de L'Anglore, **타벨 빈티지**Tavel Vintage
론Rhône, **프랑스**France

그르나슈Grenache, 생소cinsault, 카리냥carignan, 클레레트clairette

탠저린 | 계피 | 진저브레드

양봉가에서 와인 양조자로 전업한 에릭 피펄링Eric Pfifferling은 아마도 로제 와인의 기준이라 할 수 있을 것이다. 그가 만든 여러 로제는 가장 흥미로운 로제에 속하며, 숙성 능력이 뛰어난 것으로 유명하다. 그의 '타벨 빈티지'는 기분 좋게 마실 수 있는 와인이면서도 독보적인 힘과 무게감을 지닌다. 강렬하고, 맛이 오래가며, 생생한 풍미가 있으므로 가장 심오한 단계의 로제라 할 수 있다.

* 아황산염 소량 첨가

옆 페이지: 알랭 카스텍스는 르 카조 데 마욜을 팔 당시 '칸타 마냐나'를 만드는 포도나무들은 남겨두었고, 이제 이 와인은 레 뱅 뒤 카바농 라벨이 붙은 병에 담긴다.

Tir à Blanc

Canta Mañana L-12 02

Poudre d'Escampette L-12 03

VENDANGE 2012

Le Casot des Mailloles

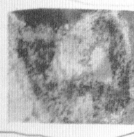

- No sulfites -

Vin de France
de Ghislaine Magnier et Alain Castex
Mis en Bouteille à la Propriété - F.66650

13% vol.   Tél 04 68 88 59 37   75 cl

Produit de France

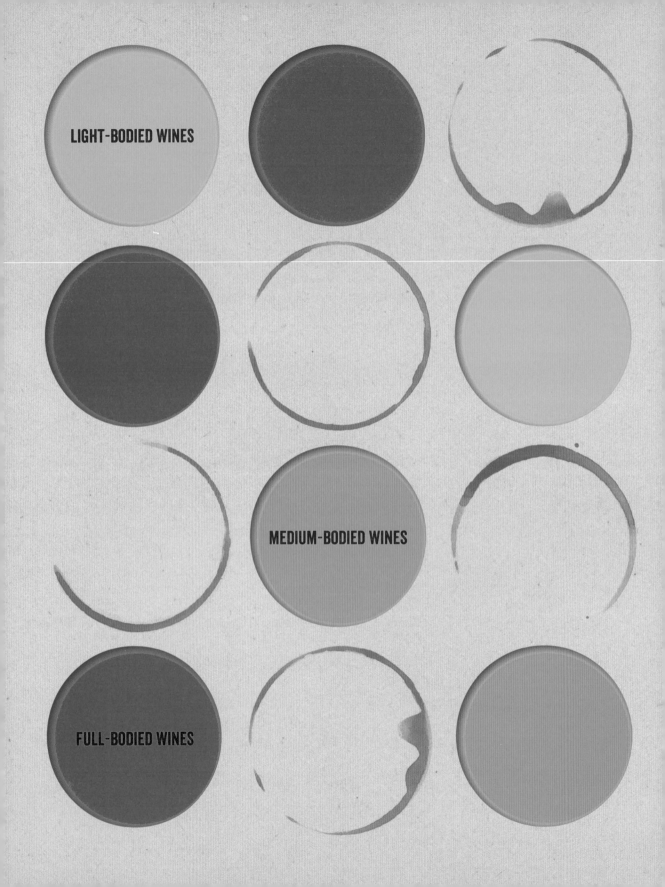

내추럴 레드 와인과 일반 레드 와인이 보여주는 풍미의 차이는 화이트나 오렌지 와인에 비해 그리 심하지 않다. 주된 이유는 일반 레드 와인이 다른 색상이나 스타일의 와인에 비해 아직은 그나마 자연적으로 양조되고 있기 때문이다. 여전히 효모 첨가는 기본으로 여겨지고 있지만 말이다. 내추럴 레드 와인의 경우, 색을 내기 위해 포도즙을 껍질(그리고/또는 씨와 줄기)과 오랜 시간 접촉시킨다. 이 과정에서 와인을 산소로부터 보호하는 타닌과 항산화 물질이 나온다. 결과적으로 일반 생산자들은 화이트 와인에 비해 레드 와인에는 아황산염을 더 적게 첨가하게 된다. EU법상 와인에 허용하는 최대 아황산염 함량 역시 화이트보다 레드의 경우가 더 낮다.

그렇긴 해도 내추럴 와인에서만 맛볼 수 있는 자연적인 맛은 분명 존재한다. 첫 번째로 (특히 그의 로 향을 내지 않았는데도) 새 오크통 향이 나는 내추럴 와인은 거의 찾아볼 수 없다. 그러나 양질의

RED WINES
레드 와인

오래된 통을 찾기가 힘들기 때문에, 많은 생산자들이 결국 새 통을 사서 길들이는 방법을 선택한다. 이는 곧 처음 몇몇 빈티지들이 더 강한 오크 향과 거친 타닌감을 가지게 됨을 의미한다. 하지만 내추럴 와인 생산자들은 이러한 현실적인 조치는 둘째 치고, 순수한 포도와 테루아의 표현에 방해가 된다는 생각에 오크 향 자체를 꺼리는 경향이 있다. 예를 들어 라 르네상스 데 자펠라시옹은 품질 현장에서 200퍼센트 새 오크통(와인 양조 시 두 개의 새 오크통을 사용하는 것을 말하며, 일부 일반 생산자들은 이를 자랑스럽게 생각한다)을 금지하고 있다.

마찬가지로 내추럴 와인 생산자들은 페놀 성숙이 완전히 이루어졌을 때 포도를 수확하되, 유행이라고 해서 잼 같은 단내를 낼 목적으로 포도를 그대로 나무에 매달아두지는 않는다. 이들은 산 첨가 같은 것에 의지하지 않으므로, 포도 자체에 그런 성분들이 충분히 함유되어 있어 자연적인 균형을 이룰 수 있도록 해야 하는 것이다.

또 내추럴 와인 생산자들 사이에서 포도를 송이째 발효하는(포도 줄기를 먼저 제거하는 것이 아니라 포도 전체를 함께 발효하는) 전통 방식이 다시금 점차 인기를 끌고 있다. 줄기가 완전히 익은 상태라면 이는 질감, 신선함, 제비꽃 같은 꽃향기 등의 복합미를 더한다. 여기서 소개할 레드 와인들 중 하나의 생산자이자, 아무런 첨가물 없이 굉장히 다양하고 멋진 와인들을 만드는 앙토니 토르틸이 바로 이 방식을 사용한다. 사실 그는 어떤 방법으로도 온도를 제어하지 않으며, 이는 한여름에도 마찬가지다. 그가 자신의 와인에 대해 설명했을 때, 나는 그의 단순하고 솔직한 의견이 정말로 마음에 들었다. "일 년 중 석 달간 기온이 35도 정도인 프랑스 남부에서 자란 포도로 만듭니다. 이 말

은 수확할 때쯤 되면 포도들이 열을 견딜 수 있게 된다는 의미입니다. 익숙해진 거죠. 일부 와인들은 발효될 때 온도가 30도에 달하기도 하지만, 난 걱정하지 않습니다. 내가 가장 싫어하는 건 내 와인에서 양조한 맛이 나는 것인데. 그 이유는 내가 내 모든 와인들에서 테루아를 표현하려고 무척 애쓰기 때문입니다."

마지막으로, 내추럴 와인은 마시기에 좋고 감칠맛이 있다. 생산자들에게는 이것이 내추럴 와인 생산의 핵심이며, 이는 내추럴과 일반 레드 와인을 비교해보면 더 여실히 드러난다. 이 와인들은 비록 복잡하고 강렬하지만, 좋은 내추럴 레드 와인들은 숙성도와 관계없이 언제나 굉장한 신선함과 소화율을 보여준다. 그리고 바로 이 점이 그들을 그토록 찾게 만드는 이유이다.

아래: 재능 있는 앙토니 토르튈과 그의 팀, 베지에 외곽에 있는 그들의 저장고에서.

옆 페이지: 앙토니 토르튈의 많은 퀴베 중 몇 가지.

아래: 내추럴 와인은 환경을 그대로 반영한다. 포도나무 주변의 생물 다양성이 확장되면 와인들도 더 복합적이 될 수밖에 없다. 20여 년 전, 프랑스 루아르의 클로드 쿠흐투아는 작은 땅에서 이러한 사실을 발견한 이후 새로운 퀴베 '하신느Racines'를 만들었다.

FRANCE

라이트바디 레드
FRENCH LIGHT-BODIED REDS

도멘 쿠장 르뒥 Domaine Cousin-Leduc, **르 쿠장**Le Cousin, **르 그롤**Le Grolle
루아르Loire
*그롤로 그리*Grolleau gris, *그롤로 누아*grolleau noir

후추 | 양귀비 | 커리 잎

열정적인 뱃사람이자 전설적인 승마인인 올리비에 쿠장은 아마도 내추 럴 와인계에서 가장 인기 있는 '야생아'일 것이다. 수년간 아펠라시옹 체 계와 공개적으로 맞서며(100~105쪽 '누가: 장인들' 참조) 타협 없는 농사 와 양조 방식을 고수해온 그는, 그와 같은 삶을 선택한 많은 젊은 생산자 들에게 영감을 주고 있다. 와인 업계에서 가장 거침없는 연대의 지지자 인 그는, 정말로 삶을 즐길 줄 아는 사람이다. ('에너지를 아끼고 환경을 보 호하세요. 마개는 적게 따고, 매그넘magnum[51]을 마시세요!'라는 그의 이메일 서 명처럼) 깨끗한 농사와 많이 마시기에 좋은 와인들의 생산에 중점을 두 고, 공동체와 협력을 위해 헌신한 덕분에 올리비에에게는 팬층이 형성되 어 저 멀리 일본 사람들도 매년 그를 방문하거나 도우러 온다.

향긋함과 기분 좋게 부드러운 타닌감을 지닌 이 마시기 쉬운 둥근 바디 감의 와인은, 봄이 온 것을 축하하는 가장 완벽한 방법이다. 마개를 딴 날에 다 마시길.

* 아황산염 무첨가

---

51 1.5리터 용량의 대형 와인병.
52 육두구 열매의 씨 껍질 부분을 말려 만든 향신료.

파트릭 코르비노 Patrick Corbineau, **볼리유**Beaulieu
쉬농Chinon, **루아르**Loire
*카베르네 프랑*Cabernet franc

향긋한 카시스 | 백후추 | 메이스 Mace[52]

사랑스럽고 섬세한 남자인 파트릭 코르비노는 복합미와 숙성 능력 측 면에서는 최강인, 부드러운 와인들을 만든다. 긴장감 있고 맛있는 이 쉬 농은 통 속에서 2년을 보낸, 믿을 수 없을 만큼 아름다운 와인이다. 파 트릭의 와인들은 생산량이 적어 구하기가 어렵지만 일단 한번 찾아 마 셔보면 그 노력이 전혀 아깝지 않을 것이다. 여전히 아주 영young하다.

* 아황산염 무첨가

피에르 프릭 Pierre Frick, **피노 누아**Pinot Noir, **로트 뮈를레**Rot-Murlé
알자스Alsace
*피노 누아*Pinot noir

오렌지 껍질 | 제비꽃 | 커민

장 피에르 프릭은 아내 샹탈Chantal, 아들 토마스와 함께 백악질 위주의 토양으로 된 십여 개의 밭들로 이루어진 도멘을 운영한다. 1970년부 터 유기농으로 포도나무를 재배하다가 1981년에 바이오다이내믹농법 으로 전환한 그는 알자스의 바이오다이내믹농법의 선구자로 손꼽힌다. 이 피노 누아는 철이 풍부한 석회암 구획에서 자란(그래서 이름도 '붉은 벽으로 둘러싸인'이란 뜻의 로트 뮈를레다) 100년 된 포도나무에서 난다. 색이 연하고 밝지만 믿기 힘들 정도로 향긋하고, 섬세하고, 여운이 긴 와인이다.

* 아황산염 무첨가

미디엄바디 레드
FRENCH MEDIUM-BODIED REDS

프랑수아 뒴 François Dhumes, **미네트**Minette
오베르뉴Auvergne
*가메*Gamay

스위트피 | 돌처럼 단단한 미네랄감 | 오디

뱅상 트리코(150쪽 '화이트 와인' 참조), 파트릭 부쥐, 스테판 마죈Stephane

쥘리앙 쉬니에Julien Sunier가 만든 이 보졸레 역시 미디엄바디 내추럴 레드 와인 이다.

Majeune 등 자신의 고향인 오베르뉴의 저개입 생산자들에게 영감을 받은 프랑수아 뒤몽, 부르고뉴의 와인 학교에서 배운 좀 더 산업적인 가르침과 론에서 5년간 일반 와인을 생산했던 경력은 잊고 새로 시작하기로 결심했다. 그는 현무암/적점토/석회암질 토양을 기반으로 하는 3만 제곱미터 규모의 밭에서 가메 도브루와 샤르도네를 재배한다. '미네르트'는 놀라울 정도로 단단하면서도 섬세한 구조와 씹는 듯한 미네랄감을 지닐 뿐만 아니라 매우 향기롭다. 휘발성 산이 약간 느껴지긴 하나, 전체적으로는 잘 어우러진다.

* 아황산염 무첨가

세바스티앙 보비네Sébastien Bobinet, 아나미Hanami
루아르Loire
카베르네 프랑Cabernet franc

자두 | 봄 꽃 | 생커피콩

세바스티앙 가문은 루아르에서 8대에 걸쳐 와인을 만들어왔다. 가문이 보유한 포도나무들로 만든 와인들은 1637년에 그의 집 아래에다 사람 손으로 파서 만든 160미터 깊이의 저장고라는 멋진 공간에서 서서히 숙성된다.

세바스티앙은 소뮈르 샹피니Saumur-Champigny에서, 무용수에서 포도 생산자 겸 와인 양조자로 전향한 파트너 에믈린 카베Emeline Caves와 함께 6만 제곱미터 규모의 카베르네 프랑 밭과 1만 제곱미터 규모의 슈냉 블랑 밭을 일군다. '아나미'는 과즙미가 있고 신선하다. 빈티지마다 다르긴 하지만 보통은 아황산염이 첨가되지 않으며, 이들의 다른 퀴베들 역시 일부 경우에만 병입 시 소량의 아황산염이 첨가된다.

* 아황산염 무첨가

크리스티앙 뒤크루Christian Ducroux, 엑스펙타시아Exspectatia
보졸레Beaujolais
가메Gamay

빌베리 | 마차 티 | 자주개자리Alfafa 꽃

크리스티앙 뒤크루는 생물을 그 무엇보다도 애지중지하는 농부다. 분홍 화강암 토양으로 된 그의 5만 제곱미터 규모의 포도밭은 포도나무 다섯 줄마다 과실나무들이 심어져 있고 밭은 생울타리로 둘러져 있으며 도처에 야생풀들이 자라는, 그야말로 생물 다양성의 허브다. 그리고 그의 와인 병에 적혀 있듯이, '식물이 제 길을 가도록 돕기 위해, (우리의) 암말들인 에방과 말리나가 미생물을 육성하는 방식으로 밭 경작을 돕는다'. '엑스펙타시아'는 처음에는 부드러우면서 과즙이 느껴지고, 산소에 노출되면서 힘을 얻어 숲의 바닥forest floor이 연상되는 흙냄새와 향

신료의 풍미가 복합적으로 표현된다. 가메 품종의 지속성에 대해서, 내추럴 와인이 세련미, 복합미와 순수함을 두루 갖출 수 있는지 의심하는 사람들이 반드시 마셔봐야 할 아주 완성도 높은 와인이다.

비고: 내추럴 와인의 최초 유포지들 중 한 곳인(116쪽 '누가: 운동의 기원' 참조) 보졸레에는 훌륭한 내추럴 와인 생산자들이 많이 있다. 더 찾아볼 만한 생산자들로는 내추럴 와인의 창단 멤버들이라 할 수 있는 마르셀 라피에르, 이봉 메트라Yvon Metras, 장 푸와야흐, 기 브르통, 장 폴 테브네와 조제프 샤모니 등과, 좀 더 신세대 생산자들인 에르베 라브라Hervé Ravera, 쥘리 발라니Julie Balagny, 필립 장봉Phillippe Jambon, 카림 비오네Karim Vionnet, 장 클로드 라팔뤼Jean-Claude Lapalu 등이 있다.

* 아황산염 무첨가

라 메종 호만La Maison Romane, 본로마네 오 레아Vosne-Romanée Aux Réas
부르고뉴Burgundy
피노 누아Pinot noir

발사믹 | 올스파이스 | 오디

오롱스 드 벨레흐Oronce de Beler는 부르고뉴에서 다른 생산자들로부터 임대한 밭의 포도나무들로 10여 가지의 와인을 만든다. 예리하고 윤곽이 뚜렷하며 향기로운 그의 와인들은 휘발성 산이 살짝 느껴지는 것이 기분 좋다. 오롱스는 말을 이용해 밭을 갈며, 그와 그의 말 프로스퍼는 다른 생산자들에게 유료 경작 서비스를 제공하기도 한다. 그는 또 그가 고안하고 부르고뉴의 다른 몇몇 도멘들의 도움과 노하우로 발전시킨 말 경작 회사, 에키비눔Equivinum도 창립했다. 오롱스의 레드 와인들은 포도를 송이째 사용해 만든다.

* 아황산염 소량 첨가

클로 팡틴Clos Fantine, 포제르 트라디시옹Faugères Tradition
랑그독Languedoc
카리냥Carignan, 생소cinsault, 시라Syrah, 그르나슈grenache

로즈메리 | 블랙 체리 | 리코리스

카롤, 코린, 올리비에 이 세 남매가 소유하고 운영하는 프랑스 남부에 있는 29만 제곱미터 규모의 농장(88~89쪽 '야생 채소들' 참조)은 더운 기후 지역에서 흔히 그러하듯, 덤불처럼 생긴 포도나무인 부시 바인bush vines들만 심는다. 이 말은 포도가 줄이나 막대기에 의지해서가 아니라 마치 거미들처럼 뭉쳐서 자란다는 것이다. 이 포도밭의 토양은 편암이 지배적인데, 이는 이들의 다른 와인 '발카브리에Valcabrières(테레 품

종만으로 만든 씹는 듯한 미네랄감이 느껴지는 미니 와인'에서 잘 드러난다. '포제르 트라디시옹'은 카리냥이 지배적인 블렌드 와인으로 색이 어둡고 과즙이 느껴지며, 스파이시하고 달지 않은 풍미와 화창한 남부의 따뜻한 오후를 연상시키는 가리그 향이 난다.

* 아황산염 무첨가

앙리 밀랑Henri Milan, 퀴베 상 수프르Cuvée Sans Soufre
프로방스Provence
그르나슈Grenache, 시라Syrah, 생소cinsault

스파이시 체리 | 제비꽃 | 댐슨Damson 자두

반 고흐가 1년간 요양 생활을 한 곳으로 유명한 생 레미 드 프로방스 St Rémy de Provence 인근에 자리 잡은 이 가족 도멘을, 8살 때 처음 포도 나무를 심었던 이후 계속 포도 생산자가 되기를 꿈꿔온 앙리 밀랑이 1986년에 인수했다. 아황산염 무첨가 와인 양조의 첫 시도에 처참히 실패하여 경제적 위기를 겪은 이후(92~95쪽 '결론: 생명에 대한 찬미' 참조), 앙리의 나비 시리즈는 오늘날 매우 인기 있고 마시기 쉬운 아황산염 무첨가 레드 와인으로 인정받으며 영국에서 베스트셀러가 되었다. 순수하고 향긋하다.

* 아황산염 무첨가

레 카이유 뒤 파라디Les Cailloux du Paradis, 하신느Racines
솔로뉴Sologne, 루아르Loire
십여 종의 포도를 필드 블렌드Field blend

숲 바닥 | 레드 커런트 | 후추

파리 사람들이 사냥을 하러 오는 솔로뉴에서 도멘을 운영하는 클로드 쿠흐투아는 또 한 명의 내추럴 와인 영웅인 동시에(114~117쪽 '누가: 운동의 기원', 100~105쪽 '누가: 장인들' 참조), 이 지역에서는 얼마 남지 않은 포도 생산자이다.

과실나무, 포도나무, 숲과 들판이 있는 이 농장은 생물체의 서식지로서의 토양을 정성들여 다루어, 농업적 다양성의 본보기가 되고 있다. 전통적인 품종들만을 기르는 쿠흐투아 가족은 19세기 문헌에서 어느 생산자가 루아르 최고 레드 와인으로 여겨졌던 와인을 100퍼센트 시라로 만들었다는 글을 읽고는 시라도 심었다. 지역 당국은 처음에는 이를 허가했으나, 후에 철회하고 쿠흐투아 가족을 고소하여 포도나무를 파내도록 했다. 쿠흐투아의 '하신느'는 여러 종류의 포도를 섞어 만든 흙냄새가 나는 복합적인 와인으로, 몇 년 후에 마셔야 향긋한 꽃의 풍미가 만개하며 최고의 맛을 낸다.

---

* 아황산염 소량 첨가

라 그라프리La Grapperie, 앙샹트레스Enchanteresse
코토 뒤 루아르Côteaux du Loir, 루아르Loire
피노 도니스Pineau d'aunis

빨간 통후추 | 한련화 | 카시스

2004년 와인 양조 경험이 거의 없는 상태에서 라 그라프리를 시작한 르노 게티에Renaud Guettier는 포도밭에서나 저장고에서나 아주 꼼꼼한 사람이다. 그의 4만 제곱미터 규모의 포도밭은 미세기후microclimate가 서로 다른 15개의 작은 밭들로 이루어져 있으며, 와인 양조 시에는 아황산염을 전혀 첨가하지 않는다. 그 대신 르노는 시간의 지혜를 이용해 와인을 안정화시킨다. 오랜 숙성을 기본으로 하여 때로는 통 속에서 60개월까지 머물기도 한다. '앙샹트레스'는 간결하고 우아하며 직선적인 와인으로, 르노의 와인이 오늘날 루아르에서 가장 촉망받는 와인이라는 사실을 여실히 증명한다.

* 아황산염 무첨가

풀바디 레드
FRENCH FULL-BODIED REDS

도멘 퐁테딕토Domaine Fontedicto, 프로미즈Promise

랑그독Languedoc

*카리냥*Carignan, *그르나슈*grenache, *시라*Syrah

블랙 올리브 | 로즈메리 | 즙 많은 레드 체리

신선한 포도즙 생산으로 농사일을 처음 시작해 결국 와인으로 옮겨온 베르나르 벨라센(106~107쪽 '맨' 참조)은 다른 이들에게 영감을 주며, 독학을 통해 농사에 동물을 이용하는 데 의심할 바 없는 거장이다. 현재 그는 옛날 밀 품종들도 기르며(어떤 것은 키가 2미터에 달한다). 그의 아내 세실Cécile과 함께 밀을 갈아 빵을 만들어 지역 시장에서 팔기도 한다.

베르나르의 '프로미즈'는 강렬하고 농축미가 넘치며, 아황산염 무첨가 와인은 숙성 능력이 없다는 항간의 근거 없는 믿음에 도전장을 내민다. 꼭 마셔보아야 할 와인.

* 아황산염 무첨가

장 미셸 스테팡Jean-Michel Stephan, 코트 로티Côte Rôtie

론Rhône

*시라*Syrah, *비오니에*viognier

파르마 제비꽃 | 블러드 오렌지 | 주니퍼

기준이 되는 코트 로티를 맛보고 싶은가? 그렇다면 장 미셸 스테팡의 것이 최선의 선택이 될 것이다. 그는 코트 로티만을 만드는 만큼, 그의 모든 와인들이 마셔볼 만하다. 그는 쥘 쇼베(116~117쪽 '누가: 운동의 기원' 참조)의 가르침을 받아 처음(1991년)부터 내추럴 와인만을 고집했다. 가파른 언덕에 있는 그의 유기농 포도밭들에서는 모든 일이 손으로 이루어지며, 와인 양조 역시 개입을 최소화한다. 그는 옛 시라 품종을 주로 기르는데 대부분은 시라 중에서도 알이 작고 수확량이 적은 세린sérine이다. 이 품종은 장 미셸을 비롯한 몇몇 생산자들의 노력 덕분에 다시 부활하게 되었다.

비록 장 미셸의 그 유명한 세린 와인에 속하지는 않지만, 이 와인은 전형적인 코트 로티 블렌드다. 표현력이 뛰어나고 향긋하며, 아찔한 순수함을 지녀 시라 중에서도 무척 섬세하고 가벼운 쪽에 속한다. 쉽게 말해, 정말 끝내주는 와인이다.

* 아황산염 무첨가

샤토 르 퓌Château le Puy, 에밀리앙Emilien

코트 드 프랑Côtes de Francs, **보르도**Bordeaux

*메를로*Merlot, *카베르네 소비뇽*cabernet sauvignon

짙은 자두색 | 시더 | 카카오 빈

생테밀리옹Saint-Emilion, 포므롤Pomerol과 같이 자갈이 많은 고원지대에 자리 잡은 샤토 르 퓌는 보르도에서는 보기 드문 곳이다. "내 선조들 중 한 분은 너무 구두쇠였고, 또 한 분은 너무 선견지명이 뛰어나 포도밭에 합성 화학물질을 사용하지 못했습니다." 어떻게 그의 샤토가 지난 4백 년간 유기농법을 유지해왔냐는 내 질문에, 장 피에르 아모로가 농담조로 대답했다.

2003년 빈티지가 일본 만화 『신의 물방울』에 등장해 인기를 끌면서, 도멘은 거의 하룻밤 사이에 숭배의 대상이 되었다. 하긴 그럴 만도 하다. 르 퓌의 와인들은 우아하고 전통적인 클라레claret[53]로, 아주 고전적인 걸 좋아하는 사람들도 즐길 수 있다. 85퍼센트가 성숙한 메를로인 만큼, 쉽게 마실 수 있으며 숙성의 여지가 남아 있는 와인에 풍성하게 표현되는 풍미와 벨벳 같은 부드러움을 더해준다.

* 아황산염 소량 첨가

라 소르가La Sorga, 앙 루즈 에 누아En Rouge et Noir

랑그독Languedoc

*그르나슈 누아*Grenache noir, *그르나슈 블랑*Grenache blanc

제비꽃 | 백후추 | 빌베리

느긋한 태도와 제멋대로 자란 덥수룩한 곱슬머리만 봐서는, 숙련된 화학자이기도 한 앙토니 토르틸이 지나칠 정도로 꼼꼼한 성격이라는 사실을 전혀 짐작할 수 없을 것이다(100~105쪽 '누가: 장인들' 참조).
랑그독의 이 젊은 와인상 겸 양조자는 2008년부터 생산을 시작, 아라몽, 테레 부레terret bourret, 오번aubun, 카리냥, 생소, 모자크Mauzac와 같은 여러 옛날 품종들을 비롯한 40가지 포도들을 사용한다. "나는 항상 테루아에 중점을 둔, 저개입 양조 방식을 적용한 순수한 와인들을 소량씩이나마 다양한 종류로 생산하고 싶었습니다." 앙토니는 말한다.
앙토니의 '앙 루즈 에 누아'는 아주 섬세하고 가벼우며, 향긋하고, 감칠맛이 있어서 대단히 즐겁게 마실 수 있는 와인이다. 반드시 주목해야 할 생산자다.

* 아황산염 무첨가

---

53 진홍색의 보르도 와인.

ITALY

라이트바디 레드
ITALIAN LIGHT-BODIED REDS

카시나 타빈 Cascina Tavijn, **지 펑크**G Punk

아스티Asti, **피에몬테**Piedmont

*그리뇰리노*Grignolino

레드 커런트 | 체리 씨 | 주니퍼

나디아 베루아Nadia Verrua의 가족은 몬페라토의 모래가 많은 경사지에서 100년 넘게 포도를 기르고 와인을 만들고 있다. 그녀의 5만 제곱미터 규모의 농장에서는 헤이즐넛과 (바르베라, 루케Ruché, 그리뇰리노 등) 옛 토종 품종의 포도들이 자란다. 그리뇰리노로 만든 '지 펑크'는 거칠고 밝은 느낌에 고운 타닌감을 지닌 와인으로, 염도가 살짝 느껴지며 체리 씨의 쓴맛이 생생하게 난다. 이는 몬페라토의 옛날 품종인 그리뇰리노의 특성인 듯 보인다. 사실 '그리뇰리노grignolino'란 말은 '많은 씨'를 나타내는 아스티 지역의 사투리 그리뇰레grignole에서 유래된 것으로 여겨지며, 쓴맛이 나는 이유도 부분적으로는 그 많은 씨 때문일 것이다. 맛있게 마실 수 있는 와인이다.

* 아황산염 무첨가

미디엄바디 레드
ITALIAN MEDIUM-BODIED REDS

칸티네 크리스티아노 구타롤로 Cantine Cristiano Guttarolo,
프리미티보 라미에 델레 비니에 Primitivo Lamie delle Vigne

풀리아Puglia

*프리미티보*Primitivo

빌베리 | 발사믹 | 라임

(미국에서는 진판델로 더 잘 알려진) 프리미티보라고 하면 사람들은 보통 강하고 지나친 와인을 떠올리지만(물론 이런 면도 분명 있다). 구타롤로의 프리미티보는 신선함과 산미가 주를 이룬다. 스테인리스스틸 탱크에서 만든 이 향긋하고 직선적인 와인은 멋진 숙성미와 풍미를 보여준다.

지오이아 델 콜레Gioia del Colle 근처, '이탈리아의 발뒤꿈치'라 불리는 곳에 자리 잡은 크리스티아노는 암포라 프리미티보도 만드는데, 찾기가 어렵지만 충분히 찾아볼 만한 가치가 있는 놀라운 와인이다.

* 아황산염 무첨가

라모레스카Lamoresca, **로소**Rosso

시칠리아Sicily

*네로 다볼라*Nero d'avola, *프라파토*frappato, *그르나슈*grenache

오디 | 제비꽃 | 계피

이 지역에서 예부터 길러온 올리브 품종인 '모레스카Moresca'에서 이름을 따온 라모레스카는 4만 제곱미터 규모의 포도밭 외에도 1천 그루나 되는 올리브 나무를 소유하고 있다. 필리포 리초Filippo Rizzo는 이 지역 와인 생산의 개척자로 좋은 성과를 거두었다. 네로 다볼라(60퍼센트), 프라파토(30퍼센트), 그르나슈(10퍼센트)를 블렌딩한 이 와인은 선홍빛 과일들의 풍미로 가득 차 있다.

* 아황산염 소량 첨가

봄에 찍은 몬테세콘도의 포도나무들. 이 포도밭은 덮기 작물들을 잘 이용하고 있다.

셀베Selve, 피코텐드로Picotendro

아오스타 밸리Aosta Valley

네비올로Nebbiolo

발사믹 | 체리 나무껍질 | 블랙베리

이 투박한 구식 네비올로는 이탈리아에서 가장 작고 인구도 가장 적은 지역인, 알프스 산맥의 아오스타 밸리에서 나왔다. 수천 년 전 마지막 빙하기 때 생성된 이곳에는 마터호른, 몽 블랑, 몬테 로사를 비롯한 웅장한 봉우리들이 있을 뿐만 아니라, 장 루이 니코Jean Louis Nicco의 계단식 포도밭도 있다. "우리는 세계 최고의 테루아를 가졌습니다!" 그는 주장한다. 1948년 내추럴 와인을 만들어 동네 사람들에게 팔기로 결심한 장 루이의 조부가 매입한 이 땅은 그 이후 등산가였던 장 루이의 아버지 리날도Rinaldo가 물려받았고, 이제는 장 루이가 대를 이어 운영한다.

'피코텐드로'(아오스타 말로 네비올로를 의미한다)는 뚜렷한 타닌감과 농축미, 오래된 오크통에 담겨 있었음이 잘 드러나는 강력한 와인이다. 내가 예전 빈티지들 여러 개를 동시에 테스트해본 결과, 유연한 회복력을 지녀 오래 숙성시켜도 좋다.

* 아황산염 무첨가

카시나 델리 울리비Cascina degli Ulivi, 니비오Nibiô, 테레 비안케Terre Bianche

피에몬테Piedmont

돌체토Dolcetto

모렐로 체리 | 블랙 올리브 | 가메

스테파노 벨로티의 농장은 지속 가능성의 본보기이다. 스테파노는 22만 제곱미터의 포도밭, 밀과 사료를 번갈아 재배하는 10만 제곱미터의 농경지, 1만 제곱미터의 채소밭, 과실나무 1천 그루, 소 떼와 여러 다른 농장 동물들이 있는 농장에서 1970년대부터 유기농법, 1984년부터는 바이오다이내믹농법으로 농사를 짓고 있다. 줄기가 붉은색인 돌체토 포도(이 지역 사투리로 '니비오'라 불린다)로 만든 와인은. 천년 넘게 돌체토를 재배해온 타사롤로Tassarolo와 가비Gavi 지역의 전통적인 와인이다. 잘 발달된 향, 가메의 느낌, 휘발성 산의 복잡한 풍미가 있으며, 타닌이 완전히 융화되어 매끄러운 와인이 완성되었다. 완벽하게 숙성된 상태다.

* 아황산염 무첨가

파네비노Panevino, 피카데Pikadé

사르데냐Sardinia

모니카Monica, 카리냐노carignano

오디 | 케이퍼 | 페퍼민트

지안프란코 만카Gianfranco Manca는 베이커리와, 그 베이커리 소유인 30여 종의 오래된 포도나무들을 물려받았다. 파네비노(이탈리아어로 '빵 와인'이라는 뜻이다)라는 이름도 그래서 탄생한 것이다. 제빵과 발효에 대한 지식이 있었기에 포도로 와인을 만드는 일은 자연스럽게 진행되었다. 조밀한 구조감과 달지 않은 풍미가 있으며 처음에는 완전히 닫혀 있는 이 마시기 좋은 와인은, 다크 체리 향과 함께 열리며 점차 더 진한 꽃 향기와 붉은 과일의 풍미를 낸다.

* 아황산염 무첨가

몬테세콘도Montesecondo, 틴TÏN

토스카나Tuscany

산지오베제Sangiovese

블랙 체리 | 카카오 | 오리스orris[54]

색소폰 연주자인 실비오 메사나Silvio Messana는 뉴욕에서 수년간 거주하다 아버지가 돌아가셨을 때 가족들이 있는 토스카나로 돌아왔다. 아버지는 재즈 음악가였다가 와인 생산자가 되어 1970년대에 포도밭을 일구었다. 그 당시 그의 어머니는 포도를 대량으로 팔고 있었지만, 실비오는 무작정 도전한 끝에 2000년에 첫 빈티지를 병입하게 되었다.

오늘날 실비오는 "우리는 와이너리를 살아 있는 생명체라고 생각합니다"라고 말하며, 와인을 양조하는 일은 곧 "자연적인 변화"라고 한다. 실제로 그의 와인은 이러한 그의 철학을 증명한다. 450리터들이 스페인식 점토 항아리(암포라)에서 만들어지기에 '틴TÏN'(아랍어로 점토를 의미한다)이란 이름이 붙은 이 와인은 10개월간 껍질과 접촉시킨 뒤 여과 없이 병입한다. 그 결과 아주 향긋하고 우아하다.

알고 있나요? 토스카나는 비록 황야와는 거리가 멀어 보이지만, 몬테세콘도는 아주 외딴 곳에 있어서 밤이면 늑대 울음소리도 들을 수 있다!

* 아황산염 소량 첨가

---

54 아이리스의 향기로운 뿌리 부분.

풀바디 레드
ITALIAN FULL-BODIED REDS

코넬리센Cornelissen, **로소 델 콘타디노 9**Rosso del Contadino 9
시칠리아Sicily
네렐로 마스칼레제Nerello mascalese와 다른 십여 가지 토종 백포도 및 적포도들

야생 딸기 | 히아신스 | 석류

벨기에의 와인상이었던 프랑크 코넬리센은 완벽한 테루아를 찾아 곳곳을 뒤지다가, 예측이 힘든 에트나 산 비탈에 정착하게 되었다. 그곳은 "인간은 결코 자연의 복잡성과 상호작용을 완전히 이해할 수 없다"는 그의 농사 철학을 그대로 대변하는 곳이다. 프랑크는 땅에 개입하는 일을 일체 배제하고, 자기주장을 하기보다는 자연이 하는 대로 따른다. 그는 "화학적이든, 유기농이든, 혹은 바이오다이내믹이든 간에 모든 처리는 자연을 있는 그대로, 또 자연이 해나가는 대로 받아들이지 못하는 인간의 무능력을 반영하는 것"이라며 아무런 처리도 가하지 않는다. '로소 델 콘타디노 9'는 굉장히 재미있으면서도 아주 진지한 와인이다. 마셔보면 무슨 뜻인지 알 것이다.

* 아황산염 무첨가

일 칸첼리에레 Il Cancelliere, **네로 네**Nero Né
타우라시Taurasi, **캄파니아**Campania
알리아니코Aglianico

카시스 | 꽃향기 | 크랜베리의 상큼함

고도 550미터에 자리 잡고 있다는 건, 따뜻한 지중해 기후에서 포도를 재배하는 경우 아주 큰 차이를 만들어낸다. 고도가 살짝만 올라가도 낮과 밤의 기온차가 커져 익는 시기가 늦춰지며, 대체적으로 더 시원한 느낌이 드는, 햇볕에 지나치게 익은 맛이 덜한 와인을 만들 수 있다. 2년간 보티botti에서 숙성한 뒤 다시 2년간 병에서 숙성하는데, 이러한 긴 숙성은 알리아니코의 거대하고 단단한 구조감을 길들이는 데 도움이 된다. 포도밭 주인인 소코르소 로마노Soccorso Romano는 이 과정을 거치는 이유가 아버지로부터 배운 와인 양조에 관한 '농민 예술peasant art'에 기인한다고 말한다.

* 아황산염 소량 첨가

카제 코리니 Case Corini, **첸틴**Centin
피에몬테Piedmont
네비올로Nebbiolo

장미 꽃잎 | 야생 타임 | 모렐로 체리

몇 년 전 '첸틴'을 처음 마셨을 때, 나는 그 숭고함에 깜짝 놀라고 말았다. 솔직히 말하면 이 와인은 네비올로의 완벽한 표현이다. 차분함, 카리스마, 관대함, 부드러움을 모두 갖춘 와인. 앙소사인 로렌조와 아주 많이 닮은 와인이다.

로렌초 코리노는 곡물, 포도 재배, 와인 양조 등 농사 분야에 관한 연구를 주로 해오며 쌓은 이론적 지식과, 피에몬테의 코스틸리올레 다스티Costigliole d'Asti에서 포도 재배와 와인 양조를 해온 가문의 5대손으로서의 실제 경험을 접목시켰다. 그는 또 토스카나에 있는 바이오다이내믹 농장인 라 말리오자(167쪽 '오렌지 와인' 참조)의 고문이기도 하다. 깊이 있는 지식, 그리고 그것을 나누고자 하는 의지와 너그러움이 놀라울 정도인 실로 대단한 남자다. 포도 재배에 관한 90권이 넘는 기술서와 과학서들을 저술 또는 공동저술했던 그는, 마침내 자신의 귀중한 경험을 집대성한 첫 회고록『포도밭, 와인, 삶: 나의 자연적인 생각Vineyards, Wine, Life: My Natural Thoughts』(2016년 봄 출간)을 썼다.

* 아황산염 무첨가

포데레 프라다롤로 Podere Pradarolo, **벨리우스 아슈토**Velius Asciutto
에밀리아 로마냐 Emilia-Romagna
바르베라Barbera

키르슈Kirsch[55] **| 정향 | 발사믹**

포데레 프라다롤로는 에밀리아 로마냐 내 파르마의 언덕에서 타협하지 않는 와인들을 생산한다. 포도는 온도 제어 없이 발효되며, 포도색과 관계없이 짧게는 30일부터 길게는 9개월 넘게 오랜 시간 마세라시옹된다. 이 바르베라 와인은 90일간 껍질과 접촉한 뒤 15개월간 큰 오크통에서 숙성 후 병입한다. 달지 않은 풍미가 있는, 감칠맛 나는 와인이다.

* 아황산염 무첨가

---

55 체리로 만든 술.

미디엄바디 레드
REST OF EUROPE MEDIUM-BODIED REDS

포도나무를 찾아보라! 한창 활동 중인 미토피아의 살아 있는 정원.

보데가 카우손 Bodega Cauzón, *카브로니쿠스*Cabrónicus

그라나다Granada, 스페인Spain

*템프라니요*Tempranillo

블루베리 | 석류 | 리코리스

탄산침용발효carbonic maceration[56]을 거쳐 만들어지는 이 템프라니요는 기온차가 심하고 숙성이 늦는 높은 고도(카우손 포도밭은 시에라 네바다 산맥의 1,080~1,200미터 높이에 자리 잡고 있다)에서 자란 영향을 와인의 생기 있는 색, 산미, 알코올, 타닌에 고스란히 드러낸다. 이 포도밭의 주인인 라몬 사베드라Ramón Saavedra는 코스타 브라바 해안에 있는 미슐랭 스타 레스토랑, 빅 록Big Rock의 셰프였다. 그는 요리에서 손을 떼고 고향으로 돌아가 포도 재배 및 와인 양조법을 배우기로 결심했다. 오늘날 보데가 카우손은 그라나다 인근 산들에 거주하는 내추럴 와인 생산자들이 모여 형성된 건강한 집단의 일원이다. '카브로니쿠스'는 이곳의 퀴베들 중 가장 가볍고 과즙이 풍부하게 느껴지는 와인이다.

* 아황산염 무첨가

멘달Mendall, **핀카 에스파르탈**BP*Finca Espartal BP*

테라 알타 Terra Alta, 스페인Spain

*가르나차*Garnacha

레드 체리 | 아이리스 | 거의 피 같음

요즘 내가 가장 즐겨 마시는 와인으로 아주 마시기 쉬워서 멈추기가 힘들다. 양조인 라우레아노 세레스가 농담으로 "추체chuche[57], 막대 사탕과 같다"고 말할 정도. 기운차고 개성 넘치는 카탈루냐인인 그는 바르셀로나에서 남쪽으로 200킬로미터, 내륙으로 50킬로미터 떨어진 테라 알타에서 10여 가지 와인들을 생산한다. 각 와인은 매년 약 1천 병 정도밖에 생산되지 않는데(사실 일부 퀴베는 몇백 병밖에 안 된다), 최근 그의 2013년산들을 찬찬히 시음해본 결과 나는 자신 있게 말할 수 있다. 전부 마셔보라고. 그만큼 다들 아주 훌륭하다.

* 아황산염 무첨가

미토피아Mythopia, **프리모게니투어**Primogenitur

발레Valais,, 스위스Switzerland

*피노 누아*Pinot noir

라즈베리 | 제비꽃 | 상큼한 레드 커런트

알프스의 가장 높은 봉우리들이 보이는 미토피아의 가파른 경사지들은 야생 꽃들, 과실나무들, 콩과 식물들, 곡물들, 희귀한 새들, 녹색 도마뱀, 60종이 넘는 나비들이 있는 천국 같은 포도나무 정원이다(30~31쪽 '살아 있는 정원' 참조). (최소한 부분적으로) 아즈텍인들이 사용했던 옛 방식들에서 유래된 농경법들을 사용하는 미토피아는 생물들 수천 종의 풍부한 공생 네트워크에 의해 유지되는 일종의 생태계다. '프리모게니투어'는 미토피아의 주인인 한스 페터 슈미트의 설명처럼 "길이 안 든 망아지 같은, 과일향이 나는, 경쾌한" 와인으로, 그 솔직한 열정이 마치 "그 어떤 화합물이나 속임수 없이 자연에서 자라난 어린아이와 같다. 최고의 시절을 기억하게 해주는 와인이다." 정말 그렇다. 이 이상 더 잘 설명할 수가 없다.

* 아황산염 무첨가

---

[56] 포도 알을 으깨지 않고 탱크에 넣어 발효시키는 것.
[57] 젤리.

바인구트 칼 슈나벨Weingut Karl Schnabel, 블라우프랭키쉬Blaufränkisch

쥐트슈타이어마르크Südsteiermark, 오스트리아Austria

블라우프랭키쉬Blaufränkisch

브램블Bramble[58] | 꽃향기 | 생크랜베리

"우리의 일은 우리가 지구의 손님일 뿐이라는 신념에 기반을 두고 있습니다." 칼은 말한다. "그리고 우리 지구는 미래 세대들을 위해 보존되어야 한다는 신념도 있죠." 슈나벨 부부에게 토지 권리나 소유권 같은 것은, 함께 나누는 지구의 일부에 대한 직접적인 책임을 의미할 뿐이다. 즉 부부의 설명에 따르면, 토지 소유자들은 자신의 땅이 공익을 위해 사용되도록 돌볼 의무가 있는 것이다. 영양가 있는 음식의 생산을 통해, 혹은 더 건강한 지구가 되는 데 기여함으로써 말이다.

이 내성적이고 수줍음 많은, 겸손한 부부는 그저 자신들의 신념에 들어맞는다는 이유만으로 묵묵히 정말 대단한 일을 하는 훌륭한 농부들이다. 예를 들어 이들은 (매끈비늘뱀과 뱀과Colubridae 뱀들을 포함한) 파충류들이 활동하도록 하기 위해 돌무더기를 쌓고 물웅덩이를 만든다. 이 와인은 순수한, 미네랄감이 있는 블라우프랭키쉬로, 그 특유의 활기는 곧 슈나벨 부부의 삶의 방식을 대변한다.

* 아황산염 무첨가

테루아 알 리미트Terroir al Limit, 레스 마니에스Les Manyes

프리오라트Priorat, 스페인Spain

가르나차Garnacha

잘 익은 오디 | 점판암의 미네랄감 | 리코리스

고도 800미터의 점토질 토양에서 자란 50년 된 포도나무에서 난 이 가르나차는 순수하고 단단한 느낌. 어두운색 과일의 풍미, 부드러운 타닌과 깎아 놓은 듯 정교한 질감을 지닌다. 사실 도미니크 후버의 다른 와인들과 마찬가지로(156쪽 '화이트 와인' 참조) 이 레드 와인 역시 놀랄 만큼 섬세할 뿐만 아니라(이 지역의 반건조 기후와 스페인의 강한 햇볕을 고려하면 정말 대단한 성과다). 내가 시음해본 결과 빈티지를 거듭할수록 점점 더 정교해지는 것 같다. 아마도 프리오라트를 가장 우아하게 표현하는 와인이라 할 수 있을 것이다.

* 아황산염 소량 첨가

---

58 블랙베리와 같은 검은색 과일들의 풍미에 무성한 잎의 풍미가 더해진 것.

코스타도르 테루아 메디테라니스Costador Terroirs Mediterranis, 라 메타모르피카 수몰 암포레La Metamorphika Sumoll Amphorae

페네데스Penedès, 스페인Spain

수몰Sumoll

키르슈 | 댐슨 자두 | 로즈메리

피레네 산맥 기슭의 구릉지에 자리 잡은, 일부는 고도 900미터에 달하는 이 포도밭에서 호안 프랑케트Joan Franquet는 20가지 포도를 재배한다. 오래된 포도나무로, 100년 이상 된 것도 있다! 여기에는 색이 짙은 수몰, 트레파트trepat, 마카뵈, 시렐로Xarel.lo, 수몰 블랑, 파렐라다parellada와 같은 다수의 카탈루냐 토종 품종들이 포함된다. 스페인의 저장 용기인 티나하에서 9개월간 숙성된 이 수몰은 정성들여 잘 만들어진 와인이다.

* 아황산염 무첨가

라틴어 '페르베레fervere'('끓다'라는 뜻이다)에서 유래한 발효fermentation는 실제로 시끄럽고 활동적인 일로, 이때 즙은 마치 끓어오르는 것처럼 보인다.

풀바디 레드
REST OF EUROPE FULL-BODIED REDS

카사 파르데트 Casa Pardet, 카베르네 소비뇽 Cabaret Sauvignon
코스테르스 델 세그레 Costers del Segre, **스페인** Spain

카베르네 소비뇽 Cabernet sauvignon

짙은 색 자두 | 한련화 | 양귀비

주제프 토레스 Josep Torres는 1993년 자신의 계획을 실천에 옮겨, 처음부터 유기농법으로 농사를 짓다가 1999년에는 바이오다이내믹으로 전환했다. 주제프는 살아 있는 포도밭과 살아 있는 와인을 무엇보다 중요하게 여긴다. "머리가 허용할 때까지는 죽은 와인들을 마실 수도 있다. 그런 뒤 살아 있는, 첨가물이 들어 있지 않은 내추럴 와인을 마시면 당신의 몸이 감사하다고 할 것이다."

주제프를 닮은, 거친 폭탄 같은 이 와인은 꽉 찬 에너지와 풍부한 과일 향을 지니며, 자신감과 놀라운 (미묘한) 우아함을 드러낸다. 그가 만든 다양한 흥미로운 식초들도 찾아보길. 10년 또는 15년간 숙성되는데 일부는 솔레라 solera[59] 방식으로, 다른 일부는 프렌치 오크통에서 만들어지며 어떤 것은 로즈메리와 마세라시옹하고, 또 어떤 것은 꿀과 섞기도 한다.

* 아황산염 무첨가

클로트 데 레스 솔레레스 Clot de Les Soleres, 안포라 Anfora
페네데스 Penedès, **스페인** Spain

카베르네 소비뇽 Cabernet sauvignon

블랙커런트 | 야생 민트 | 백합

카를레스 모라 페레르 Carles Mora Ferrer의 아름다운 농장 건물은 그 역사가 1880년으로 거슬러 올라가며, 바르셀로나에서 내륙 쪽으로 조금 들어간 곳에 있는 페네데스에 자리 잡고 있다. 2008년 처음으로 무첨가 빈티지가 나온 이래, 카를레스의 와인들은 계속 승승장구해왔다. 안포라에서 13개월간 숙성된 이 카베르네 소비뇽 와인은 지중해의 햇살을 받아 생긴 풍미가 뚜렷한 한편, 시원한 바닷바람에서 비롯된 깨끗하고 순수한 느낌의 아로마들도 드러낸다.

* 아황산염 무첨가

---

59 와인이나 식초 등을 양조할 때 쓰는 방식으로 통을 층층이 쌓아두고 맨 윗단에는 새로운 와인을, 아랫단에는 그 윗단에서 숙성된 와인을 채워서, 숙성된 와인과 새로운 와인이 섞여 균일한 맛을 내도록 하는 것.

60 바란코는 '낭떠러지'라는 뜻이다.

니카 바키아 Nika Bakhia, 사페라비 Saperavi
카케티 Kakheti, **조지아** Georgia

사페라비 Saperavi

블랙베리 | 로즈메리 | 카시스

베를린에서 대부분의 시간을 보내는 조지아의 예술가, 니카 바키아는 2006년에 조지아의 최대 와인 양조지인 카케티 내의 아나가 Anaga에 있는 작은 사페라비 포도밭과 버려진 와인 저장고를 매입했다. 그의 6만 제곱미터 규모의 땅에는 사페라비, 르카치텔리 rkatsiteli, 그가 실험에 사용하는 소량의 타브크베리 tavkveri, 키크비 khikhvi와 카쿠리 므츠바네 kakhuri mtsvane 등이 자란다. "와인 양조는 창의적인 과정입니다." 그는 설명한다. "조각이나 그림처럼 재료의 본질에 대한 이해를 기반으로 하되, 그 재료 고유의 특성을 거부하거나 억압해서는 안 되죠."

사페라비는 껍질이 두껍고 과육에 색이 있어서 언제나 거의 검정색에 가까운 진한 색상의 와인을 얻을 수 있다(전에 내 티셔츠를 사페라비즙에 염색한 적이 있는데 라일락색이 되었다!). 니카의 '사페라비'는 아주 강렬하고 농축미와 타닌감을 지닌 와인으로, 전통적인 점토 항아리인 크베브리에 담은 뒤 니카의 저장고에 묻어 숙성한다(2013년 12월 유네스코가 인류무형문화유산으로 지정함으로써 공인된 방식이다).

* 아황산염 소량 첨가

바란코 오스쿠로 Barranco Oscuro,
1368 세로 라스 몬하스 1368 Cerro Las Monjas
그라나다 Granada, **스페인** Spain

카베르네 소비뇽 Cabernet sauvignon, *카베르네 프랑* cabernet franc, *메를로* merlot, *그르나슈* grenache

잘 익은 블랙베리 | 계피 | 그을린 오크

해발 1,368미터라는 높은 고도에 착안해 이름을 붙인[60] 바란코 오스쿠로는 유럽에서 가장 고지대에 있는 포도밭에 속한다. 안달루시아의 시에라네바다 산맥 기슭에서 자라, 시원한 기후 덕분에 신선함과 훌륭한 산미를 지닌 와인이 탄생되며 스페인 남부의 맹렬한 태양이 포도 알들을 부드럽게 익힌다. 어두운색 베리류의 풍미가 느껴지는 이 남성적인 와인은 스페인 와인 특유의 풍부함과 성숙함을 지닌 한편, 대부분의 와인에 비해 단단한 질감을 갖는다. 오크 향이 나기는 하지만(아마 이 분야에서 가장 오크 향이 강한 와인인 듯하다), 다층적인 풍미와 깊이가 있다. 음식에 곁들이면 더욱 좋다.

* 아황산염 무첨가

푸룰리오Purulio, 틴토Tinto

그라나다Granada, 스페인Spain

시라Syrah, 카베르네 소비뇽cabernet sauvignon, 메를로merlot, 템프라니요 tempranillo, 카베르네 프랑cabernet franc, 피노 누아pinot noir, 프티 베르도 petit verdot

로즈메리 | 블랙 올리브 | 오디

토르쿠아토 우에르타스Torcuato Huertas는 주로 올리브와 과일을 재배하며 평생 동안 이 땅을 일궈왔다. 예전에 그의 와인은 오로지 집에서 마시기 위한 것이었지만, 1980년대 초 그의 멘토(이자 친척)인 마누엘 발렌수엘라Manuel Valenzuela(바란코 오스쿠로의 주인, 바란코 오스쿠로에 관한 자세한 내용은 앞 페이지 참조)의 도움으로 초점을 바꾸게 되었다. 오늘날 그는 약 3만 제곱미터 규모의 땅에서 농사를 짓는데, 무려 21가지 포도 품종들을 재배한다. 일곱 가지 품종을 블렌딩한 '틴토'는 품종의 표현보다는 생산된 장소가 주가 되는 와인이다. 남부의 열기로 잘 익은 과일의 풍미와, 높은 고도로부터 얻은 신선함을 느낄 수 있다.

* 아황산염 무첨가

다곤 보데가스Dagón Bodegas, 다곤Dagón

우티엘 레케나Utiel Requena, 스페인Spain

보발Bobal

자두 | 체리 리큐어 | 발사믹

다곤의 와인은 미구엘Miguel이 수십 년간 개발해온 독자적인 농사 방식의 직접적인 영향을 받는다. 1985년 이래 포도밭에서의 개입은 최소화하고, 그 어떤 농업용 보조제들도 사용하지 않았다(거름이나 보르도 믹스처조차도). 미구엘은 포도나무는 환경에 적응해야 한다는 논리를 고수하며, 이 경우 환경이라 함은 포도나무와 같은 공간을 공유하는 지중해 지역의 토종 동식물들을 말한다. 실제로 미구엘의 포도들은 적응을 잘하여, 세계에서 가장 건강한 포도들로 여겨진다(84~87쪽 '건강: 내추럴 와인이 몸에 더 좋을까?' 참조).

아주 드라이하고, 생산자와 마찬가지로 비타협적인 미구엘의 보발은 수개월간 껍질과 접촉 후 압착되어 오크통에서 약 10년간 숙성된다. 앉은 자리에서 한 병을 다 마실 만한 종류의 와인은 아니지만, 그 강렬함이 아주 기분 좋다. 명상적인 와인에 가깝다.

* 아황산염 무첨가

엘스 헬리핀스Els Jelipins, 폰트 루비Font Rubi

페네데스Penedès, 스페인Spain

수몰Sumoll, 가르나차garnacha

블랙 체리 | 세비야 오렌지 | 말린 허브들

"내 스토리는 꽤나 단순합니다. 나는 와인 마시기를 좋아해서 이 일에 뛰어들기로 결심했고, 일단 그러고 나니 나 자신을 위한 와인을 만들고 싶다는 생각뿐이었어요. 이건 또한 부분적으로는, 내가 전에 마셨던 와인들 대부분이 너무 진하고 강한, 피곤한 와인들이라 마시기가 힘들 정도였기 때문이에요. 너무 지나쳤죠. 그래서 내가 정말 마시고 싶은 와인을 만든다면 얼마나 좋을까 생각했습니다. 그리고 바로 이것이 내가 수몰을 좋아하는 이유들 중 하나예요." 2003년에 엘스 헬리핀스를 창립했던 글로리아 가리가Glòria Garriga는 말한다. "당시에는 다들 거세게 비난했죠. 당국이 수몰로는 질 좋은 와인을 만들 수 없다며 '하급' 포도라고 선포했으니까요. 사실, DO[61] 페네데스에서는 사용이 완전히 금지되었던 품종이에요. 하지만 나는 수몰로 만든 우리 와인들이 좋았고, 남은 수몰들의 대부분이 옛날 포도나무들이라는 점도 좋았죠. 100년도 더 된 나무들이 많았는데, 주로 나이 든 어르신들이 직접 드시려고 기르는 것이었어요. 그런 사회적인 측면과, 유산을 보존한다는 생각이 마음에 들었습니다."

글로리아가 한 일, 또 그녀가 생산한 와인들 덕분에 수몰이 큰 유명세를 타자 DO도 말을 바꾸어 이 훌륭한 품종의 장점들을 극찬하기 시작했고, 오늘날 수몰을 다시 심는 이들도 늘고 있다. (각 병마다 일일이 작은 빨간색 하트를 그려 넣은) 글로리아의 2009년산 '폰트 루비'는 날카로운 미네랄과 아름다운 밸런스가 느껴지는 진하고 풍부한 와인으로, 약간의 휘발성 산이 그렇지 않아도 완성도가 아주 높은 이 빈티지에 복잡한 풍미를 더한다.

* 아황산염 소량 첨가

---

61 Denominacion de Origen, 스페인의 와인 등급. 특정 지역에서 인가된 품종을 사용하고 각종 규정을 충족시킨 와인에 부여한다.

NEW WORLD

미디엄바디 레드
NEW WORLD MEDIUM-BODIED REDS

뱅상 왈라흐 Vincent Wallard, **콰트로 마노스**Quatro Manos
멘도사Mendoza, **아르헨티나**Argentina

말벡Malbec

블루베리 | 제비꽃 | 보라색 바질

'네 개의 손'이란 뜻의 '콰트로 마노스'는 루아르에서 도멘 몽트리외를 운영하는 내추럴 와인 생산자 에밀 에레디아Emile Hérédia와, 런던에서 음식점을 경영했던 프랑스인 뱅상 왈라흐의 합동 프로젝트다. 병과 코르크 수급 같은 현실적인 문제들 때문에 프로젝트를 실행하기가 결코 녹록치 않았지만, 그 결과 흥미로울 정도로 개성 있는 와인들이 탄생했다. 대부분 정형화된(지나치게 숙성된, 과즙이 별로 없고 오크 향이 나는) 맛이 나는 아르헨티나의 말벡과는 전혀 다르게, 일부는 송이째, 또 일부는 줄기를 제거하여 발효한(한 통 안에 서로 다른 층이 생긴다고 해서 '샌드위치 방식'이라 불린다). 오크 숙성 없이 만든 이 와인은 거의 이국적이다 싶을 정도로 진한 꽃향기와 후추 향이 나며 부드러운 타닌의 구조 덕분에 감칠맛이 아주 좋다.

* 아황산염 소량 첨가

클로 우베르 Clos Ouvert, **우아사**Huasa
마울레Maule, **칠레**Chile

파이스Pais

아이리스 | 코코아 | 세이지

파이스 단일 품종 와인의 희귀성을 감안하면, 파이스가 칠레에서 가장 널리 재배되는 품종이라는 것은 결코 생각도 못할 것이다. 칠레에 가서 와이너리들을 방문해가며 구석구석 여행을 한다고 해도, 그런 포도가 있었는지도 모른 채 돌아올 수도 있다. 16세기 중반에 스페인의 이주자들과 선교사들이 들여온 파이스는 달러를 끌어올 만한. 트렌디하고 국제적인 포도 품종이 되는 데 실패한 이후 대량 생산용 품종으로 격하되었다. 루이 앙투안 루이트가 관여하기 전까지는. 이 젊은 프랑스 출신 내추럴 와인 생산자는 도처에 널린 오래되어 비틀리고 옹이 진. 생산량이 적고, 건조한 곳에서 자라는, (일부는 수백 년이나 된) 접목하지 않은 원상태 그대로의 포도나무들이 지닌 잠재력을 깨닫고, 파이스를 부흥시키는 일에 착수했다. 그가 일궈낸 결실은 많은 이들을 놀라게 했다. 굉장히 복합적이고 긴 여운을 남기는 그의 와인은 내가 볼 때 오늘날

칠레에서 가장 흥미로운 와인이다. '우아사'는 향긋한 와인으로, 농후하고 스모키한 풍미와 기분 좋은 질감. 신선한 미네랄감이 느껴진다.

* 아황산염 소량 첨가

덩키 앤드 고트 Donkey & Goat, **더 레클루스 시라**The Recluse Syrah
브로큰 레그 포도밭 Broken Leg Vineyard, **앤더슨 밸리**Anderson Valley, **캘리포니아**California, **미국**USA

시라Syrah

제비꽃 | 계피 | 블랙 체리

재레드Jared와 트레이시 브랜트Tracey Brandt는 캘리포니아 버클리에 있는 근사하고 세련된 와이너리에서 와인을 만든다. (포도를 사서 쓰므로)생산자가 아니라 와인 양조자인 이들은 2004년에 부티크 와이너리를 시작한 이래 지금까지 잘 운영하고 있다. 이들의 와인은 론 스타일이다. '시라즈shiraz'라기보다는 시라에 가까운, 잼과 알코올 향보다는 후추 향과 산뜻한 맛을 지닌다. 프랑스의 유명한 저개입 생산자 에릭 테시에Eric Texier(론 북부의 석회암 노두들 중 한 곳에서 난 포도로 만든 그의 '브레젬므Brézème, 비에이유 세린Vieille Serine'을 찾아보자)와 함께 보낸 시간은 재레드와 트레이시에게 분명 영향을 주었다. 특히 이 와인은 포도의 45퍼센트가 송이째 발효되고 통에서 21개월간 숙성된 뒤 병에서 또 13개월간 숙성되는데, 와인은 출하 전 발달될 시간이 필요하다는 두 생산자의 신념 때문이다.

비고: 이들의 와인 중 일부는 다른 것들에 비해 아황산염 함량이 높다.

* 아황산염 소량 첨가

쇼브룩 와인스 Shobbrook Wines, **무르베드르 누보**Mourvèdre Nouveau
애들레이드 힐스 Adelaide Hills, **호주**Australia

무르베드르Mourvèdre

다육질 체리 | 석류 | 베르가못

호주 출신 톰 쇼브룩은 제멋대로 굴고 흥분을 잘하는 어린아이 같아서, 뭔가를 발견하면 거기에 온 열정을 다 쏟는다. 커피, 음악, 심지어는 자신의 저장고에서 직접 만드는 절인 고기들까지 말이다. 톰과 함께 있으면 한계라는 것이 없는 것처럼 느껴진다. 아무리 정신 나간 것 같은 상상이라도 그의 머리를 거치면 현실이 되고, 맛있는 결과를 낼 것만 같다. 그래서인지 그의 와이너리는 마치 음식, 다양한 풍미들, 또 맛과 사랑에 빠진 사람이 자신의 상상들을 마음껏 펼치는 재미있는 실험실처럼 보인다. 세심한 와인 양조자인 톰은 호주에 정착하여 새로운 물결을 일으키고 있는 젊은 테루아주의자terroirist들 중 한 명이다. 이 무르베드

도멘 루 그레즈Lous Grezes는 '르 뱅 상스Les Vins S.A.I.N.S.'(120~121쪽 '어디서 그리고 언제: 생산자 협회' 참조)의 일원으로, 아황산염 무첨가 레드 와인들을 만든다.

르는 (그 이름에서도 알 수 있듯이) 조기 출하 와인이라서뿐만 아니라, 남아 있는 천연 이산화탄소와 함께 병입되었다는 점 때문에도 주목할 만하다. 덕분에 스파클링 같은 느낌도 약간 나며, 젊고, 재미있고, 신선하다.

* 아황산염 무첨가

도멘 루시 마고Lucy Margaux, 모노미스Monomeith
애들레이드 힐스Adelaide Hills, 호주Australia
피노 누아Pinot noir

다크 체리 | 생강 | 블러드 오렌지 껍질

남아프리카공화국 출신인 안톤 반 클로퍼는 셰프로 일하다가 와인 양조자로 전업했다. 외국에서 수년간 와인을 만들던 안톤과 그의 아내는 2002년, 애들레이드 힐스에 있는 6만5천 제곱미터 규모의 체리 과수원을 매입한 이래 계속 승승장구하고 있다. 그리고 2010년, 안톤은 그의 친구들인 샘 휴스Sam Hughes, 톰 쇼브룩(앞 페이지 참조), 제임스 어스킨James Erskine과 함께 '자연 선택론Natural Selection Theory'이라는 와인 운동을 시작했다. 안톤은 이를 "마치 자유롭게 흐르는 재즈 같다. 안전 보장 따위는 없는 충격적인 와인 양조. 오직 와인의 한계를 허물어 현재와 같은 신선미 없는 상태에서 벗어나려는 노력"이라고 묘사한다. 오늘날 안톤은 호주에서 가장 순수한 피노 누아 와인들을 만든다. 야생 베리의 풍미가 아우성을 치는 듯한, 믿기 힘들 정도의 표현력을 뽑내는 그의 와인은 스파이시하며 달지 않은 풍미를 지닌다. '모노미스'는 햇볕이 잘 드는 3만 제곱미터 규모의 땅에서 난 과일을 사용했으며, 이는 역시 훌륭한 내추럴 와인들을 만드는 패트릭 설리번Patrick Sullivan이 기른 것이다(뭔가 다른 맛을 찾는다면 그의 '하기스Haggis'를 마셔보길).

* 2016년 빈티지부터 아황산염 무첨가

올드 월드 와이너리Old World Winery, 루미너스Luminous
캘리포니아California, 미국USA
아부리우Abouriou

오디 | 말리지아 체리 | 루이보스 티

올드 월드 와이너리의 주인이자 와인 양조자인 다렉 트로브리지는 캘리포니아에 마지막 남은 아부리우 밭을 돌보는, 일종의 박물관 큐레이터 같은 존재디. "니는 우리 가족의 재배의 역사와 전통뿐만 아니라, 집안의 가보인 이 진기한 품종을 지키고 있습니다." 다렉은 말한다. 그는 2008년부터 러시안 리버 밸리Russian River Valley에 있는 그의 가족 포도밭에서 이 80년 된 포도나무들을 길러왔다. 소노마에서 포도 재배로 확실히 자리를 잡은 이탈리아계 집안에서 태어난 다렉은 그의 할아버지 리노 마르티넬리Lino Martinelli로부터 '구세계 스타일' 와인 양조법을 배웠다. '루미너스'는 그 이름에 걸맞게 밝은색 체리 향을 지닌 와인이다. (다렉이 저장고 입구에서 판매하는 수제 백년초prickly-pear 아이스크림도 먹어볼 만하다!)

* 아황산염 무첨가

클로스 사론Clos Saron, 홈 빈야드Home Vineyard
시에라 풋힐스Sierra Foothills, 캘리포니아California, 미국USA
피노 누아Pinot noir

달콤한 석류 | 오디 | 약하게 볶은 커피

어느 영적 단체의 구성원들과 함께 이 외딴 지역으로 왔던 기디언 베인스톡Gideon Beinstock은 결국 독립하여 자신만의 농장과 포도밭을 열었다. 클로스 사론은 아내의 이름을 딴 것이다. "나에게 영감이 되는 사론은 수년간 포도 재배를 한 경험이 있습니다." 기디언은 말한다. "그리고 살아 있는 모든 것들을 다루는 데에 마술과 같은 솜씨를 보이죠. 개, 고양이, 닭, 토끼, 벌, 심지어는 어린아이들까지도 말입니다." 기디언은 자신의 저장고에서 옆면이 유리로 된 통 안에 들어 있던 와인 찌꺼기들의 움직임이 한 달의 특정 시점들과 관련이 있다고 보아, 그 이후로 태음주기lunar cycle를 이용해 농사를 지어왔다. 소량(정확히 852병)만 생산된 2010년산 와인은, 쓸데없는 말은 하는 법이 없는 기디언 그 자신을 연상시킨다. 풍미를 마구 뿜어내는 종류의 와인이 아니라서 먼저 다가가야 하지만, 일단 다가가면 숨어 있는 수많은 개성들로 보상을 받게 된다. 매력적인 꽃 향과 훌륭한 뼈대를 지닌 와인으로, 닫힌 느낌과 절제미가 있으며 상당히 내성적이다.

* 아황산염 무첨가

메토드 소바주Methode Sauvage, 베이츠 랜치Bates Ranch

산타 크루즈 마운틴스Santa Cruz Mountains, 캘리포니아California,
미국USA

카베르네 프랑Cabernet franc

상큼한 자두 | 등나무 | 라즈베리 잎

나는 지난번 샌프란시스코에 갔을 때 펀치다운Punchdown(오클랜드에 있는 멋진 내추럴 와인 바)의 DC 루니Looney를 만나, 이 환상적인 와인을 한 병 얻어올 수 있었다. 영국으로 돌아온 당일에 나는 그 와인을 땄다(내추럴 와인이 장거리 운송에 부적합하다는 생각은 그만하길). 메토드 소바주의 프로젝트 뒤에 숨은 발상은 "캘리포니아의 카베르네 프랑과 슈냉 블랑이 제 목소리를 낼 수 있도록 하는 것"이며, 이러한 발상은 정말 실현되었다. '베이츠 랜치'는 제 목소리를 내는 훌륭한 와인이다.

* 아황산염 무첨가

몬테브루노Montebruno, 피노 누아Pinot Noir, 에올라 아미티 힐스Eola-Amity Hills

오리건Oregon, 미국USA

피노 누아Pinot noir

야생 라즈베리 | 백합 | 돌

뉴욕에서 자란 조셉 페디치니Joseph Pedicini는 1990년대 초, 당시 막 발달하기 시작했던 소규모 맥주 양조 사업에 뛰어들었다. 일 때문에 우연히 오리건에 오게 된 그는 이곳에서 피노 누아를 엄청 많이 마셨고, 그 이후 얼마 안 되어 맥주 대신 와인을 만들게 되었다. "나는 이탈리아에서 미국으로 이주한 부모님들 밑에서 자랐습니다. 할머니 한 분은 바리Bari, 또 한 분은 나폴리 출신이시죠. 그래서 어려서부터 우리 집에서는 와인을 만들었어요. 할머니와 아버지가 발효 기술, 원예 기술, 재배 기술을 가르쳐주셨으니, 그 점에 대해서는 그분들의 영향을 아주 많이 받았다고 할 수 있습니다." 오늘날 조셉이 만드는 와인들을 보면 그의 조부모님이 분명 자랑스러워하리라는 확신이 든다. 태평양의 순풍이 불어오는, 특히 시원한 곳에서 자란 이 피노 누아는 향긋하고, 순수하며, 굉장히 좋다.

* 아황산염 소량 첨가

카스타냐Castagna, 제네시스Genesis

비치워스Beechworth, 호주Australia

시라Syrah

블랙베리 | 제비꽃 | 팔각

빅토리아 주의 역사적인 마을, 비치워스에서 불과 5킬로미터 떨어진 곳에 있는 카스타냐의 포도밭은 해발 5백 미터 고도, 호주 알프스 기슭에 자리 잡고 있다. 영화감독인 줄리안 카스타냐Julian Castagna와 영화 제작자 겸 각본가인 그의 아내 카로란Carolann이 운영하는 이 농장은 영속농업 방식(32~37쪽 '포도밭: 자연적인 재배' 참조)으로 설계되었는데, 부부의 말에 따르면 이는 "땅에 대한 인간의 영향을 최소화하면서도 땅을 최대한 활용하기" 위한 것이었다. 이들은 이를 위해 (영속농업운동의 창시자들 중 한 명인) 데이비드 홀그렌의 도움을 받았다. 데이비드는 주요 토종 나무들과 물이 고이는 지점 등을 식별하는 데 도움을 주어 최종 배치에 영향을 주었고, 짚단으로 벽을 세운 와이너리 건물을 짓는 데에도 조언을 해주었다. 그 이후 15년도 더 지난 지금, 카스타냐는 아주 유명한 생산자가 되어 그들의 농장만큼이나 생명력이 넘치는, 또 언제나 훌륭한 솜씨를 보여주는 와인들을 만들고 있다.

* 아황산염 소량 첨가

토니 코투리Tony Coturri, 진판델Zinfandel

소노마 밸리Sonoma Valley, 미국USA

진판델Zinfandel

다크 체리 | 크렘 브륄레 | 정향

개척자인 토니 코투리는 종종 간과되지만 사실은 진판델 전문가이자 아주 전통적인 캘리포니아 진판델을 만드는 생산자 겸 양조자다. 그의 와인들은 결코 소심하지 않고 멋진 균형미를 지니며, 잊히다시피 했던 캘리포니아 와인의 매력을 뽐낸다. 대단하거나 이름 있는 와인도, 트렌디한 유럽풍 와인도 아니지만 토니의 와인은 심혈을 기울여 만든 참된 캘리포니아 와인이다. 대단히 과소평가된, 달지 않은 풍미와 복합미가 있는 와인. 미국의 내추럴 와인 바나 상점, 혹은 제대로 된 와인 리스트들에서 토니와 그의 와인들, 또 그가 미국에서 어떤 존재인가 하는 점이 간과되는 일이란 있을 수 없다.

* 아황산염 무첨가

보데가스 엘 비에호 알마센 데 사우잘Bodegas El Viejo Almacén de Sauzal, 우아소 데 사우잘Huaso de Sauzal

마울레 밸리 Maule Valley, **칠레**Chile

파이스Pais

레드 커런트 | 흑무화과 | 스모키

칠레 중부에서 자란 아주 오래된(일부는 1650년부터), 접목하지 않은 포도나무에서 난 이 파이스(최근 일어나고 있는 이 품종의 부활 움직임에 대한 자세한 내용은 193쪽 '클로 우베르' 참조)는 칠레의 전통을 고스란히 담고 있다. 비관개 농법과 (포도 생산자 겸 와인 양조자인 레난 칸치노Renán Cancino에 따르면) 스페인 정복자들로부터 물려받은 기술들을 적용하는 엘 비에호 알마센은 말을 이용해 밭을 갈며, 모든 합성 비료, 농약, 화석 연료의 사용을 배제한다. 와인 양조 방법도 전통적이다. 뚜껑이 없는 오크 발효통과 오래된 오크통들을 사용. 와인을 1년간 숙성한 뒤 병입한다. 그리고 다시 1년을 더 기다렸다가 출하한다. 병입과 라벨링은 모두 사람 손으로 한다.

사우잘은 1789년, 이 도시 인근의 땅을 거의 다 소유하고 있던 귀족 가문들이 정착하면서 생겨났다. 레난은 이렇게 설명한다. "내 친할머니는 그 귀족 가문들 중 한 집의 보모였어요. 할머니는 혼자서 딸 훌리아Julia와 아들 볼리바르Bolivar, 그러니까 내 아버지를 키웠죠. 후에 고향에 돌아와 아이들을 기르기 위해 바느질을 시작했던 할머니는 결국 1960년에 재봉사가 되어 본인의 가게(알마센)를 열었습니다. 할머니의 뒤를 이은 아버지는 2010년, 지진 때문에 사우잘 대부분이 파괴되었을 때까지 알마센에서 일했어요."

*이황산염 무첨가

왼쪽과 옆 페이지: **토니 코투리의 포도밭과 거기에 열려 있는 늦여름의 포도들**(자세한 내용은 앞 페이지 참조).

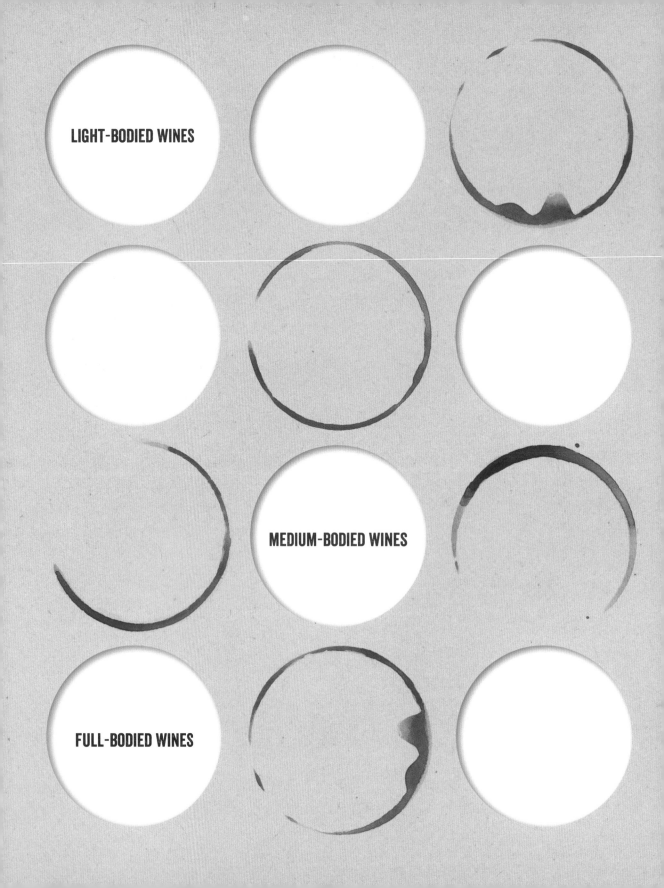

LIGHT-BODIED WINES

MEDIUM-BODIED WINES

FULL-BODIED WINES

스위트 와인은 포도의 당분을 자연적으로 농축시킴으로써 만들어진다. 방법은 여러 가지인데, 포도를 따지 않은 채로 건조시키거나 수확 후에 널어 건조시키기, 자연적으로 발생하는 곰팡이인 귀부균(보트리티스 시네레아) 이용하기, 아이스와인(아이스바인eiswein이라고도 한다)을 만들 때처럼 얼어 있는 포도를 수확해 만들기 등이다.

건조시키든 곰팡이를 이용하든 얼리든 간에 결과는 똑같다. 언제든 효모와 다른 생물들의 먹이가 될 수 있는 다량의 잔당이 생긴다는 것. 이때 중요한 점은 어떻게 와인이 병 속에서 재발효되지 않도록 안정화시킬 것인가 하는 것이다. 무균여과나 다량의 아황산염 첨가는 가장 쉬운 해결책이기도 하지만, 와인을 계속 발효시킬 가능성이 있는 미생물들의 환경 자체를 없애는 방법들이라 실제로 제일 흔하게 사용된다. 즉 일반 스위트 와인 생산자들 대다수가 선택하는 방식인 것이다.

하지만 내추럴 와인 생산자들은 이러한 선택을 할 수 없다. 그래서 일부는 브랜디 같은 증류주를 이용해 발효를 막고 와인을 강화하는데(이를 뮈타주mutage라고 한다), 알코올 도수가 높아지면 미생

OFF-DRY & SWEETS
오프드라이&스위트

물들이 활동을 멈추기 때문이다. 바뉼스, 모리Maury, 포트 등지의 생산자들이 이 방법을 쓴다. 아황산염 무첨가 노선을 택한 이상 강화 방식이 분명 가장 안전하고 쉬운 선택이지만, 어떤 내추럴 와인 생산자들은 뮈타주나 첨가물, 혹은 과도한 처리 없이 스위트 와인을 만들어내기도 한다.

완전히 내추럴한 스위트 와인을 만드는 일은 길고 느린 과정으로, 굉장한 인내심을 요구한다. 아황산염이나 무균여과 없이 스위트 와인을 안정화시키려면 시간을 보내는 수밖에 없으니 말이다. 전에 장 프랑수아 쉐네는 이렇게 말했다. "포도가 제대로 숙성됐다면, 또 수확 시 잠재 알코올 도수가 약 18도(높게는 20도까지)에 달한다면 아황산염 없이 뱅 리코뢰vin liquoreux를 만들기가 훨씬 쉽습니다. 이 조건을 다 갖추었다면 그다음은 시간문제죠. 긴 '엘르바주'가 필요해요. 해에 따라 다르지만 때로는 24개월, 때로는 36개월, 때로는 5년이나 그 이상이 걸리기도 합니다. 시간만 주어진다면 와인은 스스로 균형을 찾죠. 당분이 꽤 높은, 알코올이 존재하는 환경에 놓인 효모가 거기에 저항하다가 결국 죽고 마니까요."

일단 병입이 된 와인은 원칙적으로는 재발효되며 작은 거품들이 생길 수 있는데, 이는 아로마적인 측면에서는 꼭 문제라고는 할 수 없다. 경우에 따라서는 이것이 와인의 풍미를 끌어올리기도 하니까 말이다. 따라서 마시는 사람이 어떻게 생각하느냐에 따라 다르며 무균화된, 생명이 없는 스위트 와인에 익숙한 사람이라면 알알이 터지는 탄산 맛에 좀 놀랄 수도 있다. 그러나 대부분의 내추럴 와인 생산자들은 수익에 연연하지 않고 자신의 와인이 세상에 나갈 준비가 되기까지 필요하다면

옆 페이지 왼쪽 위: 라 비앙카라의 레치오토recioto[63]용 포도들이 저장고에서 건조되고 있다. 이 전통적인 처리 방식은 포도 속의 당분을 자연적으로 농축하는 방법 중 하나다.

옆 페이지 아래: 예부터 프랑스 남부의 모리와 바뉼스에서 달콤한 레드 강화 와인을 만들기 위해 써온 용기들이다. 해가 드는 야외에 내놓고 와인이 천천히 자연적으로 열을 받도록 한다.

친구들끼리 모여 결성한 현대식 조합 '콜렉티프 아노님Collectif Anonyme'은 프랑스/스페인 접경 지역에서 두 가지 바뉼스 강화 와인과, 알코올을 첨가하지 않은 뱅 나튀렐망 두vin naturellement doux인 '몬스트룸Monstrum' 등 레드 스위트 와인들을 만든다.

몇 년이라도 기다리므로, 그런 일이 생길 가능성은 아주아주 드물다. 2013년 쉬네는 나에게 이렇게 말했다. "난 아직도 2005년산을 몇 병 가지고 있는데, 당분의 불균형 때문에 안정화시키려면 정말 오래 기다려야만 합니다. 아황산염을 첨가하거나 여과할 생각은 없지만, 그 대신 아주아주 오랜 시간을 기다려야 하죠."

하지만 일부 생산자들은 그래도 안전하게 하기 위해서 자신의 스위트 와인들을 스파클링 병에 담아 맥주 마개로 막기도 한다. 혹시나 효모가 활동하여 예기치 못하게 압력이 생성되는 경우, 그걸 견딜 수 있도록 하기 위해서이다. 여기 소개된 와인들은 대부분 아황산염을 전혀 첨가하지 않은 것들로, 극소수만이 가벼운 여과를 거쳤거나 강화된 것들이다. 전부 내추럴 와인이다. 아황산염이 전혀 안 든, 혹은 강화되지 않은 것들은 정말 대단하다고 할 수 있다. 일반 와인 업계의 대다수 사람들이 불가능하다고 여기는 그야말로 자연의 위업들. 이 와인들은 안정화를 위해 수년간 숙성되어 이제껏 경험한 것 중 가장 심오하고도 복합적인

아로마와 질감을 보여주며, 마신 뒤에도 입안에 오랫동안 남는다. 아주 귀한 것들이니 천천히 음미해보길.

혼동하지 말자

내추럴 스위트 와인과 뱅 두 나튀렐vin doux naturel, VDN(문자 그대로 해석하면 '내추럴 스위트 와인'이다)을 혼동하지 말라. 이는 아펠라시옹 도리진 프로테제Appellation d'Origine Protégée[62]의 공식 용어로 (모리와 바뉼스를 포함해) 프랑스에서 강화를 통해 발효를 중단시킨 와인을 일컫는 말이지만, 상업용 효모, 아황산염 등의 첨가로 전혀 자연적이지 않을 수 있다.

---

62 원산지보호명칭.
63 반건조 포도로 만든 이탈리아의 스위트 와인.

미디엄바디
오프드라이 & 스위트
MEDIUM-BODIED OFF-DRY & SWEETS

에센치아 루랄Esencia Rural,
데 솔 라 솔 나투랄 둘체De Sol a Sol Natural Dulce
카스티야 라 만차 Castilla La Mancha, **스페인**Spain

*아이렌*Airén, *모스카텔*moscatel

계피 | 캐러멜을 입힌 견과류 | 마른 감귤류 껍질

마드리드에서 차로 한 시간 정도 떨어진 곳에 있는 에센치아 루랄은 50만 제곱미터 규모의 농장으로, 만체고 치즈, (벨레다 화장품의 원료가 되는) 허브류, 흑마늘, 다양한 포도들을 재배한다. 이중 특히 아이렌은 스페인에서 가장 널리 재배되는 품종으로, 스페인 브랜디에 주로 이용된다. 하지만 여기서는 건조시킨 아이렌을 모스카텔과 함께 발효시켜 148일간 마세라시옹한 뒤, 암포라로 옮긴 다음 (아황산염 첨가나 여과 없이) 병입한다. 각 병에는 35그램의 잔당이 들어 있다.

* 아황산염 무첨가

브루노 알리옹Bruno Allion, 소네모Sonnemot
루아르Loire, **프랑스**France

*소비뇽 블랑*Sauvignon blanc

크렘 카탈란Crème Catalan[64] | 라임 껍질 | 건무화과

브루노 알리옹은 루아르 밸리의 대단히 과소평가된 포도 생산자(이자 벌과 거위의 사육사)이다. 일찌감치 유기농과 바이오다이내믹에 입문한 그의 13만 제곱미터 규모의 땅은 1990년부터 인증을 받고 있다. 브루노는 10여 년 전부터 모든 와인에 아황산염을 첨가하지 않는다. 각 병들은 일일이 손으로 라벨링한다.

'소네모'는 (이 빈티지의 경우) 60그램의 잔당을 함유한, 늦게 수확한 소비뇽 블랑으로 만들었다. 너무 달아서 불쾌할 것 같겠지만 오산이다. 날카로운 산미와 상쾌한 미네랄감이 훌륭한 균형을 이룬다(소비뇽 블랑이라는 품종에 브루노의 특출한 농사 기술이 더해진 결과다). 시큼한 라임의 풍미를 지닌다.

* 아황산염 무첨가

---

64 크렘 브륄레와 비슷한 스페인식 디저트.

르 클로 드 라 멜레리Le Clos de la Meslerie, 부브레Vouvray
루아르Loire, **프랑스**France

*슈냉 블랑*Chenin blanc

잘 익은 배 | 부싯돌 | 꽃가루

미국에서 은행가로 일하다가 와인 생산자가 된 피터 한Peter Hahn은 2002년에 루아르에 자리를 잡았다. 그의 '부브레'는 (찌꺼기를 제거하지 않고) 12개월간 통에서 발효 및 숙성되며, 6개월간 병에 들어 있다가 출하된다. 오프드라이 스타일의 농축된 슈냉으로, 굉장히 순수한 미네랄감 덕분에 입에 침이 고일 정도도다. 젖은 양털 냄새가 섞인 스모키한 향이 있다. 강하고 풍부한 와인이다.

* 아황산염 소량 첨가

레 장팡 소바주Les Enfants Sauvages,
뮈스카드 리브잘트Muscat de Rivesaltes
루시용Roussillon, **프랑스**France

*뮈스카*Muscat

터키시 딜라이트 | 패션프루트 | 포도 향

독일 출신인 카롤린Carolin과 니콜라우스 반틀린Nikolaus Bantlin은 프랑스 남부와 사랑에 빠졌다. 이에 다니던 직장을 그만두고 10여 년 전 가족들과 피투Fitou로 왔다. 처음에는 본인들의 독일인 가족들이 마실 달콤한 뮈스카를 생산했는데, 이것이 큰 인기를 얻어 이제는 수요를 맞추기 위해 고생할 정도가 되었다. 포도 향과 같은 일차적인 풍미를 보여주며, 이국적인 과일 맛이 나는 젊은 강화 와인이다.

* 아황산염 소량 첨가

라 쿨레 당브로지아La Coulée d'Ambrosia, 두쇠르 앙주빈Douceur Angevine,
르 클로 데 오르티니에르Le Clos des Ortinières
루아르Loire, **프랑스**France

*슈냉 블랑*Chenin blanc

꿀을 입힌 아몬드 | 대추야자 | 라임

2005년에 부모님으로부터 루아르에 있는 4만 제곱미터의 땅을 물려받은 장 프랑수아 쉐네는 곧장 유기농법으로 농사를 시작했다. 귀부화botrytized되어 수확 시 잠재 알코올 도수가 20도가 넘는 포도를 사용한 그의 '두쇠르 앙주빈'은 그 어떤 첨가물이나 처리 없이 5년간 통에서 숙성된다. 견과류와 과일의 풍미가 훌륭한 와인이다.

* 아황산염 무첨가

도멘 소리니Domaine Saurigny, 에스S

꼬또 뒤 레이옹Côteaux du Layon, **루아르**Loire, **프랑스**France

*슈냉 블랑*Chenin blanc

꿀 | 호두 페이스트 | 크렘 브륄레

보르도에서 와인 양조학을 배운 뒤 포므롤/생테밀리옹/퓌세갱Puisseguin 지역에서 양조 책임자로 일했던 제롬 소리니Jerome Saurigny는, 레 그리 오트와 거기서 생산되는 비개입주의 와인들에 영감을 받아 루아르에 정착했다. 이 걸쭉한, 넥타 같은 와인은 마치 꿀이나 심지어는 '토카이 에센시아Tokaj eszencia'⁶⁵와 비슷한, 정말 놀라운 질감을 지닌다. 호두 페이스트과 크렘 브륄레의 향, 패션프루트 같은 산미가 느껴진다.

* 아황산염 무첨가

비니에 드 라 휘카의 병들은 전부 사람이 입으로 불어서 만들기 때문에, 각각의 모양이 조금씩 다르다.

풀바디 오프드라이 & 스위트
FULL-BODIED OFF-DRY & SWEETS

클로 드 로리진Clot de l'Origine, 모리Maury

루시용Roussillon, **프랑스**France

*그르나슈 누아*Grenache noir*와 소량의 그르나슈 그리*Grenache gris, *그르나슈 블랑*Grenache blanc, *마카뵈*Macabeu, *카리냥*carignan

자두 | 블랙베리 | 모카

마크 바리오Marc Barriot가 2004년에 설립한 프랑스 남부의 이 10만 제곱미터 규모의 도멘은, 아글리 밸리의 다섯 개 마을(칼크Calc, 모리, 에스타젤Estagel, 몽트네Montner, 라투르 드 프랑스Latour de France)에 포도밭들을 갖고 있으며 각 곳마다 토양과 미기후가 다 다르다. 타닌감이 있고 일차적이며 솔직한, 또 농축미와 순수함을 지닌 이 그르나슈 누아 강화 와인은 신선한 포도와 블랙 체리의 맛이 난다. 대부분 수확량이 1만 제곱미터당 단 800리터 정도로 극히 적고, '뮈타주 쉬흐 그랑mutage sur grain'을 적용하기 때문이다. 이는 양질의 강화 와인을 만드는 전통적·장인적 방식으로, 마크는 오드비(포도 증류주)를 포도 전체에 부어 포도의 일차적인 풍미들을 꽉 잡아두었다.

* 아황산염 소량 첨가

비니에 드 라 휘카Vinyer de la Ruca

바뉼스Banyuls, **루시용**Roussillon, **프랑스**France

*그르나슈*Grenache

카카오 빈 | 베르가못 | 검은 오디

카탈루냐 출신 생산자인 마누엘 디 베키 스타라스Manuel di Vecchi Staraz는 자신의 웹사이트에 "토트 에스 파 아 라 마Tot es fa a la mà"⁶⁶라고 썼다. 이곳에서는 1년에 단 1천 병의 와인만을 생산하며(와인 병은 직접 손으로 잡고 불어서 만든다). 전기나 석유로 움직이는 기계는 일체 사용하지 않는다. 마누엘이 "돌고, 미끄러지고, 맞물리고, 가속하는 것 따위는 전혀 없다"고 말했듯이. 스페인 국경 인근 바뉼스의 가파른 경사지에서 자란, 50년 된 포도나무로 만든 이 스위트 와인은 꽃향기와 몹시 진한 아로마를 동시에 지닌다.

* 아황산염 무첨가

---

65 헝가리산 최고급 귀부 와인으로 당도가 매우 높다.
66 '모든 것은 손으로 만든다'는 뜻이다.

한번씩 공개 시음일을 정해 일반인들을 초대하는 생산자들도 있지만, 여기 '내추럴 와인 저장고'에 소개된 생산자들 중 대다수는 와이너리의 규모가 작아서 항상 문을 열어두고 손님을 맞지는 못한다. 그러므로 방문하고자 한다면 미리 전화나 이메일로 가능 여부를 확인해야 한다.

앰비스 에스테이트AmByth Estate, 파시토Passito
캘리포니아California, 미국USA
산지오베제Sangiovese, 시라Syrah

모렐로 체리 | 건포도 | 민트

웨일스 출신인 필립 하트와 그의 미국인 아내 메리 모우드 하트가 운영하는 이 8만 제곱미터 규모의 포도 및 올리브 재배지는, 파소 로블스의 최초이자 유일한 바이오다이내믹 인증 와이너리다. '파시토'는 산지오베제와 시라 포도를 천막 아래 빨랫줄에 넣어 건조시켜 만든다! 건포도의 풍미가 아주 강하며, 상쾌한 민트 향도 느낄 수 있다.

* 아황산염 무첨가

라 비앙카라La Biancara,
레치오토 델라 감벨라라Recioto della Gambellara
베네토Veneto, 이탈리아Italy
가르가네가Garganega

사프란 | 피칸 | 올스파이스

생산자 협회 '빈나투르'의 창립자이자 수장인 안지올리노 마울레가 탄생시킨 이 명상적인 와인은, 전통적인 가르가네가 포도를 수확한 뒤 선반에 넣어 건조시켜 만든다. 긴 발효와 숙성을 거친 와인은 약 3년 후 병입된다. 훌륭한 복합미, 감미로움, 얼음처럼 상쾌한 산미와 짭짜름한 캐러멜 향을 지니며, 껍질을 일부 넣어 마세라세옹하여 타닌의 질감도 느껴진다. 풍부하고 호화로운 와인이다.

* 아황산염 무첨가

마레나스Marenas, 아솔레오Asoleo
몬티야Montilla, 코르도바Cordoba, 스페인Spain
모스카텔Moscatel

살구 잼 | 바닐라 빈 | 건포도

스페인 남부에 자리 잡은 이 작고 아기자기한 포도밭에는 포도나무가 200그루나 자라고 있다! 아로마가 풍부한 모스카텔은 7월에 수확하여 8일간 햇볕에 건조시킨 뒤(그래서 이름도 '볕에 쪼이다'라는 뜻의 '아솔레오'이다), 200년 된 통에서 발효시킨다. 그 결과 400그램의 잔당과 8퍼센트의 알코올만을 함유한, 맛있으면서도 영양가 높은 달콤한 넥타가 완성된다.

* 아황산염 무첨가

레도가Ledogar,
무르베드르 방당주 타르디브Mourvèdre Vendange Tardive
랑그독Languedoc, 프랑스France
무르베드르Mourvèdre

고수 | 커리 잎 | 재거리Jaggery[67]

사비에르Xavier와 마티유Mathieu 레도가는 대대로 와인을 만든 집안 출신 형제들이다. 증조부 두 분이 모두 포도 생산자였고, 조부인 피에르Pierre와 아버지 앙드레André도 마찬가지였다. 여러 겹의 맛과 굉장히 긴 여운을 지닌 이들의 귀부 와인. '무르베드르 방당주 타르디브'는 10년간 야외에서 발효 및 숙성된다. 잔당 80그램. (자연적으로 얻은) 알코올 17퍼센트인 아주 멋진 와인으로, 굉장히 달콤하고 커피 향이 난다. 이건 반드시 단독으로 마셔야 한다. 음식에 곁들이기에는 그 맛이 너무 좋으니까 말이다.

* 아황산염 무첨가

라 크루즈 데 코말La Cruz de Comal, 팔스타프스 색Falstaff's Sack
텍사스 힐 컨트리Texas Hill Country, 미국USA
블랑 뒤 부아Blanc du bois

루이보스 티 | 자두 | 세비야 오렌지 마멀레이드

오스틴과 샌안토니오 사이, 텍사스 힐 컨트리에 있는 라 크루즈 데 코말은 캘리포니아의 유명 내추럴 와인 생산자인 토니 코투리(128~129쪽 '사과와 포도' 참조)와 그의 오랜 친구이자 '공범'인 열성 와인 팬, 루이스 딕슨Lewis Dickson의 협업으로 시작되었다. 루이스는 석회암 토양에서 강인한 미국 교배종들인 블랙 스패니시black Spanish와 블랑 뒤 부아(현존

하는 총 재배 면적이 40만 제곱미터밖에 안 되는 희귀한 품종이다)를 재배한다. '팔스타프스 색'은 독특한 강화 와인으로, 그 별난 매력이 내 마음을 완전히 사로잡았다. 정말 좋은 와인이다.

* 아황산염 무첨가

비냐 에네브로Viña Enebro, 비노 메디타시온Vino Meditación
무르시아Murcia, 스페인Spain
모나스트렐Monastrell

카시스 잼 | 자두 | 초콜릿

가족이 운영하는 이 작은 농장에서는 아몬드, 올리브, 과일, 5만5천 제곱미터의 땅에서 자라는 포도까지 다양한 농작물들이 재배된다. 강수량이 매우 적은 지역이라 후안 파스쿠알Juan Pascual은 모나스트렐(무르베드르), 포르칼랴트forcallat, 발렌시Valencí 등 가뭄에 잘 견디는 토종 포도 품종들만을 기른다. 그는 무르시아의 부야스Bullas(타닌 함량이 높은 강한 (드라이) 레드로 유명한 지역)에 있으면서도 자기만의 길을 가기로 결심했고, 이 풍미 있는 디저트 와인이 바로 그 결실들 중 하나다. 포도는 드라이 와인을 만들 때와 마찬가지로 9월에 수확하며, 당분 농축을 위해 6주간 실내에서 자연 건조시킨다. 그런 다음 송이째(줄기까지 전부 다) 압착하여, 즙을 3개월간 껍질과 접촉시킨 뒤 오래된 프렌치 오크통으로 옮겨 4년간 숙성시킨다. 그 결과 매끄러움, 농축미와 타닌감, 숙성의 깊이가 느껴지는 즉 구조감과 균형이 좋은 와인이 탄생했다. 아주 농익은 과일 향(잼, 건포도, 건무화과) 덕분에 뚜렷한 단맛이 느껴진다. 엄밀히 말하면 이 와인을 스위트 와인으로 분류하는 것이 잘못일 수 있으나, 식사 후에 마시고 싶은 와인인지라 나는 여기에 더 맞는다고 생각한다. 단독으로 마시는, '명상하기 위한' 와인(그래서 이름도 '메디타시온'이다)으로, 그 자체가 하나의 요리다.

* 아황산염 무첨가

---

67 남아시아 및 동남아시아의 전통 비정제 설탕.

추천할 만한 와인 생산자들

내가 아는 한 유기농법 또는 바이오다이내믹농법으로 농사를 짓고, 와인 양조 시 개입을 최소화하는 생산자들의 목록을 정리했다. 3부 '내추럴 와인 저장고'에 소개된 생산자들의 경우에는 찾아보기 쉽도록 해당 쪽수를 적어놓았다. 이들 중 대다수는 첨가물을 전혀 사용하지 않고 완전히 자연적으로 재배하고 양조한다. 나머지는 아황산염을 사용하며 경우에 따라서는 특정 퀴베의 아황산염 함량이 리터당 50밀리그램을 넘을 수도 있으니, 더 자세히 알아보려면 각 생산자별로 확인해보라. 완벽한 목록은 아니지만(빠진 생산자가 있다면 양해를 부탁한다), 더 시음해볼 만한 흥미로운 생산자들임은 분명하다.

그리스
도멘 드 칼라타스Domaine de Kalathas
도멘 리가스Domaine Ligas (175쪽)

남아프리카공화국
인텔레고 와인스Intellego Wines
테스탈롱가Testalonga (169쪽)

뉴질랜드
사토 와인스Sato Wines (158쪽)
피라미드 밸리Pyramid Valley

독일
2나투어킨더2Naturkinder (155쪽)
다스 히르쉬호르너 바인콘토르Das Hirschhorner Weinkontor (프랑크 존Frank John)
루돌프와 리타 트로센Rudolf & Rita Trossen (156쪽)
바인구트 브란트Weingut Brand
슈테판 페터Stefan Vetter (154쪽)
엔데를레 운트 몰Enderle & Moll
외콜로기셰스 바인구트 슈미트Ökologisches Weingut Schmitt (167쪽)
콜렉티베 ZCollective Z

멕시코
비치Bichi (루이 앙투안 루이트Louis-Antoine Luyt)

미국
더티 앤드 라우디Dirty and Rowdy (157쪽)
덩키 앤드 고트Donkey & Goat (193쪽)
데이 와인스Day Wines
라 가라기스타La Garagista (140쪽)
라 크루즈 데 코말 와인스La Cruz de Comal Wines (205쪽)
라 클라린 팜La Clarine Farm (159쪽)
레 륀 와인Les Lunes Wine
로 피 와인스Lo-Fi Wines

루트 레반도프스키 와인스Ruth Lewandowski Wines
메토드 소바주Methode Sauvage (195쪽)
몬테브루노 와인Montebruno Wine (195쪽)
브라이언 데이Brianne Day
브록 셀러스Broc Cellars
블루머 크리크 빈야드Bloomer Creek Vineyard (158쪽)
빈카 마이너Vinca Minor
살리니아 와인 컴퍼니Salinia Wine Company
스윅 와인스Swick Wines
스콜리움 프로젝트Scholium Project (161쪽)
아르노 로버츠Arnot-Roberts
앰비스 에스테이트AmByth Estate (159, 204쪽)
어 트리뷰트 투 그레이스A Tribute To Grace
에드먼스 세인트 존Edmunds St. John
올드 월드 와이너리Old World Winery (194쪽)
캘럽 레저 와인스Caleb Leisure Wines (161쪽)
켈리 폭스 와인스Kelley Fox Wines
코투리 와이너리Coturri Winery (161, 195쪽)
클로스 사론Clos Saron (194쪽)
포퓰리스Populis (159쪽)
하디스티 셀러스Hardesty Cellars (157쪽)

브라질
도미니오 비카리Dominio Vicari (159쪽)

세르비아
더 컬렉티브 프레젠츠The Collective presents…(헝가리에 속하기도 함)(154쪽, 211쪽 사진)
프란추스카 비나리야Francuska Vinarija (154쪽)

스위스
미토피아Mythopia (189쪽)
바인바우 마르쿠스 루흐Weinbau Markus Ruch
빈처켈러 슈트라서Winzerkeller Strasser
알베르 마티에 에 피스Albert Mathier et Fils

스페인
나란후에즈Naranjuez
다곤 보데가스Dagón Bodegas (192쪽)
데멘시아 와인Demencia Wine
도미노 델 우로갈료Domino del Urogallo
라 페르디다La Perdida
마레나스Marenas (205쪽)
마스 에스텔라Mas Estela
멘달Mendall (155, 189쪽)
미크로보데가 로드리게즈 모란Microbodega Rodriguez Moran
바랑코 오스쿠로Barranco Oscuro (191쪽)
보데가 F. 샤츠Bodega F. Schatz
보데가 카우손Bodega Cauzón (189쪽)
보데가스 알모르퀴Bodegas Almorqui
보데가스 쿠에바Bodegas Cueva
비냐 에네브로Viña Enebro (205쪽)
비노스 암비즈Vinos Ambiz
비노스 파티오Vinos Patio
비니에스 싱굴라르스Vinyes Singulars
세데야 비노스Sedella Vinos
섹스토 엘레멘토Sexto Elemento
셀레르 로페즈 슐레히트Celler Lopez-Schlecht
셀레르 에스코다 사나우하Celler Escoda-Sanahuja (166쪽)
시스테마 비나리Sistema Vinari
알바 비티쿨토레스Alba Viticultores
에센치아 루랄Esencia Rural (202쪽)
엘 셀레르 데 레스 아우스El Celler de les Aus
엘스 비니에론스 빈스 나투랄스Els Vinyerons Vins Naturals
엘스 헬리핀스Els Jelipins (192쪽)
올리비에 리비에르Olivier Rivière
카사 파르데트Casa Pardet (191쪽)
코스타도르 테루아 메디테라니스Costador Terroirs Mediterranis (190쪽)

클로스 렌티스쿠스Clos Lentiscus
클로트 데 레스 솔레레스Clot de les Soleres (191쪽)
테루아 알 리미트Terroir Al Limit (156, 190쪽)
푸룰리오Purulio (192쪽)
핀카 파레라Finca Parera

슬로바키아
스트레코브 1075Strekov 1075
오가닉 스트레코브Organic-Strekov

슬로베니아
난도Nando
모비아Movia
믈레츠니크Mlečnik (166~167쪽)
바틱Batič
비나 초타르Vina Čotar (168쪽)
비오디나비츠나 크메티야 우르바이스Biodinamična
　Kmetija Urbajs
크메티야 스테카르Kmetija Štekar
클라비얀Klabjan
클리넥Klinec

아르헨티나
뱅상 왈라흐Vincent Wallard (193쪽)

영국
대븐포트 빈야드Davenport Vineyards
앙크르 힐 에스테이츠Ancre Hill Estates
찰리 헤링Charlie Herring

오스트리아
게오르기움Georgium
구트 오가우Gut Oggau (154~155, 174~175쪽)
마인클랑Meinklang
마티아스 바르눙Matthias Warnung
바인구트 마리아와 제프 무스터Weingut Maria & Sepp
　Muster (155쪽)
바인구트 베를리취Weingut Werlitsch (156쪽)
바인구트 비르기트 브라운슈타인Weingut Birgit
　Braunstein
바인구트 앨리스와 롤란트 타우스Weingut Alice &
　Roland Tauss (156쪽)
바인구트 엠게 폼 졸Weingut MG vom SOL
바인구트 유디트 베크Weingut Judith Beck
바인구트 인 글란츠Weingut In Glanz(안드레아스 체페
　Andreas Tscheppe)
바인구트 칼 슈나벨Weingut Karl Schnabel (190쪽)
바인구트 클라우스 프라이징어Weingut Claus Preisinger
바인바우 미하엘 벤첼Weinbau Michael Wenzel
슈멜처스 바인구트Schmelzer's Weingut
슈트로마이어Strohmeier (176쪽)
치다 일미츠Tschida Illmitz

이탈리아
라치오
레 코스테Le Coste (153쪽)
코스타 그라이아Costa Graia

롬바르디
1701 프란치아코르타1701 Franciacorta
벨 시트Bel Sit
셀바도체Selvadoce(아리스 블란카르디Aris Blancardi)
카 델 벤트Cà del Vent
카사 카테리나Casa Caterina (141~142쪽)
파토리아 몬도 안티코Fattoria Mondo Antico
포데레 일 산토Podere Il Santo

리구리아
스테파노 레니아니Stefano Legnani

베네토
다니엘레 포르티나리Daniele Portinari
다니엘레 피치닌Daniele Piccinin (152쪽)
다비드 스필라레Davide Spillare
라 비앙카라La Biancara (153, 204쪽)
말리브란Malibran
일 카발리노Il Cavallino (153쪽)
지안프란코 마시에로Gianfranco Masiero
카 데이 자고Ca' dei Zago
카사 벨피Casa Belfi
카사 코스테 피아네Casa Coste Piane
코스타딜라Costadilà (140쪽)

시칠리아/사르데냐/판텔레리아
니노 바라코Nino Barraco (153쪽)
라모레스카Lamoresca (186쪽)
마르코 데 바르톨리Marco de Bartoli
발디벨라Valdibella
비노 디 안나Vino di Anna
세라기아Serragghia (169쪽)
아리아나 오키핀티Arianna Occhipinti
알도 비올라Aldo Viola
코스Cos
파네비노Panevino (187쪽)
프랑크 코넬리센Frank Cornelissen (167, 188쪽)
프레사Presa

아브루초
라미디아Lammidia (153쪽)
마리나 팔루시Marina Palusci
에미디오 페페Emidio Pepe
테누타 테라비바Tenuta Terraviva

아오스타 밸리
셀베Selve (187쪽)

에밀리아 로마냐
데나볼로Denavolo (166쪽)
라 스토파La Stoppa
마리아 보르톨로티Maria Bortolotti
비토리오 그라치아노Vittorio Graziano
알 디 라 델 피우메Al di là del Fiume
오르시 비네토 산 비토Orsi-Vigneto San Vito
친퀘 캄피Cinque Campi (142쪽)
카 데 노치Cà de Noci
카밀로 도나티Camillo Donati (142쪽)
카제…내추럴리 와인Casè…naturally wine
콰르티첼로Quarticello (140쪽)
포데레 치폴라Podere Cipolla(대니 비니Danny Bini)
포데레 프라다롤로Podere Pradarolo (188쪽)

움브리아
아욜라Ajola
칸티나 마르고Cantina Margò
파올로 베아Paolo Bea

캄파니아
이 카치아갈리I Cacciagalli
일 돈 키시오테Il Don Chisciotte(피에르루이지 잠팔리오
　네Pierluigi Zampaglione)
일 칸첼리에레Il Cancelliere (188쪽)
카제비안케Casebianche
칸티나 지아르디노Cantina Giardino (169쪽)
포데레 베네리 베키오Podere Veneri Vecchio

토스카나
라 체레타La Cerreta
라 포르타 디 베르티네La Porta di Vertine
마사 베키아Massa Vecchia
마세아Macea
몬테세콘도Montesecondo (187쪽)

산타10Santa10
스텔라 디 캄팔토Stella di Campalto
암펠레이아Ampeleia
일 파라디소 디 만프레디Il Paradiso di Manfredi
카사 라이아Casa Raia
카사 세쿠에르시아니Casa Sequerciani
캄피누오비Campinuovi
콜롬바이아Colombaia (166쪽)
테누타 디 발지아노Tenuta di Valgiano
파시나Pacina
파토리아 라 말리오자Fattoria La Maliosa (167쪽)
포데레 콘코리Podere Concori
폰테렌자Fonterenza
피안 델 피노Pian del Pino

트렌티노 알토 아디제
포라도리Foradori (167쪽)

풀리아
나탈리노 델 프레테Natalino del Prete
칸티네 크리스티아노 구타롤로Cantine Cristiano
    Guttarolo (186쪽)

프리울리 베네치아 줄리아
다리오 프린치치Dario Prinčič
다미안 포드베르식Damijan Podversic
데니스 몬타나르Denis Montanar
라 카스텔라다La Castellada
라디콘Radikon (169쪽)
요스코 그라브너Josko Gravner
파라스코스Paraschos
파올로 보도피베크Paolo Vodopivec
프란코 테르핀Franco Terpin (174쪽)

피에몬테
라 모렐라La Morella
로아냐Roagna
로코 디 카르페네토Rocco di Carpeneto
발리 우니테Valli Unite (152쪽)
산 페레올로San Fereolo
알베르토 오제로Alberto Oggero
올렉 본도니오Olek Bondonio
카루신Carussin
카시나 델리 울리비Cascina degli Ulivi (152, 187쪽)
가시나 로에라Cascina Roera
카시나 룰리Cascina Iuli
카시나 타빈Cascina Tavijn (186쪽)
카시나 포르나체Cascina Fornace
카제 코리니Case Corini (188쪽)
페르디난도 프린치피아노Ferdinando Principiano

자노토Zanotto

조지아
가이오즈 소프로마제 와이너리Gaioz Sopromadze
    Winery
고차 와인스Gotsa Wines (141쪽)
나오타리 와인스Naotari Wines
나테나자스 와인 셀러Natenadze's Wine Cellar
니카 바키아Nika Bakhia (191쪽)
니콜로즈 안타제Nikoloz Antadze
라마즈 니콜라제Ramaz Nikoladze
소프로마제 마라니Sopromadze Marani
알렉시 치켈라쉬빌리Aleksi Tsikhelashvili
이아고 비타리쉬빌리Iago Bitarishvili
자켈리 와인스Jakeli Wines
츠베니 그비노Chveni Gvino(아워 와인Our Wine)
카카 베리쉬빌리Kakha Berishvili
페전츠 티얼스Pheasant's Tears (168쪽)

체코
도브라 비니체Dobrá Vinice
드바 두비Dva Duby
밀란 네스타레즈Milan Nestarec
스타벡Stawek(리하르트 스타벡Richard Stávek)

칠레
로그 바인Rogue Vine
로베르토 엔리케스Roberto Henriquez
보데가스 엘 비에호 알마센 데 사우잘Bodegas El Viejo
    Almacén de Sauzal (196쪽)
비냐 티파우메Viña Tipaume
비다 사이클Vida Cycle
윰벨 에스타시온Yumbel Estación
카시케 마라비야Cacique Maravilla
클로 우베르Clos Ouvert (193쪽)

크로아티아
지오르지오 클라이Giorgio Clai

터키
겔베리Gelveri

프랑스
랑그독
도멘 데 되 잔느Domaine des 2 Anes
도멘 데 디망쉬Domaine des Dimanches(에밀 에레디아Emile
    Hérédia)
도멘 도피악Domaine d'Aupilhac
도멘 드 라파텔Domaine de Rapatel
도멘 드 레스카폴레트Domaine de l'Escarpolette
도멘 드 쿠르비사크Domaine de Courbissac
도멘 라 마렐Domaine La Marèle
도멘 레 오트 테레Domaine Les Hautes Terres
도멘 레 클로 페르뒤Domaine Les Clos Perdus
도멘 레도가Domaine Ledogar (205쪽)
도멘 레옹 바랄Domaine Léon Barral (151쪽)
도멘 루 그레즈Domaine Lous Grezes
도멘 뤼도비크 엥겔뱅Domaine Ludovic Engelvin
도멘 마스 로Domaine Mas Lau
도멘 막심 마뇽Domaine Maxime Magnon
도멘 무르시프Domaine Mouressipe
도멘 벵자맹 타이양디에Domaine Benjamin Taillandier
도멘 보리 제프리Domaine Bories Jefferies
도멘 보토리Domaine Beauthorey
도멘 비네 자케Domaine Binet-Jacquet
도멘 생트 크루아Domaine Sainte Croix
도멘 장밥티스트 세나Domaine Jean-Baptiste Senat
도멘 젤리주 카라방Domaine Zélige Caravent
도멘 투로니스Domaine Thuronis
도멘 티에리 나바르Domaine Thierry Navarre
도멘 페시고Domaine Pechigo
도멘 퐁 시프레Domaine Fond Cyprès (174쪽)
도멘 퐁테딕토Domaine Fontedicto (185쪽)
라 그랑 소바주La Grain Sauvage
라 그랑주 다인La Grange d'Aïn
라 소르그La Sorga (185쪽)
라 퐁튀드La Fontude
레 비뉴 돌리비에Les Vignes d'Olivier
레 사보 델렌Les Sabots d'Hélène
레 에르브 폴Les Herbes Folles
레미 푸졸Rémi Poujol
레투알 뒤 마탱L'Etoile du Matin
르 루 블랑Le Loup Blanc
르 탕 데 세리스Le Temps des Cerises
르 프티 도멘 드 지미오Le Petit Domaine de Gimios (150쪽)
르 프티 도멘Le Petit Domaine
르 플뤼Le Pelut
리베라크Riberach
마스 니코Mas Nicot (174쪽)
마스 앙젤Mas Angel

마스 제니튀드Mas Zenitude (174쪽)
마스 쿠틀루Mas Coutelou
밀렌 브뤼Mylène Bru
샤토 드 고르Château de Gaure
샤토 라 바론Château La Baronne
에 다키Es d'Aqui
오피 다키Opi d'Aqui
젤리주 카라방Zélige Caravent
쥘리앙 페라Julien Peyras (175쪽)
카트린 베르나르Catherine Bernard
클로 뒤 그라비야Clos du Gravillas
클로 팡틴Clos Fantine (183~184쪽)

론

다르 앤드 리보Dard & Ribo
도멘 구르 드 모탕Domaine Gourt de Mautens
도멘 그라므농Domaine Gramenon
도멘 데 미케트Domaine des Miquettes
도멘 뒤 쿨레Domaine du Coulet
도멘 드 라 그랑드 콜린Domaine de la Grande Colline (히로 타케 오오카)
도멘 드 라 로슈 뷔시에르Domaine de la Roche Buissière
도멘 드 빌뇌브Domaine de Villeneuve
도멘 라 페름 드 생 마르탱Domaine La Ferme de Saint Martin
도멘 라타르Domaine Lattard
도멘 랑글로흐Domaine L'Anglore (176쪽)
도멘 레 브뤼에르Domaine Les Bruyères
도멘 로마노 데스트제Domaine Romaneaux-Destezet
도멘 루즈 블뢰Domaine Rouge-Bleu
도멘 마르셀 리쇼Domaine Marcel Richaud
도멘 마티유 뒤마르셰Domaine Matthieu Dumarcher
도멘 몽티리위스Domaine Montirius
도멘 비레Domaine Viret
도멘 샤르뱅Domaine Charvin
도멘 장 미셸 스테팡Domaine Jean-Michel Stephan (185쪽)
도멘 클루젤 로슈Domaine Clusel-Roch
라 그라미에르La Gramière
라 로슈 뷔시에르La Roche Buissière
라 페름 데 세트 륀La Ferme des Sept Lunes
레 샹 리브르Les Champs Libres
르 클로 데 무르Le Clos des Mourres
스테팡 오테기Stéphane Othéguy
에릭 테시에Eric Texier
클로 데 무르Clos des Mourres
클로 데 심Clos des Cimes
클로 드 트리아스Clos de Trias
프랑수아 뒤마François Dumas

루시용

도멘 고비Domaine Gauby
도멘 당주 반시Domaine Danjou-Banessy
도멘 데 마투앙Domaine des Mathouans
도멘 뒤 마탱 칼므Domaine du Matin Calme

도멘 뒤 포시블Domaine du Possible
도멘 드 랑캉타드Domaine de l'Encantade
도멘 드 로리종Domaine de l'Horizon
도멘 드 로세이Domaine de L'Ausseil
도멘 레 아라베스크Domaine Les Arabesques
도멘 레 장팡 소바주Domaine Les Enfants Sauvages (202쪽)
도멘 레 풀라르 루즈Domaine Les Foulards Rouges
도멘 레오닌Domaine Léonine
도멘 르 부 뒤 몽드Domaine Le Bout du Monde
도멘 르 스카라베Domaine Le Scarabée
도멘 빈치Domaine Vinci
도멘 요요Domaine Yoyo
도멘 장 필리프 파디에Domaine Jean-Philippe Padié
도멘 졸리 페리올Domaine Jolly Ferriol (142쪽)
도멘 카르트롤Domaine Carterole
도멘 트리불리Domaine Tribouley
도멘 포트롱 미네Domaine Potron Minet
라 방칼르La Bancale
라 카브 데 노마드La Cave des Nomades
라 프티 베니외즈La Petite Baigneuse
레 뱅 뒤 카바농Les Vins du Cabanon (176쪽)
르 술라Le Soula
르 카조 데 마욜Le Casot des Mailloles (151쪽)
르 탕 레트루브Le Temps Retrouvé
마마루타Mamaruta
마타사Matassa (149쪽)
브루노 뒤쉐네Bruno Duchêne
비뇨블 레베이Vignoble Réveille
비니에드 라 휘카Vinyer de la Ruca (203쪽)
콜렉티프 아노님Collectif Anonyme
클로 뒤 루즈 고르주Clos du Rouge Gorge
클로 드 로리진Clot de l'Origine (203쪽)
클로 드 룸Clot de l'Oum
클로 마소트Clos Massotte

루아르

노엘라 모랑탱Noëlla Morantin
다미앙 로로Damien Laureau
다미앙 뷔로Damien Bureau
도멘 기베르토Domaine Guiberteau
도멘 니콜라 레오Domaine Nicolas Réau
도멘 데 메종 브륄레Domaine des Maisons Brûlées
도멘 뒤 레쟁 아 플륌Domaine du Raisin à Plume
도멘 뒤 물랭Domaine du Moulin (에르베 빌르마드Hervé Villemade)
도멘 뒤 콜리에Domaine du Collier
도멘 뒤 클로 드 렐뤼Domaine du Clos de l'Elu
도멘 드 라 세네샬리에르Domaine de la Sénéchalière
도멘 드 라 쿨레 드 세랑Domaine de la Coulée de Serrant
도멘 드 레퀴Domaine de l'Ecu
도멘 드 베이유Domaine de Veilloux
도멘 드 벨 뷔Domaine de Belle Vue
도멘 드 벨 에르Domaine de Bel-Air (조엘 쿠르토Joël Courtault)

도멘 라 파오네리Domaine la Paonnerie
도멘 레 로슈Domaine Les Roches
도멘 레 셰스네Domaine Les Chesnaies (베아트리스와 파스칼 랑베르Béatrice & Pascal Lambert)
도멘 레 카프리아드Domaine Les Capriades (142쪽)
도멘 르 바토세Domaine Le Batossay (밥티스트 쿠쟁Baptiste Cousin)
도멘 르 브리소Domaine Le Briseau
도멘 르네 모스Domaine René Mosse
도멘 리즈 에 베르트랑 주세Domaine Lise et Bertrand Jousset
도멘 마티유 코스트Domaine Mathieu Coste
도멘 보비네Domaine Bobinet (183쪽)
도멘 브르통Domaine Breton (141쪽)
도멘 생 니콜라Domaine Saint Nicolas
도멘 샤위 에 프로디쥐Domaine Chahut et Prodiges
도멘 소리니Domaine Saurigny (203쪽)
도멘 알렉상드르 뱅Domaine Alexandre Bain (151쪽)
도멘 에티엔 에 세바스티앙 히포Domaine Etienne & Sébastien Riffault (150~151쪽)
도멘 제라르 마룰라Domaine Gérard Marula
도멘 쿠쟁 르뒥Domaine Cousin-Leduc (182쪽)
도멘 프란츠 소몽Domaine Frantz Saumon
도멘 피에르 보렐Domaine Pierre Borel
디디에 샤파르동Didier Chaffardon
라 그라프리La Grapperie (184쪽)
라 그랑주 티펜La Grange Tiphaine (140쪽)
라 뤼노트La Lunotte
라 쿨레 당브로지아La Coulée d'Ambrosia (202쪽)
라 파오네리La Paonnerie
라 페름 드 라 상소니에르La Ferme de la Sansonnière

라 포르트 생 장La Porte Saint Jean
레 뱅 콩테Les Vins Contés(올리비에 레마송Olivier Lemasson)
레 비뉴 드 랑주뱅Les Vignes de l'Angevin (142쪽)
레 비뉴 드 바바스Les Vignes de Babass (141쪽)
레 카이유 뒤 파라디Les Cailloux du Paradis (184쪽)
레날드 에올레Reynald Héaulé
로랑 사이야Laurent Saillard
로랑 에를렝Laurent Herlin
르 소 드 랑주Le Sot de L'Ange
르 클로 드 라 멜레리Le Clos de la Meslerie (202쪽)
르 피카티에Le Picatier
리샤르 르루아Richard Leroy
뮈리엘과 자비에르 카이야Muriel and Xavier Caillard
베니오 쿠로Beniot Courault
브루노 알리옹Bruno Allion (202쪽)
빈 레비발Vine Revival
샤토 뒤 페롱Château du Perron / 르 그랑 클레레Le Grand
   Cléré
샤토 투르 그리스Château Tour Grise
시릴 르 무앙Cyrille Le Moing
실비 오쥬로Sylvie Augereau
알 라 보트르!A la Vôtre!
에르벨Herbel
장 크리스토프 가니에르Jean-Christophe Garnier
제롬 랑베르Jérôme Lambert
쥘리앙 쿠흐투아Julien Courtois (149쪽)
쥘리앙 피노Julien Pineau
카브 실방 마르티네즈Cave Sylvain Martinez
콤 이삼베르Côme Isambert
클로 뒤 튀.뵈프Clos du Tue-Boeuf(티에리 뛰즐라Thierry
   Puzelat)
클로 크리스탈Clos Cristal
토마스 부탱Thomas Boutin
토비 베인브리지Toby Bainbridge
파트릭 데스플라Patrick Desplats
파트릭 코르비노Patrick Corbineau (182쪽)
프랑수아 생로François Saint-Lô
피통 파이에Pithon-Paillé
필립 델메와 오렐리앙 마르탱Philippe Delmée & Aurélien
   Martin

보르도/남서부
니콜라 카르마랑Nicolas Carmarans
도멘 기라르델Domaine Guirardel
도멘 데 코스 마리느Domaine des Causse Marines
도멘 뒤 루세 페이라게Domaine du Rousset Peyraguet
도멘 뒤 페쉬Domaine du Pech
도멘 레앙드르 셰발리에Domaine Léandre-Chevalier
도멘 로리지넬Domaine l'Originel(시몽 뷔세르Simon Busser)
도멘 롤Domaine Rols(파트릭 롤Patrick Rols)
도멘 코스 메종뇌브Domaine Cosse Maisonneuve
도멘 코클리코Domaine Coquelicot
도멘 플라절Domaine Plageoles
레 트루아 프티오트Les Trois Petiotes

로스탈L'Ostal(루이 페로Louis Pérot)
마스 델 페리에Mas del Périé
샤토 라 에Château La Haie
샤토 라므리Château Lamery
샤토 라솔Château Lassolle
샤토 레스티냐크Château Lestignac
샤토 르 퓌Château Le Puy (185쪽)
샤토 마스로Château Massereau
샤토 멜레Château Meylet
샤토 미르보Château Mirebeau
샤투 발로즈Château Valrose
엘리앙 다 로스Elian Da Ros
클로즈리 데 무시Closeries des Moussis

보졸레
기 브르통Guy Breton
다미앙 코클레Damien Coquelet
도멘 클로테흐 미샬Domaine Clotaire Michal
도멘 드 보텔랑드Domaine de Botheland
도멘 레오니스Domaine Leonis
도멘 마르셀 라피에르Domaine Marcel Lapierre
도멘 미셸 기니에Domaine Michel Guignier
도멘 장 푸와야흐Domaine Jean Foillard
도멘 장 클로드 라팔뤼Domaine Jean-Claude Lapalu
도멘 조제프 샤모나Domaine Joseph Chamonard
도멘 카림 비오네Domaine Karim Vionnet
도멘 필립 장봉Domaine Philippe Jambon
르 그랑 드 센베Le Grain de Sénevé(에르베 라브라Hervé
   Ravera)
릴리앙과 소피 보셰Lilian & Sophie Bauchet
샤또 깡봉Château Cambon
앙토니 테브네Anthony Thevenet
이봉 메트라Yvon Métras
장 폴과 찰리 테브네Jean-Paul & Charly Thévenet
조르주 드콩브Georges Descombes
쥘리 발라니Julie Balagny
쥘리앙 쉬니에Julien Sunier
크리스토프 빠깔레Christophe Pacalet
크리스티앙 뒤크루Christian Ducroux (183쪽)
프랑스 곤잘베스France Gonzalvez

부르고뉴
도멘 기모 미셸Domaine Guillemot-Michel
도멘 기요 브로Domaine Guillo-Broux
도멘 데 루즈 크Domaine des Rouges Queues
도멘 데 비뉴 뒤 메인느Domaine des Vignes du Maynes
도멘 드 라 로마네 콩티Domaine de la Romanée Conti
도멘 드 라 카데트Domaine de la Cadette
도멘 드 빠뜨 루Domaine de Pattes Loup
도멘 드랭Domaine Derain
도멘 발로랑 & FDomaine Ballorin & F
도멘 샹동 드 브리아이Domaine Chandon de Briailles
도멘 소브테르Domaine Sauveterre
도멘 실방 파타이유Domaine Sylvain Pataille

도멘 알렉상드르 주보Domaine Alexandre Jouveaux
도멘 에마뉘엘 지불로Domaine Emmanuel Giboulot
도멘 트라페Domaine Trapet
도멘 파니 사브르Domaine Fanny Sabre
도멘 프리외레 호크Domaine Prieuré Roch
도멘 피에르 앙드레Domaine Pierre André
도멘 필립 발레트Domaine Philippe Valette
도멘 필립 파칼레Domaine Philippe Pacalet
라 메종 호만La Maison Romane (183쪽)
레 샹 드 라베이Les Champs de l'Abbaye
르크뤼 데 상스Recrue des Sens (148쪽)
사르냉 베뤼Sarnin-Berrux
샤토 드 베뤼Château de Béru
샤토 드 벨 아브니르Château de Bel Avenir/P-U-R(론에 속
   하기도 함)
섹스탕Sextant, 166쪽
알리스와 올리비에 드 무어Alice and Olivier de Moor
장자크 모렐Jean-Jacques Morel
장 클로드 라토Jean-Claude Rateau
카트린과 질 베르제Catherine and Gilles Vergé (149~150
   쪽)
클로 뒤 물랭 오 무안Clos du Moulin aux Moines
프랑수아 에코François Ecot
프레데릭 코사르Frederic Cossard
피에르 부와야Pierre Boyat (148쪽)

뷔제Bugey
도멘 뒤 페롱Domaine du Perron
도멘 이브 뒤포르Domaine Yves Duport

사보이
도멘 벨루아르Domaine Belluard
도멘 프리외레 생 크리스토프Domaine Prieuré Saint
   Christophe
장이브 페롱Jean-Yves Péron

샹파뉴
다비드 레클라파David Léclapart
도멘 자크 셀로스Domaine Jacques Selosse(앙셀므 셀로스
   Anselme Selosse)
라 클로즈리La Closerie
라망디에 베르니에Larmandier-Bernier
라에르트 프레르Laherte Frères
로랑 베나르Laurent Bénard
루페 르루아Ruppert-Leroy
를라주 푸조Lelarge-Pugeot
마르게Marguet
마리 쿠르탕Marie Courtin
발 프리종Val-Frison
뱅상 라발Vincent Laval
뱅상 쿠쉬Vincent Couche
베누아 데위Benoît Déhu
베누아 라에Benoît Lahaye
보포르Beaufort

부르주아 디아즈Bourgeois-Diaz
부에트 앤드 소르베Vouette & Sorbée
샤르토뉴 타이에Chartogne-Taillet
세드릭 부샤르Cédric Bouchard
아그라파 에 피스Agrapart & Fils
에마뉘엘 브로셰Emmanuel Brochet
오귀스탕Augustin
자크 라센느Jacques Lassaigne
제롬 블린Jérôme Blin
프랑수아즈 베델Françoise Bedel
프랑시스 불라Francis Boulard
프랑크 파스칼Franck Pascal
플뢰리Fleury
피올로 페르 에 피스Piollot Père et Fils

아르데슈Ardèche
그레고리 기욤Gregory Guillaume
다니엘 사쥬Daniel Sage
도멘 뒤 마젤Domaine du Mazel
도멘 레 두 테르Domaine les Deux Terres
도멘 제롬 주레Domaine Jérôme Jouret
르 헤징 에 랑주Le Raisin et l'Ange (질과 앙토닝 아조니Gilles
    & Antonin Azzoni)
마 드 레스카리다Mas de l'Escarida
실방 복Sylvain Bock
안드레아 칼렉Andrea Calek (149쪽)
오질 프랑쟝Ozil Frangins

알자스
도멘 쥘리앙 메이에Julien Meyer
도멘 진트 움브레히트Domaine Zind Humbrecht
로랑 반바르트Laurent Bannwarth (168쪽)
뱅 달자스 리취Vins d'Alsace Rietsch (141쪽)
뱅 하우스헤어Vins Hausherr
베크 하르트벡Beck-Hartweg
브루노 쉴레흐Bruno Schueller
카트린 히스Catherine Riss
크리스티앙 비네흐Christian Binner
피에르 프릭Pierre Frick (182쪽)

오베르뉴Auvergne
도멘 노 콩트롤Domaine No Control
도멘 라 보엠Domaine Ls Bohème (파트릭 부쥐Patrick Bouju)
마리 에 뱅상 트리코Marie & Vincent Tricot (150쪽)
장 모페르튀Jean Maupertuis
프랑수아 뒴François Dhumes (182~183쪽)
피에르 보제Pierre Beauger

쥐라
그랑주 파크네스Granges Paquenesses
도멘 데 보디네Domaine des Bodines
도멘 데 카바로데Domaine des Cavarodes
도멘 드 라 보르드Domaine de la Borde
도멘 드 라 투르넬Domaine de la Tournelle

도멘 드 라 팡트Domaine de la Pinte
도멘 드 록타뱅Domaine de l'Octavin
도멘 디디에 그라프Domaine Didier Grappe
도멘 우이용Domaine Houillon (149쪽)
도멘 장 프랑수아 가네바Domaine Jean-François Ganevat
도멘 쥘리앙 라베Domaine Julien Labet
도멘 티소Domaine Tissot
도멘 필립 보나르Domaine Philippe Bornard
페기 뷔롱포스Peggy Buronfosse

코르시카
니콜라 마리오티 빈디Nicolas Mariotti Bindi
앙투안 아레나Antoine Arena
콩트 아바투치Comte Abbatucci

프로방스
도멘 드 트레발롱Domaine de Trévallon
도멘 레 테레 프로미즈Domaine Les Terres Promises
도멘 레 틸 블뢰Domaine Les Tuiles Bleues
도멘 밀랑Domaine Milan (184쪽)
도멘 오베트Domaine Hauvette

샤토 생트안Château Sainte-Anne

호주
도멘 루치Domaine Lucci (176쪽)
루시 마고 빈야드Lucy Margaux Vineyards (194쪽)
루크 램버트 와인Luke Lambert Wine
밀 어바운 빈야드Mill About Vineyard
보바Bobar
빈디 와인스Bindi Wines
쇼브룩 와인스Shobbrook Wines (193~194쪽)
시 빈트너스SI Vintners (158쪽)
아우마Jauma
오초타 배럴스Ochota Barrels
재스퍼 힐Jasper Hill
카스타냐Castagna (195쪽)
코버 릿지Cobaw Ridge
패트릭 설리번Patrick Sullivan

용어 해설

가당Chaptalization
인위적으로 더 많은 알코올을 생성하기 위해 포도즙에 설탕을 첨가하는 것.

귀부Noble rot, Botrytis cinerea
포도 껍질에 발생하여 포도의 당도를 높여주는 이로운 균. 스위트 와인을 만들 때 복합적인 아로마를 내는 역할도 한다.

네고시앙Négociant
포도나 와인을 구매해 자신의 라벨을 붙여 병입하는 생산자.

녹색혁명Green Revolution
20세기 중반, 기술의 진보와 다수확 품종, 농약, 합성 비료의 사용을 통해 전 세계적으로 농작물 생산량이 급격히 증가한 농업 혁명.

농학자Agronomist
토양 관리와 농작물 생산에 관여하는 전문가.

리Lees
죽은 효모 세포들과 기타 발효 잔여물이 와인 통이나 병 바닥에 모여 생기는 침전물.

마세라시옹Maceration
포도를 포도즙에 담그거나 적시는 것.

마우지니스Mousiness
상한 땅콩버터나 우유를 연상시키는 이취off-flavor.

머스트must
갓 짠 포도즙.

메가 퍼플 Mega Purple
포도 농축 물질로 와인 양조 시 진한 색깔을 내거나 당도를 더하기 위해 사용된다.

무균여과Sterile-filtration
와인을 아주 촘촘한 필터(0.45마이크로미터 이하)로 여과하여 효모와 박테리아를 제거하는 것.

뮈타주Mutage
강화fortification라고도 한다. 천연당을 유지하기 위해 포도즙에 증류주를 첨가해 발효를 막는 것(예를 들면 포트와인을 만들 때 이용한다).

뮈타주 쉬흐 그랑 Mutage sur grain
뮈타주와 같으나, 다만 증류주를 머스트에만 넣는 것이 아니라 이미 발효 중인 머스트와 포도에 다 첨가하는 것.

바이오다이내믹 농법 Biodynamic farming
1920년대에 루돌프 슈타이너Rudolf Steiner가 개발한 아주 전통적이며 전체론적인 농법.

배출Disgorge
일부 스파클링 와인 생산 시 마지막에 침전물을 제거하는 것.

뱅 리코뢰 Vin liquoreux
스위트 와인.

보르도 믹스처 Bordeaux Mixture
황산구리, 라임과 물을 섞어 만든 혼합액으로, 진균제로 사용됨.

보테Botte, **복수형은 보티**botti
금속이나 나무로 된 큰 와인 통을 일컫는 이탈리아어.

브레타노미세스Brettanomyces
효모 균주. 이 균주의 수가 너무 많아지면 아로마적으로 와인을 압도하여 농가 마당이나 살라미 냄새를 너무 강하게 풍겨 문제가 될 수도 있다.

비뉴롱Vigneron, **비뉴론**vigneronne
와인 생산자.

비티컬처Viticulture(**비니컬처**viniculture)
포도 재배 과학(비니컬처는 특별히 와인 양조용 포도 재배를 일컫는다).

빈티지에 따른 차이 Vintage variation
해마다 다른 재배 조건들.

산화Oxidation
와인이나 머스트가 너무 많은 산소에 노출되면 상할 수도 있고, 견과류나 캐러멜 같은 향이 강하게 나기도 한다.

스틸벤Stilbene
와인에 들어 있는 천연 항산화 물질. 레스베라트롤은 스틸벤의 일종이다.

아세트산 박테리아 Acetic acid bacteria, AAB
발효 시 에탄올을 산화시켜 아세트산으로 만드는 박테리아. 식초를 생산한다.

아펠라시옹Appellation
프랑스에서 원산지 표시로 보호를 받는 와인을 일컬으며 AOC 혹은 AOPAppellation d'Origine Contrôlée/Protégée라고 한다. 이 책에서는 이탈리아의 원산지 표시 제도인 DOCDenominacion de Origine Controllata 와인에도 이 용어를 적용하는 등, 좀 더 포괄적인 개념으로 사용되었다.

아황산염Sulfites
항산화 및 항균 효과 등이 있어서 널리 사용되는 와인 첨가물.

알코올 발효 Alcoholic fermentation
효모가 당분을 알코올과 이산화탄소로 변환시키는 과정.

엘르바주Élevage
와인이 병입되기 전까지 모든 과정을 일컫는 프랑스어.

역삼투Reverse osmosis
굉장히 복잡하고 선택적인 첨단 와인 여과 체계로, 휘발성 산, 수분, 알코올, 연기로 인한 손상smoke taint 등을 제거할 수 있다.

영속농업Permaculture
자급자족적 생태계를 추구하는 영속적이고 지속 가능한 농업.

유산 발효 Malolactic fermentation
말로malo 혹은 'mlf'라고도 한다. 와인 양조 과정 중 (포도즙에 자연적으로 함유된) 말산이 젖산으로 바뀌는 것으로, 알코올 발효 전에 일어나는 경우도 있으나 대부분은 알코올 발효 중이나 후에 일어난다.

유산균Lactic acid bacteria, LAB
와인의 유산 발효(강한 말산malic acid이 부드러운 젖산으로 바뀌는 것)를 책임지는 박테리아.

이놀러지스트enologist
와인 양조자

자연 효모 Indigenous yeast(ambient yeast)
포도밭과 와이너리에 자연적으로 존재하는 효모를 말한다.

재발효Re-fermentation
발효 가능한 잔당이 병 속에서 다시 발효를 시작하는 것.

점질화Ropiness
간혹, 숙성 중인 또는 병입된 와인이 박테리아로 인해 일시적으로 기름진 질감을 갖게 되는 것.

주석산염 결정 Tartrate crystals
크림 오브 타르타르cream of tartar라고도 한다. 주석산의 칼륨산염이다. '와인 다이아몬드'로도 알려져 있다.

직접 압착 Pressurage direct
포도를 마세라시옹 없이 곧바로 압착하는 것.

집락형성단위CFU, Colony-forming units
미생물학에서 생존 가능한 박테리아나 균류의 규모를 추정하기 위해 사용되는 측정 단위.

청징Fining
달걀흰자, 우유, 어류 추출물, 점토 등 다양한 처리제를 이용하여 와인에 부유하는 타닌, 단백질과 같은 작은 입자들의 침전을 촉진하는 것.

퀴베Cuvée
블렌디드든 단일 품종이든 관계없이, '한 통'에서 만들어진 와인을 일컫는 프랑스어.

크리오엑스트랙션Cryoextraction
착즙 전 포도를 얼리는 것. 착즙 시 포도 속의 언 수분이 걸러져 당도가 높아진다.

크베브리Qvevri/Kvevri
땅에 묻는 큰 점토 항아리로, 조지아에서 와인 양조 시 발효와 숙성 단계에서 전통적으로 사용되었다.

타닌Tannin
포도 줄기, 씨, 껍질에 자연적으로 함유되어 있다. 와인에서 수렴성이 느껴지는 원인이 된다(진한 홍차를 떠올려보라). 와인 양조 시 오크통에서 추출되기도 한다.

텡튀리에 포도 품종 Teinturier grape variety
문자 그대로 해석하면 염색업자 포도다. 짙은 색 와인을 만드는, 과육이 붉은색인 포도 품종들을 말한다.

티나하Tinaja
와인의 발효와 숙성에 사용되는 스페인의 점토 항아리.

푸드르Foudre
큰 오크통을 일컫는 프랑스어.

플로르Flor
숙성 중인 와인의 표면에 생길 수 있는 효모 막으로, 셰리(스페인)와 뱅 존vin jaune(쥐라) 등의 생산에서는 필수적이다.

헥타르Hectare
1만 제곱미터(2.5에이커가 조금 안 되는 면적).

헥토리터Hectoliter
100리터와 동일한 미터법 단위.

참고 사이트 및 추천 도서

이 책을 쓰기 위해 참고한 모든 자료의 목록은 www.isabellelegeron.com에 나와 있다.

생산자 협회

S.A.I.N.S.: vins-sains.org

빈나투르VinNatur: vinnatur.org/en

프랑스의 내추럴 와인 협회Association des Vins Naturels: les-vinsnaturels.org

르네상스 데 자펠라시옹Renaissance des Appellations: renaissance-des-appellations.com

비니 베리Vini Veri: viniveri.net

스페인의 내추럴 와인 생산자 협회PVN, Productores de Vinos Naturales: vinosnaturales.wordpress.com

오스트리아의 내추럴 와인 생산자 협회(슈메케 다스 레벤-'인생을 맛보다'): schmecke-das-leben.at

와인 박람회

로 와인RAW WINE (런던 | 베를린 | 뉴욕 | 로스앤젤레스): rawwine.com

라 디브 부테이유La Dive Bouteille: diveb.blogspot.co.uk

아 캉 르 뱅À Caen le Vin: vinsnaturelscaen.com

뷔봉 나튀르Buvons Nature: buvonsnature.over-blog.com

페스티뱅Festivin: festivin.com

H2O 베헤탈H2O Vegetal: h2ovegetal.wordpress.com

레 디 뱅 코숑Les 10 Vins Cochons: les10vinscochons.blogspot.com

레 자프랑쉬Les Affranchis: les-affranchis.blogspot.com

레 페니탕트Les Pénitentes: www.facebook.com/LesPenitentesAtLe Gouverneur/

레 흐미즈Les Remise: laremise.fr

리얼 와인 페어Real Wine Fair: therealwinefair.com

루트스톡Rootstock: rootstocksydney.com

살롱 데 뱅 자노뉨므Salon des Vins Anonymes: vinsanonymes.canalblog.com

빌라 파보리타Villa Favorita: vinnatur.org

비니 시르퀴스Vini Circus: vinicircus.com

비니 디 비냐이올리Vini di Vignaioli: vinidivignaioli.com

판매점

124~127쪽 '내추럴 와인 시음과 구매'에서 언급한, 혹은 더 찾아볼 만한 바, 레스토랑, 주류 판매점 등을 소개한다.

파인 다이닝

클로드 보시Claude Bosi 앳 비벤덤Bibendum (런던): bibendum.co.uk

페라 앳 클라리지스Fera at Claridges (런던): feraatclaridges.co.uk

노벨하르트 & 슈뭍치히Nobelhart & Schumutzig (베를린): nobelhartund schmutzig.com

노마Noma (코펜하겐): noma.dk

루즈 토마트Rouge Tomate (뉴욕): rougetomatenyc.com

타우벤코벨Taubenkobel (빈 인근): taubenkobel.at

캐주얼한 음식점과 바

엘리엇츠Elliot's (런던): elliotscafe.com

40 몰트비 스트리트40 Maltby St (런던): 40maltbystreet.com

앤티도트Antidote (런던): antidotewinebar.com

브론Brawn (런던): brawn.co

브릴리언트 코너스Brilliant Corners (런던): brilliantcornerslondon.co.uk

덕 수프Duck Soup (런던): ducksoupsoho.co.uk (그리고 자매 레스토랑인 로덕 (Rawduck: rawduckhackney.co.uk))

수아프Soif (런던): soif.co

테루아Terroirs (런던): terroirswinebar.com

더 레머디The Remedy (런던): theremedylondon.com

비방Vivant (파리): vivantparis.com/en/

베르 볼레Verre Volé (파리): leverrevole.fr

비아 델 비Via del Vi (뻬르삐냥): viadelvi.com

더 텐 벨스The Ten Bells (뉴욕): thetenbells.typepad.com

와일드에어Wildair (뉴욕): wildair.nyc

더 포 호스맨The Four Horsemen (뉴욕): fourhorsemenbk.com

오디네어Ordinaire (오클랜드): ordinairewine.com

펀치다운Punchdown (오클랜드): punchdownwine.com

테루아Terroirs (샌프란시스코): terroirsf.com

레 트루아 프티 부숑Les Trois Petits Bouchons (몬트리올): lestroispetits bouchons.com

숀즈이Shonzui (도쿄): 도쿄 미나토 구 롯폰기 7-10-2, 2층

에노테카 산 빈 산Enoteca Saint Vin Saint (상파울로): saintvinsaint.com.br

바 브루탈Bar Brutal (바르셀로나): cancisa.cat

코르도바Cordobar (베를린): cordobar.net

와일드 싱즈Wild Things (베를린): wildthingsberlin.de

상점

버제스 앤드 홀 와인스Burgess & Hall Wines (런던): burgessandhall.com

라 카브 데 파피유La Cave des Papilles (파리): lacavedespapilles.com

체임버스 스트리트 와인스Chambers St Wines (뉴욕): www.chambersstwines.com

디스커버리 와인스Discovery Wines (뉴욕): discoverywines.com

프랭클리 와인스Frankly Wines (뉴욕): franklywines.com

헨리스 와인스 앤드 스피리츠Henry's Wines & Spirits (뉴욕): henrys.nyc

루Lou (로스앤젤레스): louwineshop.com

노블 파인 리커Noble Fine Liquor (런던): noblefineliquor.co.uk

스미스 앤드 바인Smith & Vine (뉴욕): smithandvine.com

서스트 와인 머천츠Thirst Wine Merchants (뉴욕): thirstmerchants.com

우바Uva (뉴욕): uvawines.com

레 장장 뒤 뱅Les Zinzins du Vin (브장송, 파리): leszinzinsduvin.com

추천 도서

내가 읽은 책들 가운데 여러분도 흥미를 느낄 만한 책들을 소개한다. 내추럴 와인과 관계가 없는 책들도 있지만, 대부분이 내가 하는 일과 그 목적에 영향을 주었다. 부디 즐겁게 읽기를.

니콜라 졸리Nicolas Joly 『바이오다이내믹 와인의 이해Biodynamic Wine Demystified』 (2008)

대ㅊ플리니우스Pliny the Elder 『박물지: 선택Natural History: A Selection』 (2004)

데이비드 버드David Bird 『와인 기술의 이해Understanding Wine Technology: The Science of Wine Explained』(2005)

리처드 마베이Richard Mabey 『잡초: 식물계의 무법자Weeds: The Story of Outlaw Plants』(2012)

마리아 툰Maria Thun 『바이오다이내믹 달력The Biodynamic Year: Increasing yield, quality and flavor, 100 helpful tips for the gardener or smallholder』(2010)

마이클 폴란 『요리를 욕망하다: 요리의 사회문화사』

맥스 알렌Max Allen 『미래를 만드는 사람들: 21세기를 향한 호주 와인들Future Maker: Australian Wines For The 21st Century』(2011)

맬컴 글루크Malcolm Gluck 『거대한 와인 사기극The Great Wine Swindle』(2009)

몬티 왈딘Monty Waldin 『2011 바이오다이내믹 와인 가이드Biodynamic Wine Guide 2011』(2010)

미셸 캄피Michel Campi 『피에르의 말: 쥐라 푸피앙의 와인 양조자, 피에르 오베르누아와의 대화La Parole de Pierre: Entretiens avec Pierre Overnoy, vigneron à Pupillin, Jura』(2011)

실비 오쥬로Sylvie Augereau 『옴니버 와인 수첩: 퀴베 2Carnet de Vigne Omnivore: 2e Cuvée』(2009)

앨리스 페링Alice Feiring 『벌거벗은 와인: 포도가 하는 대로 내버려두기Naked Wine: Letting Grapes Do What Comes Naturally』(2011)

이브라힘 아볼레시Ibrahim Abouleish 『세켐: 이집트 사막의 지속 가능한 공동체 Sekem: A Sustainable Community in the Egyptian Desert』(2005)

재레드 다이아몬드 『문명의 붕괴』

잰시스 로빈슨Jancis Robinson, 줄리아 하딩Julia Harding, 호세 부야모스José Vouillamoz 『와인 포도Wine Grapes』(2012)

제이미 구드Jamie Goode, 샘 해롭Sam Harrop 『진정한 와인: 자연적이고 지속 가능한 와인 양조를 향하여Authentic Wine: toward natural sustainable winemaking』 (2011)

쥘 쇼베Jules Chauvet 『와인이란 무엇인가Le vin en question』(1998)

콜루멜라Columella 『농업론De Re Rustica (I-XII)』(1989)

클로드Claude, 리디아 부르기뇽Lydia Bourguignon 『토양, 땅과 들판Le Sol, la Terre et les Champs』(2009)

토니 주니퍼 『자연이 보내는 손익 계산서』

패트릭 E. 맥거번Patrick E. McGovern 『고대 와인: 포도 재배의 기원을 찾아서 Ancient Wine: The Search for the Origins of Viniculture』(2003)

패트릭 매슈스Patrick Matthews 『진정한 와인Real Wine』(2000)

프랑수아 모렐François Morel 『내추럴 와인Le Vin au Naturel』(2008)

피에르 장쿠Pierre Jancou 『살아 있는 와인: 내추럴 와인 양조자들Vin vivant: Portraits de vignerons au naturel』(2011)

웹사이트와 블로그

내추럴 와인 관련 글을 쓰는 작가들을 소개한다(빠진 사람이 있다면 양해를 구하며, 전체 목록은 isabellelegeron.com 참고하라).

alicefeiring.com (미국의 작가 겸 기자)

caulfieldmountain.blogspot.com (호주의 기자 겸 작가)

dinersjournal.blogs.nytimes.com/author/eric-asimov (에릭 아시모프, 《뉴욕타임스》의 기자 겸 비평가)

glougueule.fr (프랑스의 기자 겸 운동가)

ithaka-journal.net (생태학 및 와인과 관련된 한스 페터 슈미트의 글들을 볼 수 있음)

jimsloire.blogspot.co.uk (영국의 탐사보도 블로거)

louisdressner.com (미국의 수입업자)

montysbiodynamicwineguide.com (영국의 바이오다이내믹 컨설턴트 겸 작가)

saignee.wordpress.com (블로거)

vinosambiz.blogspot.co.uk (스페인의 내추럴 와인 생산자 겸 블로거)

wineanorak.com (영국의 작가 겸 블로거)

wineterroirs.com (프랑스의 블로거 겸 사진가)

파트리크 레이Patrick Rey의 미토피아 시리즈를 보려면 capteurs-de-nature. com/Z/Mythopia/index.html을 방문해보라.

위와 옆 페이지: 프랑스 랑그독에 있는 도멘 레옹 바랄에서 발효 중인 포도를 내리치고 있다. 이 과정은 발효 시 (포도 고형물로 이루어진) '캡cap'을 포도즙 속에 잠기게 하여 접촉이 제대로 이루어지게끔 하는 것이다.

색인

감사의 말

저자의 감사의 말

우선 이 책을 쓸 수 있는 기회를 준 신디 리차즈Cindy Richards와 CICO출판사의 팀원들에게 감사한다. 수그러들지 않은 인내심. 성실함. 포기하지 않아준 것에 감사한다(특히 합당한 정도 이상으로 기다려준 페니 크레이그Penny Craig. 캐롤라인 웨스트Caroline West. 샐리 포웰Sally Powell. 조프 보린Geoff Borin에게) 또 기회를 열어준 매트 프라이Matt Fry와 멋진 사진을 찍어준 개빈 킹컴Gavin Kingcome에게도 감사한다.

현미경 사진들로 나를 흥분시킨 로랑스 뷔종aurence Bugeon과 프렌체 프로가츠키Fränze Progatzky. 또 자기 시간을 할애해 인터뷰 내용 기록을 도와준 마리 안드레아니Marie Andreani. 몇 달간 나를 보지 못했던 가족과 친구들에게도 깊이 감사한다.

하지만 그 누구보다도 나에게 자신의 생각과 지혜를 공유해주고 인생 이야기를 들려준 모든 이들에게 감사를 전한다. 그중에는 이 책의 최종 원고를 확인하거나. (일부는 이 책에 실린) 사진을 공유해준 이들도 있었다. 특히 귀중한 시간과 지식을 제공해준 한스 페터 슈미트에게 대단히 감사한다.

끝으로(마지막이지만 결코 덜 중요하다고는 할 수 없다) 나의 파트너 데보라 램버트Deborah Lambert에게 감사한다. 그녀가 아니었다면 이 책은 결코 빛을 볼 수 없었을 것이다. 내 어수선한 생각들을 정리해주고. 조금이나마 덜 프랑스스럽게 다듬어준 것에 감사한다!

출판사의 감사의 말

이 책에 들어갈 사진을 위해 자신의 포도밭. 바. 레스토랑의 촬영을 허락해준 아래 사람들에게 감사한다.

프랑스

알랭 카스텍스Alain Castex와 길렌 마니에Ghislaine Magnier. 전 르 카조 데 마욜Le Casot des Mailloles 운영자. 루시용

안 마리Anne-Marie와 피에르 라베스Pierre Lavaysse. 르 프티 도멘 드 지미오Le Petit Domaine de Gimios. 랑그독

앙토니 토르틸Antony Tortul. 라 소르가La Sorga. 랑그독

디디에 바랄Didier Barral. 도멘 레옹 바랄Domaine Léon Barral. 랑그독루시용

질Gilles과 카트린 베르제Catherine Vergé. 부르고뉴

장 들로브르Jean Delobre. 라 페름 데 세트 륀La Ferme des Sept Lunes. 론

장뤼크 쇼사흐Jean-Luc Chossart와 이자벨 졸리Isabelle Jolly. 도멘 졸리 페리올 Domaine Jolly Ferriol. 루시용

쥘리앙 쉬니에Julien Sunier. 론

마티유 라피에르Mathieu Lapierre. 도멘 마르셀 라피에르Domaine Marcel Lapierre. 보졸레

파 콤 레 오트르Pas Commes Les Autres. 베지에. 랑그독루시용

로망 마르게리트Romain Marguerite. 비아 델 비Via del Vi. 페르피냥Perpignan

톰Tom과 나탈리 루베Nathalie Lubbe. 도멘 마타사Domaine Matassa. 루시용

얀 뒤리유Yann Durieux. 르크뤼 데 상스Recrue des Sens. 부르고뉴

이탈리아와 슬로베니아

알렉스Aleks와 시모나 클리네츠Simona Klinec. 크메티야 클리네츠Kmetija Klinec. 더 브르다The Brda. 슬로베니아

안지올리노 마울레Angiolino Maule. 라 비앙카라La Biancara. 베네토. 이탈리아

다니엘레 피치닌Daniele Piccinin. 아지엔다 아그리콜라 피치닌 다니엘레Azienda Agricola Piccinin Daniele. 베네토. 이탈리아

스탄코Stanko. 수자나Suzana. 사샤 라디콘Saša Radikon. 라디콘. 프리울리 베네치아 줄리아. 이탈리아

캘리포니아

크리스 브록웨이Chris Brockway. 브록 셀러스Broc Cellars. 버클리

다렉 트로브리지Darek Trowbridge. 올드 월드 와이너리Old World Winery. 러시안 리버 밸리

케빈Kevin과 제니퍼 켈리Jennifer Kelley. 살리니아 와인 컴퍼니Salinia Wine Company. 러시안 리버 밸리

리사 코스타Lisa Costa와 D.C. 루니Looney. 더 펀치다운The Punchdown. 샌프란시스코

필립 하트Phillip Hart와 메리 모우드 하트Mary Morwood-Hart. 앰비스 에스테이트 AmByth Estate. 파소 로블스

토니 코투리Tony Coturri. 코투리 와이너리Coturri Winery. 글렌 엘런

트레이시Tracy와 재레드 브랜트Jared Brandt. 덩키 앤드 고트Donkey & Goat. 버클리

사진 출처

자신의 사진들을 복제하도록 허락해준 아래 사람들에게 감사한다.

앤티도트Antidote(124쪽 오른쪽 위). 카사 라이아Casa Raia(93쪽 아래). 샤토 라 바론Château La Baronne(29쪽 위). 프랑크 코닐리센Frank Cornelissen(37쪽). 코스타딜라Costadilà(138쪽). 쿨레 드 세랑Coulée de Serrant(42. 44. 45쪽). 도멘 드 퐁테딕토Domaine de Fontedicto(106. 107쪽); 도멘 앙리 밀랑Domaine Henri Milan(69쪽). 엘리엇츠Elliot's(124쪽 왼쪽 위). 히비스커스hibiscus(125쪽). 니콜라 졸리Nicolas Joly(42. 44. 45쪽). 케이티 코켄Katy Koken(158쪽). 안나 크르지보스진스카Anna Krzywoszynska(라 비앙카라)(62쪽). 이자벨 르쥬롱Isabelle Legeron MW(26쪽 오른쪽 위. 29쪽 왼쪽 아래. 33. 35. 37. 43. 47. 79. 82. 88. 89. 92쪽 아래. 96-97. 101. 104. 105. 108-109. 110. 111. 114. 117. 118. 122. 123. 140. 147쪽 오른쪽. 168. 169. 172. 180쪽 오른쪽. 184. 200. 203. 211쪽). 루 그레즈Lous Grezes(194쪽). 마마루타Mamaruta(173쪽). 마타사Matassa(톰 루베와 크레이그 호킨스)(25쪽). 몬테세콘도Montesecondo(186쪽). 노마Noma(124쪽 아래). 파트리크 레이Patrick Rey(미토피아)(16. 30. 31. 32. 98. 189쪽). 슈트로마이어Strohmeier(34쪽). 비니올로기Viniologi(167쪽). 바인구트 베를리취Weingut Werlitsch(26쪽 아래. 155쪽)